U0216356

东南亚的 华人饮食 与 全球化

Chinese Food and Foodways in Southeast Asia and Beyond

[马来西亚]陈志明 /主编

公维军 孙凤娟 /译

厦门大学出版社 国家一级出版社
XIAMEN UNIVERSITY PRESS 全国百佳图书出版单位

图书在版编目(CIP)数据

东南亚的华人饮食与全球化/(马来)陈志明主编;公维军,孙凤娟译. —厦门:厦门
大学出版社,2017.4
ISBN 978-7-5615-6431-8

Ⅰ.①东… Ⅱ.①陈…②公…③孙… Ⅲ.①饮食-文化-研究-中国 Ⅳ.①TS971.2

中国版本图书馆 CIP 数据核字(2017)第 039738 号

版权登记图字:13-2017-015

出 版 人	蒋东明
责任编辑	薛鹏志
特约编辑	章木良
美术编辑	蒋卓群
责任印制	朱 楷

出版发行 厦门大学出版社

社　　址	厦门市软件园二期望海路 39 号
邮政编码	361008
总 编 办	0592-2182177　0592-2181406(传真)
营销中心	0592-2184458　0592-2181365
网　　址	http://www.xmupress.com
邮　　箱	xmupress@126.com
印　　刷	厦门集大印刷厂

开本	787mm×1092mm　1/16
印张	19.25
插页	1
字数	230 千字
版次	2017 年 4 月第 1 版
印次	2017 年 4 月第 1 次印刷
定价	64.00 元

本书如有印装质量问题请直接寄承印厂调换

厦门大学出版社
微信二维码

厦门大学出版社
微博二维码

致 谢

我们由衷感谢蒋经国国际学术交流基金会（The Chiang Ching-kuo Foundation for International Scholarly Exchange），该基金会是会议项目"多元文化视域下东南亚的华人饮食文化（Chinese Foodways in Multicultural Southeast Asia）"的资助者，而项目具体由本书主编协调负责。在第十届中华饮食文化学术研讨会（The 10th Symposium on Chinese Dietary Culture：Chinese Food in Southeast Asia）上，项目参与者都提交了会议论文。此次研讨会于2007年11月12—14日在槟城（Penang）召开，由中华饮食文化基金会（The Foundation of Chinese Dietary）与香港中文大学人类学系（The Department of Anthropology, The Chinese University of Hong Kong）共同组织。我们尤其要感谢基金会董事长翁肇喜（George C. S. Wong）先生以及执行长张玉欣（May Chang）女士的支持合作，并感谢会议项目的所有参与人员。此外，特别感谢西敏司（Sidney W. Mintz）教授，他在会上做了题为"传播、离散与融合：中国饮食的演变（Diffusion, Diaspora and Fusion：Evolving Chinese Foodways）"的主题发言，同时他本人也非常支持本书的出版。全部会议论文都已收录在《第十届中华饮食文化学术研讨会论文集》（*The 10th Symposium on Chinese Dietary Culture*，中华饮食文化基金会编，2008）之中，并已经正式印刷出版。而入选本书的所有会议论文都做了大量的修订工作。我们也要感谢两位匿名评论家，他们对论文给予了极为细致的评论，而这对于我们最后的修订工作无疑非常有益。最后，我们要向新加坡国立大学（NUS）出版社的 Paul H. Kratoska 和 Lena Qua 表示诚挚的谢意，是他们促成了本书的出版问世。

译　序

　　陈志明教授是中外读者非常熟悉的当代著名人类学家与东南亚研究专家。他出生于马来西亚柔佛州，却一直情系中华文化。其治学惯以英文写作，虽然多为学术专论，但是鉴于敏锐的人类学视角、丰富的田野经验以及深厚的文化积淀，他的著述风格鲜明简洁，观点独到，视野开阔，寓意深远又不乏平易，论述雄辩而不失翔实。时至今日，他的《马新德教会之发展及其分布研究》(苏庆华译)、《迁徙、家乡与认同——文化比较视野下的海外华人研究》(段颖、巫达译)等著作相继有了中译本，而这些英文著作给我留下了非常深刻的印象。

　　2007年11月12—14日，在马来西亚的美丽城市——槟城召开了第十届中华饮食文化学术研讨会，会议由中华饮食文化基金会与香港中文大学人类学系共同组织，并且于2008年出版了《第十届中华饮食文化学术研讨会论文集》。而本书中有八章内容即是分别出自该论文集的八篇英文论文，可以说，它们是在东南亚地区考察华人饮食多样性及其贡献的一次尝试，而这也正是东南亚华人移民与其饮食地方化的结果。另外两章由陈志明先生特邀包洁敏博士、珍·杜鲁兹博士撰写。十位中外作者透过自身的观察与研究视角，对东南亚地区的华人饮食及其全球化问题进行了细致独到的描述分析，特别是关于华人饮食在东南亚地区再造与创新问题的相关探讨。

诚如美国人类学家尤金·N.安德森（E. N. Anderson）所注意到的："华人比其他移民群体能够更长久、更忠实地维系他们的日常饮食习惯。"陈志明教授同样指出，文化在饮食文化上的改变，受到族群间的互动、地方化以及全球交流的影响。事实上，东南亚地区各自形成的华人饮食传统也构成了一种文化传统，在这里，各个国家的华人都通过这一传统将自己与其他人联系起来，他们所要表达的也就是自身地方化的身份认同。

今天，饮食人类学已经演变成为"求解人与文化之谜的一种新途径"（叶舒宪）。于人而言，另一位美国人类学家马文·哈里斯（Marvin Harris）给出了文化人类学发展的一种前沿方向，即从自然科学与人文社会科学的结合上予以探索，动用多学科资源去求解食物与文化之谜。于文化而言，陈志明教授则基于自身在"字里行间所体现出的公共意识、普世情怀与知性追求"（段颖），以马来西亚华人的所见所识和亲身经历，来具体阐述华人饮食文化所体现出的"文明型认同（civilizational identity）"，借以重点强调去中心化的多元学术研究视野。同时，这也契合了目前学术界所关注的全球化、跨国现象乃至跨文化现象等热点问题的研究初衷，而东南亚的华人饮食与全球化问题，恰恰能够成为全球变迁中的东南亚华人族群身份认同的真实写照。

基于中国这样一个素以饮食文化博大精深而享誉全球的伟大国度，我非常愿意将陈志明教授所编的这部书译介过来，以飨广大读者，并诚邀中山大学社会学与人类学学院孙凤娟博士共同完成此译事。

本书翻译的具体分工情况如下：公维军译导论、第一至五章、第九章以及负责全书统稿工作，孙凤娟译第六至八章、第十章。

最后，我们要特别感谢厦门大学出版社对该书出版的大力支持，谨向促成此书翻译出版的章木良女士和查品才先生表示诚挚的谢意。陈志明教授不仅为本书亲定了《东南亚的华人饮食与全球化》的书名，还在百忙之中对文稿进行了细致的审阅工作，并提出诸多宝贵的修改意见，对此我们深表感谢。此外，上海交通大学的安琪、柴克东、连晨炜、周雅哲、孙梦迪、王仁慧、张茛苑，兰州大学的魏小萍、严静，香港大学的黄山峰等师友，都对本书的翻译出版予以慷慨相助，在此一并致谢。

在本书即将付梓之际，心中不免忐忑，虽说译事知易行难，甘苦自知，"顺利"完成已属不易。然而，由于原书诸位作者知识渊博，学术造诣精深，而译者能力水平有限，翻译过程中难免存在疏漏与舛误，故而失当之处，敬请方家批评指正。

公维军
2016 年国庆节于上海交通大学

目 录

第三部分　东南亚周边地区的华人饮食文化

导　论

□　陈志明

（Tan Chee-Beng）

华人与华人饮食

尤金·N. 安德森（E. N. Anderson）与玛丽亚·L. 安德森（M. L. Anderson）（1977：319）在谈及中国南方的食物时写道："在很多人看来，现如今中国南方的食物是世界上最棒的。它将品质、多样性与营养功效结合起来，相较于世界上其他任何食物而言，除了那些要求大量工业投入的现代化实验室发明之外，中国南方食物能够在每英亩土地上养活更多的人。"生活在东南亚以及台湾地区的主要是这样一部分中国人，他们的移民祖先大多来自中国南方地区，并且将饮食传统从福建、广东（那时候包括海南岛在内）地区带到了这里。东南亚的中国饮食种类可谓丰富多样，包括闽南菜、福州菜、潮州菜、广东菜、客家菜、海南菜等，它们在该地区的影响力源自华人。同时，在东南亚不同国家中，华人在烹饪上的发明又增添了中国饮食深厚的文化底蕴。

中国食谱作家们通常将中国的地方性食物划分为八个主要类型（"八大菜系"），即鲁菜（山东菜）、苏菜（苏州菜）、川菜（四川菜）、粤菜（广东菜）、浙菜（浙江菜）、闽菜（福建菜）、湘菜（湖南菜）以及徽菜，也称皖菜（安徽菜）。事实上，这八种主要菜系中的每一种都包含着多种多样的其他省份的地方菜。例如，苏菜包含南京菜、扬州菜、苏州菜等，而广东菜中的潮州菜实际上更接近于福建菜中的闽南菜。除此之外，还有八个为人们所熟知的菜系，分别是京菜（北京菜）、沪菜（上海菜）、秦菜（陕西菜）、鄂菜（湖北菜）、豫菜（河南菜）、津菜（天津菜）、东北菜（该菜系涵盖辽宁省、黑龙江省和吉林省）以及滇菜（云南菜）。这其中，北京菜、上海菜和越来越多的云南菜为大多数中国人所熟知。[①] 地方菜的详细划分实际上是从清朝开始的，时间非常近。很长时间以来，在中国历史上，烹饪的区别仅限于南方和北方之间，诚如萨班（Sabban，2000：201）所指出的那样，正是在宋代的城市文明化发展过程中，地方饮食传统才变得"系统化，并被公认为一种纯正烹饪类型的构成要素"。

像其他一些用英语写作介绍中国饮食的作家一样，西蒙斯（Simoons，1991：44-57）将中国的地方菜分为"北方的"（北京、山东、河南、河北、山西和陕西）、"东部的"（江苏、安徽、江西、浙江和福建）、"西部的"（四川、云南、湖南、湖北和贵州）以及"南方的"（广东和广西）。纽曼（Newman，2004）则将中国地方菜划分为广东及其他南方菜，北京、山东及其他北方菜，四川、湖南及其他西部菜，上海及其他东部菜，还有其他不知名的烹饪类型。事实上，知名度较低的烹饪类型也可能众所周知。例如，在马来西亚、台湾和香港地区，客家菜是非常出名的。即使地区分类很广泛，我们也要知道，中国每一个地区都可能拥有自己的知名传统菜。举个例子，顺德菜在香港地区十分有名，它来自广东顺德，以烹饪新鲜的淡水鱼、炒牛奶而出名。虽然东南亚地区的中国菜主要源自福

---

① 北京菜和上海菜已经是众所周知，而20世纪80年代以来，随着云南餐馆在云南和香港以外的中国许多城市的开张，越来越多的中国人得以品尝到不同口味的云南菜。

建和广东的地方菜，但是来自中国其他地区的饮食也同样能在餐馆中见到，特别是自从 20 世纪 90 年代以来，由于移民或是雇用中国厨师而带来的华人饮食的进一步全球化。

人口迁移伴随着文化的传统与调整。移民会重现饮食传统中的许多方面，即便不是绝大部分地方，但是地方化导致的传统食物原料缺失或口味改变也就意味着，食物的传承再生产同样离不开革新，而当地食物原料的使用以及所接触到的新烹饪知识，都有利于促进新烹饪技术的创新和获取。东南亚地区的中国移民都能接触到来自中国不同地区的地方菜。因此，在东南亚地区，华人的食物传承可以通过多样化的中国地方菜以及在当地发展起来的中国菜得以丰富起来。这已经对东南亚地区的本地菜产生了影响。

安德森（1988：258）注意到，"华人比其他移民群体能够更长久、更忠实地维系他们的日常饮食习惯"。这种现象在东南亚地区尤其如此，相对于中国本土之外的世界其他地区而言，这里生活着数量更多的华人。东南亚也是许多文明的交汇点，包括中国文明、印度文明，以及特征尤为鲜明的欧洲文明，因此，这一地区的华人已经形成了他们独具特色的中国菜，这些菜肴或许可以被描述为马来西亚中国菜、新加坡中国菜、印尼中国菜、菲律宾中国菜等。伴随着向世界其他地区的再移民，尤其是美国、欧洲和澳大拉西亚（Australasia，即澳洲和新西兰一带），同时也有人"回迁"香港、澳门、中国大陆和台湾地区，这样，东南亚地区的中国菜得以传播开来，并且遍及全球。

本书是在东南亚地区考察中国烹饪传统多样性及其贡献的一次尝试，而这正是东南亚地区的华人及其饮食地方化的结果。它同样描述了中国周边地区以及东南亚的华人饮食全球化的情况，特别是华人饮食在东南亚地区的再造和创新。尽管我们不能覆盖所有的东南亚国家——如果有设置章节描述柬埔寨、老挝的华人饮食，那将会是很好的，但是本书突出强调的是生活在海外，尤其是东南亚地区的华人在烹饪上所做出的贡献。在马来西亚和新加坡，人数在比例上更占优的华人，使得当地出现华人饮食发展起来供应当地华人的局面，而这些对于当今的旅游业和全球化而言，已经显得至关重要。同样重要的是，东南亚地区的华人饮食经由泰国、印尼、马来西亚以及其他东南亚国家的餐馆进行传播。在东南亚地区所有的本地食物中，泰国饮食或许是全球化程度最高的。事实上，在泰国本土之外，存在着大约两万家泰国餐馆（Van Esterik，2008：92）。在荷兰，去过那里的人们都会很快发现，实际上有许多中餐厅都有卖印尼中国菜。

现在我将介绍本书的各个章节，然后会讨论一些贯穿其中的主题。

本书章节

本书收录的论文是项目"多元文化视域下东南亚的华人饮食文化"会议论文的修订版本。我是这个项目的负责人，该项目得到蒋经国国际学术交流基金会的资助。2007年11月12—14日，由中华饮食文化基金会与香港中文大学人类学系共同组织的"第十届中华饮食文化学术研讨会：东南亚的华人饮食"在马来西亚的槟城召开，而这些论文都是在研讨会上提交过的。此次研讨会的全部论文，包括本书中的八章，均可见于《第十届中华饮食文化学术研讨会论文集》（2008）。我还邀请包洁敏（Jiemin Bao）博士以及珍·杜鲁兹（Jean Duruz）博士分别撰写了她们在拉斯维加斯（Las

Vegas）和阿德莱德（Adelaide）的研究，我确信她们会为本书助力良多。

该书分为三个部分。第一部分是海外华人饮食概述。这三章内容回顾了东南亚地区的华人饮食及其全球化问题，以及华人饮食的传播扩散与全世界餐馆内华人饮食的易获性。第一章中，陈志明（Tan Chee-Beng）运用马来亚（马来西亚和新加坡）中餐的例子来描述海外华人饮食，它们由烹饪的再生产、地方化和地方烹饪的发明发展而来。本章同样也论及东南亚地区华人饮食的全球化问题。它列举出关于海外华人饮食各种各样的例子，包括一些被本书的几位作者所提到的。陈志明指出，东南亚地区大量地方性华人饮食的发展之所以成为可能，是因为存在"一个促进华人饮食商业化与革新，同时又迎合当地华人口味的内部市场"。

第二章是关于"中国与东南亚对太平洋地区饮食的影响"，南希·波洛克（Nancy Pollock）在文中对中国与太平洋地区的饮食情况进行了比较。作者描述了华人饮食产生的历史背景以及它在世界其他地区的传播。这恰好为本书的读者提供了背景知识。作者是一位研究大洋洲饮食与饮食文化的知名人类学家，因而她的章节内容也能够让读者有幸一睹"跨越大洋洲的华人饮食全球化"。长远来看，中国饮食的重要贡献都是通过商品菜园，以及那些满足"太平洋地区设宴共享的不同形式要求"的餐馆共同体现出来。南希·波洛克指出："在太平洋地区，华人饮食被认为是既经济实惠、品类丰富、美味可口，又兼具普适性。"本章为理解华人饮食的全球化提供了一个更广阔的视野。

第三章的标题为"海外华人饮食的全球相遇"，吴燕和（David Wu）以他自己毕生的研究、旅行经历，特别是在东亚、东南亚、巴布亚新几内亚和美国的经历，来探讨全球文化影响大背景之下中国菜的复杂性。特别指出的是，他描述了巴布亚新几内亚的华人饮食文化，还有美国的中餐馆。族群、全球资本主义和大众传媒在"海外华人的中国菜形成新发展态势的过程中，都扮演着至关重要的角色"。这不但包括"正宗的"中国菜，还有本地化的中国菜以及中式融合菜。他的经历表明，"作为文化商品的食物，其复杂的形成通常都要经历全球化、适应、异质性、杂合、国际化以及彻底改造的一系列过程"。

第二部分的四章内容描述了东南亚地区的华人饮食文化情况。第四章中，欧杨春梅（Myra Sidharta）介绍的是印尼的华人饮食情况。印尼与马来西亚有很多相似的特征，因为印尼也是穆斯林群体占支配地位，同样使用马来语作为国语的国家。然而，印尼的国土面积乃至生态、文化的多样性，已经为中国移民提供了更多样化的适应环境。印尼人中间存在着更多的烹饪互动，正如欧杨春梅指出的那样，华人饮食的影响在印尼显然是随处可见的；印尼中国菜是"一个包含着中国菜的类型与当地印尼饮食风味的杂糅菜谱"。与此同时，许多新开张的中餐馆还继续推介"正宗的"中国饮食。

第五章中，菲律宾华裔学者施吟青（Camelea Ang See）非常熟悉菲律宾的饮食情况，她为我们提供了这个国家关于华人饮食地方化与革新的许多生动有趣的例子。正如生活在印尼、马来西亚和新加坡的多数华人一样，在菲律宾的大部分华人是闽南人，他们是来自福建南部地区移民的后代。然而，他们在传承福建南部相似食物的同时，已经发展出了不同的地方化的华人饮食，这说明了文化互动丰富了烹饪传承。同时，菲律宾的华人饮食已经"影响了"菲律宾菜，反过来又被菲律宾菜"改善提高了"。相较于马来西亚和印尼，菲式中餐更加地方化，并进一步融入地方菜之中；事实上，华人饮食中的许多方面，都已经被以天主教徒为主的菲律宾民众所接受。在这三个国家中，马来西亚的马来人更严格地注意华人与他们这些穆斯林之间的烹饪界限，也仅仅是 20 世纪 80 年代以来，部分中国烹饪食物才被马来人所接受，而且清真（halal）的中餐馆依然非常少。[①] 当然，像东南亚地区其他居民一样，马来人早已经接受诸如豆腐和酱油一类的食材了。

　　第六章"曼德勒的华人饮食：族群互动、地方化与身份认同"是由段颖（Duan Ying）完成的，他已经在缅甸完成了自己的博士论文研究。在这座缅甸城市中，大部分华人为云南人。本章向我们介绍了与那些在东南亚地区随处可见的华人饮食相比，一类与众不同的中国菜。如同遍及东南亚地区的华人一样，曼德勒的云南人也已创新了当地的华人饮食。来自昆明的段颖发现，曼德勒的云南人喜欢一种酸辣汤，他们声称这是属于云南人的，但是段颖在云南并没有见过这种食物。这些云南人也已经将与云南本地相近的许多食物传承下来。段颖还向读者说明了在全年的祭拜仪式中，与华人地区性身份认同密切相关的食物所具有的重要性。同时，广受欢迎的茶馆也是人们交流信息的重要场所，包括分享关于在这个军事专政的国家中人们命运如何的观点。

　　至于中国南方的居民和越南人，他们在历史上可以共享的有很多，不仅体现在儒家传统上，还体现在食物上。陈玉华（Chan Yuk Wah）在第七章中举了这样一个例子，在广东人和越南人的早餐中很受欢迎的肠粉，广东人叫"*cheung fan*"，而越南人却称"*banh cuon*"，她以此说明最初一种相似的米粉卷，如今却受国界和民族

---

① 但从第一章中陈志明的政治经济学观点来看，更多售卖中国饮食的清真餐馆之所以缺少，其实是因为食品小贩们有着数量相对庞大的华人人口可以依赖。

主义的影响而变成不同的民族传统，即现在所谓广东的／中国的，又或是越南的。她认为一种食物类型实际上包含着两种地方传统。通过自己对米粉卷的分析，她指出了按照地理边界来限定文化边界所存在的问题。"文化并未在边界处停止"，陈玉华阐述得非常准确。

第三部分"东南亚周边地区的华人饮食文化"，共计三章。包洁敏撰写了拉斯维加斯的东南亚华人饮食，她是泰国和美国华人研究的专家。她特别强调了餐厅厨师的能动性，及其在东南亚华人饮食的创造与再创造过程中所发挥的重要作用。包洁敏指出，拉斯维加斯的东南亚华人饮食已经经历了两次"去领域化／再领域化（de／reterritorialization）"过程，一次在东南亚，另外一次在美国。包洁敏还强调，"食物既不受族群限制，也不受国界限制"，所以她不倾向于将拉斯维加斯的东南亚华人饮食描述为"民族的"。包洁敏还专门引入了"跨国菜肴（transnational cuisine）"这一术语，以代替"民族食物"的说法。

第九章中，珍·杜鲁兹通过描述一位在阿德莱德的知名马来西亚华裔厨师，讨论了"食品的嵌入与融合"问题，特别是包含东南亚元素的华人饮食如何受到"亚－澳烹饪身份（Asian-Australian culinary citizenship）"这种杂糅形式的产品影响的。厨师廖耀祥（Cheong Liew）关于马来西亚华人饮食的难忘记忆，成为他在澳大利亚从事厨师工作经验的一部分。另外一部分经验则来自于廖耀祥与当地一些场所的关系，比如说阿德莱德中央市场。通过对厨师的市场访问描述——他的采购、互动、仪式和情感，给我们描绘了一幅有关那里食物与生活的画卷。这些食物当然包括东南亚饮食在内，比如说叻沙（Laska），它在马来西亚和新加坡是非常流行的，甚至在阿德莱德也是如此。

叻沙在香港也变得越来越流行。在第十章中，麦秀华（Veronica Mak Sau Wa）描述了东南亚华人饮食在香港的茶餐厅以及面馆里是多么受欢迎。她还描述了东南亚饮食是如何向香港传播扩散的，这些食物又是如何被改造以适应香港口味，同时满足茶餐厅和面馆的方便快捷、易于准备所需的。例如，借助于在咖喱饭中使用更多的椰奶，辣味才被降到了最低。媒体在普及东南亚饮食方面也扮演了非常重要的角色。她总结道，东南亚华人饮食提供了一种新口味，同时它根本的烹饪文化仍然是中国的，而像叻沙、炒粿条（Fried Kway Teow）和咖喱面（Curry Mee）这些食物，也都正在成为香港饮食的组成部分。

移民、地方化与创新

贯穿本书的一个显著主题就是食物的地方化。地方化这个概念与探讨移民、地方适应以及文化生产问题紧密相关。地方化或许可以被理解为"一个趋向当地的过程，包括对当地地理和社会环境的文化适应，以及对当地的身份认同"（陈志明，1997：103，亦参见陈志明，2004：23）。在烹饪地方化的情况下，这就涉及食物制作方面的变化，他们为了适应本地生活（比如食用辣味）而制作出适应移民及其子孙后代口味变化的食物，或是制作出适应当地非华人居民口味的食物，正如在美国，华人饮食需要不断变化来迎合大多数非华人居民的口味一样。地方化可能也包含源自当地人的烹饪观念，以及为制作华人饮食对当地食物原料的创造性使用。所有这一切无疑都涉及饮食的创造与再创造问题。因此，在这本书中，我们会发现有很多实例介绍各具特色的马来西亚、印尼、菲律宾和其他地方的东南亚华人饮食。实际上，施吟青对菲式中餐做了十分恰当的评价："人人都知道面条起源于中国，然而，每个人都会承认面条也是菲律宾的食物。"事实上，不同的烹饪方法可以制作出各具特色的面食，甚至于在中国，不同地区的人们也能够制作出具有不同地方特色的面食。东南亚地区的中国移民利用当地的烹饪知识、食材以及其他华人的烹饪风格，进一步创造了具有自身风格的面食。家喻户晓的槟城福建面（Hokkien Mee，"*mee*"是马来西亚英语对福建话中称呼面条"*mi*"的叫法）就是一个例子。福建面也称虾面，是用对虾和虾汤发明出来的一道马来西亚中餐。

正如包洁敏在她关于拉斯维加斯的东南亚华人饮食研究中所指出的那样，此类烹饪的适应与转化在移民中间是普遍存在的。移民与再移民，不但有助于烹饪的传播以及全球化，而且有助于烹饪的再创造。欧杨春梅在本书中强调了印尼华人向荷兰、欧洲、北美与澳大利亚的再移民，以及印尼中餐在这些国家的传播扩散问题。甚至更有意思的是，也有一些印尼华人"回迁"中国，并在中国制作出他们独具特色的印尼中餐（陈志明，2010）。本书中，麦秀华描述了诸如炒粿条、咖喱面（包括马来西亚和新加坡的中国面条）以及沙嗲牛肉（Beef Satay）这样一些东南亚饮食的适应性与地方化，这些食物在香港茶餐厅（Hong Kong Style Café）中会有供应。

因为东南亚地区的华人大部分是来自中国南方的移民或移民后代，所以，尽管在食物的再创新方面或许有所不同，我们依然能够在其中发现很多相似的食物。当然，人们可以在东南亚地区和世界上许多地方看到豆腐，而这也是东南亚地区的本地居民完全接受的。事实上，马来语中豆腐一词为"*tauhu*"，是根据闽南话的发音而来。① 欧杨春梅、施吟青和包洁敏负责的三章内容都提到了

① 大量的闽南食物术语已经进入马来人还有其他当地人的词汇之中。除了*taubu*，马来语中代表豆芽的*tauge*同样来自闽南话。在爪哇语中，*suikei*指的是青蛙食品，

中国春卷，这在印尼、菲律宾以及拉斯维加斯东南亚餐馆中被称作"*lumpia*"。它在越南和柬埔寨也非常受欢迎，当然在马来西亚、新加坡和泰国那里，人们习惯称它为"*Poh Pia*"（参见陈志明在第一章中的描述）。除此之外，施吟青还介绍了菲律宾的"*hopia*"。而与之相似的绿豆馅饼，在马来西亚和新加坡，根据福建话读作"*daosa bnia*"（通常写作"*Tao Sar Pia*"），这些国家中不同的城镇都拥有各自有名的豆沙馅饼。这些豆沙馅饼最初源自福建南部地区，这在那里仍然很容易买到，而且在厦门机场就可以买到一款厦门品牌的豆沙馅饼。

从殖民时代开始，东南亚地区的华人就已深受欧洲的影响，生活在多民族环境之中。正是在这种多民族、历时性以及全球化的背景之下，华人对中国饮食进行了再生产以及再创造，同时将地方性和全球化的影响吸收进他们的烹饪之中。在日常饮食方面，他们习惯于跨越民族界线，事实上，在家里制作的食物中也已经包含了一些非中式的饮食风格。然而，正如段颖所指出的那样，就缅甸而言，华人已经习惯了缅甸的咖喱食物，但他们仍然"喜欢在自己的日常饮食中选择中国饮食，尽管缅甸饮食同样已经非常普遍"。实际上，东南亚不同国家的华人不仅喜欢中国饮食，而且喜欢东南亚当地的华人饮食，后者或许可以称为马来西亚中餐、菲式中餐，等等。

能动性

本书的另一个共同主题是厨师的能动性，特别是他们在制作和发明饮食过程中的创造性。正如包洁敏在她的论文中总结的那样，厨师是"促进文化和饮食多样性的关键角色"。一个厨师的经历，

这个词源自闽南话中的青蛙，而爪哇人称之为 *kodok*。

会影响到他或她的烹饪风格乃至对某一特定饮食传统的传播；这种传播当然不是静止不变的，而是由厨师的地方性和全球性的文化碰撞塑造的。珍·杜鲁兹描述了阿德莱德著名的厨师廖耀祥。她这样写道："中国的饮食传统，马来西亚的童年时光与家庭生活，澳大利亚的移民与再安置，所有这些记忆痕迹在廖耀祥的饮食中都是始终存在的。"厨师们从事烹饪工作的餐馆就成为重要的展示场所，这里不但能够制作出风格独特的饮食，而且可以对菜肴进行再定义与再发明。炒杂碎（chopsuey）是一道美式中国菜，它的规范化与中餐馆在美国创造并推广这种食物有关（参见李竞，2008以及本书吴燕和所写的第三章）。正如麦秀华在第十章中向我们展示的，大众媒体以及美食评论家在某些东南亚饮食的介绍与推广中同样扮演着重要角色。部分东南亚华人饮食在香港的接受与流行，很大程度上要归功于媒体的报道，美食评论家的写作、认可以及他们在电视节目中的展示。

普通厨师可能没有经过专业训练，但他们和在家中做饭的普通人一样，都参与了移民群体的食物制作与创新，并借鉴了当地和全球的烹饪理念。在马来西亚和新加坡的海南籍厨师所扮演的历史角色就是这样一个例子。在马来西亚，来自海南省的许多移民都从事厨师工作，他们为富裕的人家做菜，同时也会制作食品出售，事实上，在当时的马来亚和新加坡，很多咖啡馆都是海南人开的。海南籍厨师无疑在海南鸡饭（Hainanese Chicken Rice）的再造过程中扮演了重要角色，现如今，海南鸡饭已经成为国际化的马来西亚和新加坡中餐。实际上，这是一道使用中国烹饪中常用食材制作而成的中式快餐，尽管食用的时候需要蘸一种特别的辣椒酱。[1] 这道菜

---

① 海南鸡饭的特色在于滚水煮过的鸡肉和鸡肉味的米饭。这道菜实际上并不难做。Patsie Cheong 的食谱（2009：139）如下：将1块碎姜放入鸡的胸腔中，注入80℃

是东南亚地区的海南人，对源自海南省文昌市著名的文昌鸡饭进行的一次再创造。①

东南亚地区的很多华人都雇用当地人做家庭助手（在当地英语中一般称女佣）②，她们同样有助于当地饮食的介绍与推广。段颖在第六章谈及缅甸的华人时提到，华人雇用缅甸国内的女佣，并培训她们制作中国饮食，而她们也将缅甸饮食介绍到这些家庭之中，使得大多数华人女性都能够制作缅甸饮食。总而言之，通过她们自己的地方化经验以及当地助手的介绍，每一个华人移民家庭都能够将当地的一些烹饪风格、饮食特色融入日常饮食中去。我们注意到女佣以及受雇的厨师所扮演的角色是非常重要的。至于槟城、马六甲以及新加坡的当地海峡华人（Straits Chinese），他们通常被称为"峇峇（Baba）"（参见第一章）。其中的富人直到 20 世纪 50 年代前后都还雇用海南籍厨师和广东籍的家庭女佣，后者又被称

的温水覆盖住整只鸡，用高温闷煮 15 分钟；关掉火，浸泡 10 分钟；将鸡取出，保留鸡汤；加热 1 汤匙油，爆炒 1 茶匙蒜末直到散发出香味，加入已经淘洗过的米；将米放入电饭煲中，加入足量的鸡汤蒸煮；将鸡肉剁成碎块，和蒸好的米饭一起上菜；至于辣椒酱，选用 150 克红色长辣椒、75 克小辣椒（马来语称为 *cili padi*，汉语称为"指天椒"）、75 克大蒜、75 克姜，将这些原料放入搅拌器中搅拌，取出之后加入 2 茶匙盐，食用时再往酱中挤入一些青柠（lime）汁。

① 我 2009 年 7 月去过文昌，在那里主要品尝了当地非常有名的文昌鸡饭。询问来自海南岛的任何一个人，他或者她最有可能讨论的就是文昌鸡和鸡饭。传统意义上讲，选用的鸡全部都是散养的，但是今天来看，可能仅有一部分是散养的；而如今，马来西亚、新加坡或者其他任何地方的海南鸡饭都是使用农场养殖的鸡。一位来自海南省省会海口的妇女告诉我，1937 年，当她还是个孩子的时候，曾去过香港，她亲眼看到小贩们将煮好的鸡放在一个大盘子里，挨家挨户地上门推销。"二战"刚结束不久，她在 1946 年第二次前往香港，这时候已经看不到那种上门推销的情景，取而代之的是，一些小餐馆和茶餐厅里在售卖文昌鸡。这说明来自文昌的移民已经将他们制作文昌鸡的方法带到了香港。可能是那些在马来西亚和新加坡的移民使用文昌人的制作方法，重新创造了今天被人们熟知的海南鸡饭这种"新"美食。对移民而言，海南鸡饭与使用"海南"这个词有关；而直到今天，在海南地区，海南鸡饭也只与文昌这个特定的起源地有关。我要感谢我的哲学硕士武洹宇，她来自海南，曾帮助我搜集了这些描述她祖母两次前往香港旅行的细节。

② 在马来西亚和新加坡，这些女佣大多来自印尼和菲律宾。

为"Ah Sum",通常身穿白色棉衬衫和黑色长裤。[1]她们肯定对中国传统食物的烹饪产生了影响,尽管她们同样已经学会了制作娘惹(Nyonya)食品。

正宗性

无论在餐馆里,还是在移民中间,食物传统的再生产经常会涉及正宗性问题。关于食物正宗性的讨论需要假定一个前提,即食物具有一种本质性的风格和口味。这对于那些前往一个新地方,并渴望吃到熟悉饮食的旅客与移民而言,尤为如此。他们希望获得同一种外观和口感,因为在移民之前早已习惯这些。从他们的观点来看,一种食物正宗与否是真正的问题所在,换言之,即食物能否根据其原初地的制作方法烹饪出相应的风格和口味。有关正宗性的此类讨论,需要一种标准的版本进行对比。例如,在北京吃过烤鸭的人将会运用这种经历和知识,去评判纽约或者香港餐馆中所供应的北京烤鸭。或许这些地方的北京烤鸭并不正宗,因为相较于北京的烤鸭,它们显得特别油腻,或者食用的方式也不尽相同。正是在这个意义上,吴燕和在本书中谈及了正宗性问题,他将自己比较熟悉的台湾饮食与北京饮食进行了一番比较。

然而,移民经常获取新的口味,他们会重新调整自己的"传统"食物以适应新口味。比如,尽管最早来自福建省和广东省的移民通常并不食用辣椒,但是马来西亚的华人却普遍喜欢吃辛辣的食物。因此,当一种食物在另一片土地上被"去领域化"之后,正如移民本身一样,他们可能也变得本地化或是实现自我再造。华裔马来西亚人或许并不喜欢在香港的美食广场或大部分餐馆中所供应的叻

---

① 对峇峇中"Ah Sums"的描述,可参见 Gwee(2010)。

沙，但是这种不怎么辣又满是奶油味的叻沙看起来更容易被香港人所接受。毕竟在很大程度上，正宗性是一种个人口味和怀旧之情的体现。食物的正宗性基于个人体验而来，事实上并不存在真正正宗的"正宗性食物"。在某种程度上讲，食物被认为是民族性的，比如中国饮食（特别是广东饮食、马来西亚中餐等）或者泰国饮食，人们通常很期待去发掘这些食物的特色所在，所以有关正宗性的讨论是不能够被忽略不顾的。

中国的传统饮食在节庆和宴席上得到了最好的保留。中餐馆承办婚宴，通常都有几道标准的中国菜肴，尽管不同国家的中餐馆也都提供当地华人喜欢的本土华人饮食。段颖指出，曼德勒的大部分中餐馆做的都是云南菜，而在华人宴会上所供应的饮食则反映出这个城市中华人饮食的多样性。正如欧杨春梅同样在雅加达所观察到的那样，随着改革开放以来中国厨师的不断受雇，新的中国地方饮食被带往东南亚地区，增加了该地区华人饮食的多样性。

社会地位和身份认同

对正宗性的认识会影响到食物的地位。吴燕和与南希·波洛克都提到，美国和太平洋地区的华人饮食是很廉价的。这与在许多华人经营的美食小店中轻易即可获取简单、廉价的华人饮食有关。所以在美国普通大众的观念中，华人饮食的地位是相对比较低的。当然，也有价格昂贵的中餐馆提供高级料理（haute cuisine）。吴燕和认为这也与更广泛的社会对待民族食物的态度有关。他指出，当一个非华裔经营根据西方标准的"中式"餐馆时，"它们（这些餐馆）将被视作提供高级美食的高档餐馆"。在东南亚地区，一种普遍的观点认为，当地最好的华人饮食出现在咖啡馆或者受欢迎的本地餐馆中，而不会是在价格昂贵的酒店里。有意思的是，正如麦秀华描述香港饮食时意在说明的，当东南亚菜看作为国际性饮食，出现在东南亚地区以外的餐馆中时，这就提供了一种国际化的身份认同。

饮食承载着身份认同。举个例子，娘惹食品与峇峇身份认同密切相关（参见陈志明在第一章中的讨论）。在多样化的华人群体中，特定的饮食与特定的华人方言群有关（参见第一章）。酿豆腐与客家人（the Hakka）有关，这对于东南亚地区的华人而言是基本常识，梅菜扣肉也是如此。有趣的是，在马来西亚、新加坡和菲律宾地区最大的华人方言群，即闽南人的饮食，却并未被期待能有多么与众不同，恰恰相反，它被视为是理所当然的。另外，我们在餐馆里可以买到潮州粥（Teochiu porridge），而这样的潮州餐馆在马来西亚和新加坡有很多。在2007年8月前往印尼三宝垄（Semarang）的旅行中，我注意到有为数不少的潮州餐馆，它们明显都打着"*masakan Tio-ciu*"或"潮州饮食"的旗号。我们选择在其中一家餐馆中吃了晚饭，而这家餐馆的老板来自加里曼丹岛（Kalimantan）。[①] 在香港，潮州（以及客家）餐馆同样都非常有特色，当然，来自顺德的粤菜也是如此。多数群体的人认为他们的饮食普遍存在是理所当然的，这一点并不奇怪；只有少数群体的饮食的存在，才会被认为是与众不同的。在美国也是一样，例如，民族食物实际上是指其他民族的食品——那些属于少数民族的食品。

跨越边界与全球化

本书中各个章节的描述显示出边界跨越与全球化现象的大量存

———————
① 在2007年8月8—17日，欧杨春梅陪同我和我的太太前往爪哇、马都拉的许多城镇去拜访华人庙宇。我们非常感谢欧杨春梅的热情款待，以及她分享的一些对于印尼华人的认识。

在。陈玉华在第七章论述蒸卷粉（steamed rice-flour rolls）时指出，对于这种在越南被称为 "*banh cuon*（卷粉）" 而在粤语中被称为 "*cheung fan*（肠粉）" 的美食而言，争论其起源是中国还是越南是没有什么意义的。最初时，中国南方的广东毗邻越南，古代中国人认为两地同属于 "南蛮"，它们在历史上拥有过许多共同的文化特色。就柬埔寨的华人来说，他们的华人饮食深受越南移民（华人和越南人）的影响，当我 2009 年 8 月前往金边（Phnom Penh）旅行时就发现了这一点。①

即便说到在东南亚地区很受欢迎的一些华人美食，比如粿条（*kway teow*），人们也很难准确地断定它是由马来西亚的华人还是泰国的华人发明的。"*kway teow*" 这个词并非粤语或闽南话，因为福建、台湾或是香港和广东讲粤语的人，他们都不使用这个词。因此，在香港和台湾地区，"*kway teow*" 被作为一个来自东南亚的外来词使用，它在香港被写作 "贵刁"。事实上，中国讲粤语的人都知道 "*hofan*"，即河粉，但使用鸡蛋和虾制作而成的炒粿条这道美食却源自东南亚地区，所以它也是一个外来词。可能是马来西亚和泰国的潮州人带来了这道美食，在潮州话，这道美食被称为 "*kway teow*"，并被写作 "粿条"。无论是粿条汤还是炒粿条，粿条在东南亚地区事实上已经跨越边界了，毕竟在马来西亚、新加坡

---

① 为了调查中国饮食的情况，2009 年 8 月我曾有过一次前往金边的短暂旅行。在此期间，我发现很多当地的华裔柬埔寨人是从越南再次移民到此的家庭或个人，而且从越南移民柬埔寨的现象持续至今。因此，柬埔寨当地华人的饮食不仅受到高棉人（Khmer）饮食文化的影响，还受到越南人以及华裔越南人饮食文化的影响。随着来自中国和东南亚其他国家的中国商人的涌入，有很多餐馆都带来了不同地方的中国饮食。我在这里发现了两家价格不贵而且条件不错的餐馆，它们都出售来自马来西亚和新加坡的华人饮食，其中一家由马来西亚的华人开设，另外一家则由新加坡的华人开设，两家餐馆都雇用越南籍服务员。所有这些，包括来自中国大陆、香港和台湾的中国人经营的餐馆，无疑都影响了柬埔寨的华人饮食和饮食文化。在我的金边之旅中，我要感谢 Ngin Chanrith 博士及其妻子 Channy 的盛情款待。

和泰国能够发现粿条的普遍存在，如今，那些来自新加坡和马来西亚的商人又将它们带往其他许多国家。东南亚地区的移民和厨师已经帮助粿条这种形式的河粉美食传遍全世界，其中以"槟城炒粿条（Penang Fried Kway Teow）"而出名且独具槟城风味的炒粿条，更是众所周知。无论如何，作为一种美食的粿条都是东南亚地区华人进行本土化创造的结果，并且在世界其他地区出现全球化以前，它在该地区一直都在尝试跨越边界的努力。然而，正如麦秀华指出的那样，香港的炒粿条其实是一种以使用叉烧为特色的本地化美食，它的口味与马来西亚以及新加坡的炒粿条截然不同。

由于食物与身份认同相关，并被应用于政治身份认同中，所以边界还是可以分清的。这对马来西亚和新加坡而言，显得尤为有趣。历史上，马来亚（今天的西马来西亚）和新加坡的华人之间并未划出一条清晰的边界，使得诸如海南鸡饭、炒粿条、咖喱叻沙以及其他的当地华人美食，成为马来西亚和新加坡两地华人的共同传统。今天的马来西亚和新加坡是两个独立的主权国家，而这两个国家的政客与社区领袖针对这些美食的国家身份认同问题，彼此争论不休。为了发展旅游业，新加坡更加积极地宣传美食，宣称这些美食理所应当地属于新加坡；同时，马来西亚的一些华人政客和社区领袖，则试图宣称这些美食属于马来西亚。马来西亚的海南会馆联合会（The Federation of Hainanese Associations）甚至提出颁发海南鸡饭合格证，以确保相关销售点上所售卖的海南鸡饭都具有正宗性（参见《星洲日报》2009年12月6日第6版）。事实上，这些由马来亚和新加坡的中国移民所创造的美食，是无法被当今的国界线分开的。

实际上，诸如海南鸡饭、叻沙这些马来西亚和新加坡美食已经全球化了，在全球许多城市的马来西亚和新加坡中餐馆里都可以买到，例如，从阿德莱德到纽约，这些城市中都有大量来自东南亚国家的华人移民。东南亚地区华人饮食的全球化是华人移民饮食的全球化，这与罗伯茨（Roberts，2002）所描述的从中国到西方的直接全球化有所不同。在东南亚以外的所有城市中，东南亚的中国菜最容易被接受，甚至融入香港的中国饮食文化之中。东南亚的华人饮食不但能够在"民族餐馆"（即马来西亚的、印尼的、峇峇的等）中买到，而且一些华人饮食其实已经成为独具特色的香港茶餐厅（cha chaan teng）中重要的组成部分（参见麦秀华第十章）。

结　语

东南亚华人饮食的发展与中国的文化再生产、烹饪发明密不可分。文化在饮食上的改变，受到族群间的互动、地方化以及全球交流的影响。事实上，东南亚地区各自形成的华人饮食传统也构成了一种文化传统，东南亚各个国家的华人通过这一传统将自己与其他人联系起来。该文化传统所要表达的是他们地方化的身份认同。东南亚华人烹饪文化的发展足以说明，文化通过跨文化的互动才变得丰富多彩。举个例子，马来西亚华人饮食文化就是在多民族环境下发展起来的，华人在这种环境中学习了其他民族的饮食；同时，这种饮食文化由华人中不同方言群的出现塑造而成，并在鼓励饮食创新的"咖啡店市场（coffee-shop market）"中繁荣起来。并非高端的中餐馆助推了马来西亚中餐的多样性发展，而是所谓非正式的小贩群体促进了数量如此多、如此美味的本地华人饮食的发展。

东南亚华人饮食的传播与地方化，使华人饮食得以保持延续，变得更加多样化，同时也创造出更多新的美食。所有这些都在全球性分布中增添了华人烹饪文化的多样性，同时进一步丰富了世界范围内华人饮食本就多样的种类。中国人的移民、再移民以及全球化，将一些东南亚的华人饮食带往世界上不同的地方，也包括中国。[①]随着东南亚华人饮食在这些新土地上的去领域化，烹饪再生产、地方化与创新的整个动力系统再次运转起来，因此创造出更多的新式华人美食，这是多次移民和烹饪再生产的结果。总体而言，当代的全球化也使得饮食文化的影响力得以持续。

饮食与身份认同密切相关。在起源方面，东南亚华人饮食源自中国以外的地方，这与中国的本土饮食截然不同。在东南亚的华人间，饮食地方化的不同程度，与不同地方的华人有着不同的涵化（acculturation）[②]程度有关。越来越多受到马来人（Malay）和爪哇人（Javanese）涵化的土生华人（Peranakans，即伯拉纳干华人）拥有了更多的当地美食，其中，马来西亚和新加坡的一些娘惹食品（参见第一章）就极为畅销。东南亚地区的华人固然在饮食方面是多民族化的，但是他们在家里还是会选择中国传统食物或是本地的华人饮食。例如，相较于那些更少受到同化、坚持多吃"传统"中国饮食的华人而言，文化上更加地方化的峇峇人会吃更多的本地华人饮食（也即娘惹食品）。由于受到峇峇人的影响，槟城华人通常会在家中制作不少地方化的华人饮食，这在 Yeap Joo Kim 有关家庭饮食制作的记载中尤其明显（1990：106-107）。

---

① 如今，海南鸡饭在中国的很多大型饭店中都有供应，它在中国或许已经成为又一种地区性的饮食，因为这里没有多少人知道它源于东南亚，而只是将它与海南岛联系在一起。

② 所谓"涵化"是指异质文化接触而引起原有文化模式的变化，是人类学研究中关于文化变迁的一种主要形式，换言之，即身处支配从属地位关系的不同群体，由于长期的直接接触而使各自文化发生的规模变迁。目前关于这一学术用语，以赫斯科维茨（Melville Jean Herskovits）、雷德菲尔德（Robert Redfield）与林顿（Ralph Linton）三位美国人类学家的界说最具代表性。——译者注

鉴于将饮食文化视作一种文化传统，因此，我们对于东南亚华人饮食的研究，就大大增加了自身对于华人烹饪传统知识的了解。华人饮食历来与中国的地区性饮食相关，而且世界上有许多中餐馆都在力争提供"正宗的"华人饮食。无论正宗与否，华人饮食的持续烹饪再生产、地方化与创新，都在不断丰富着不同国家的华人烹饪传统。世界上越来越多的人，不仅受到来自中国本土的饮食影响，还受到世界各地华人制作的饮食影响。来自全世界的华人移民饮食种类多样，既值得品尝一番，又值得好好研究。

参考文献☐

Anderson, E.N. 1988. *The Food of China*. New Haven and London: Yale University Press.

Anderson, E.N., Jr. and Marja L. Anderson. 1977. "Modern China: South." In *Food in Chinese Culture: Anthropological and Historical Perspectives*, ed. K.C. Chang. New Haven and London: Yale University Press, pp. 317–382.

Cheong, Patsie. 2009. *Reminiscing Local Dialect Cuisines*. Kuala Lumpur: Seashore Publishing（M）Sdn Bhd.

Gwee, William. 2010. "Remembering the Ah Sums." *The Peranakan*, No.3（2010）: 12–14.

Lee, Jennifer 8（李竞）. 2008. *The Fortune Cookie: Adventures in the World of Chinese Food*. New York: Twelve.

Newman, Jacqueline M. 2004. *Food Culture in China*. Westport, Conn.: Greenwood Press.

Roberts, J.A.G. 2002. *China to Chinatown: Chinese Food in the West*. London: Reaktion Books.

Simoons, Frederick J. 1991. *Food in China: A Cultural and Historical Inquiry*. Boca Raton, F.L.: CRC Press.

Sabban, Françoise. 2002. "Chinese Regional Cuisine: The Genesis of a Concept." In *The 6th Symposium on Chinese Dietary Culture*. Taipei: Foundation of Chinese Dietary Culture, pp. 195–207.

Tan, Chee-Beng（陈志明）. 1997. "Chinese Identities in Malaysia." *Southeast Asian Journal of Social Science*, 25（2）: 103–116.

Tan, Chee-Beng（陈志明）. 2004. *Chinese Overseas: Comparative Cultural Issues*. Hong Kong: Hong Kong University Press.

Tan, Chee-Beng（陈志明）. 2010. "Reterritorialization of a Balinese Chinese Community in Quanzhou, Fujian." *Modern Asian Studies*, 44（3）: 547–566.

Van Esterik, Penny. 2008. *Food Culture in Southeast Asia*. Westport, Conn: Greenwood Press.

第一部分

海外华人饮食概述

第一章 东南亚华人饮食的文化再生产、地方性创新与全球化

□ 陈志明

引　言 ①

　　移民和烹饪的发明、再造都是值得学术界特别关注的话题。如今，关于移民以及他们在主流社会的适应问题方面的文章已经有很多。从 20 世纪 90 年代开始，学者们深受后现代主义修辞学的影响，重述移民及"去领域化（deterritorialization）"问题，强调分离与破碎，用詹姆斯·克利福德（James Clifford，1997：244）的话来讲，这是"位移的经历（experiences of displacement）"。以往人们的关注点多集中于离散（diasporic）问题与跨国主义的讨论，是王爱华（Ong Aihwa）和诺尼尼（Nonini）（1997）将关注点转移到了海外华人的研究上。移民自然会涉及离开原居住地的问题，人们一直在本国和海外间往返迁移，他们试图在一个新环境中实现自身所具知识和经历的重建。在这个视角下，"再领域化（reterritorialization）"的概念有助于人们纠正"去领域化"的观

----

　　① 　这是在"第十届中华饮食文化学术研讨会：东南亚的华人饮食"会议上提交的论文《东南亚的华人饮食文化综述》的修订版。中文词汇视具体情况用闽南话或普通话进行了音译。包括食物名称在内的一些本地名称都是根据当地人的使用习惯音译而来，而标准的闽南话词汇则是根据闽南话词典《普通话闽南方言词典》（福州：福建人民出版社，1982 年版）的使用方法音译而来。非常感谢西敏司（Sidney Mintz）教授针对这一章给予的宝贵意见。

点，即有一个"在新的时空背景下进行文化重构的过程"（Inda 和 Rosaldo，2002：10）。重新适应一个新的环境，并且随后重建自己的文化生活，这对移民而言无疑是一个重要的过程。"文化重构"（reinscribing culture）术语的提出，是一种很好的表达方式，它将远离故土的文化进行再生产的过程予以概念化。

移民也同样在重构自身的烹饪文化，他们将自己熟悉的饮食与口味进行再生产。不过，他们或许会因为受某些食材短缺的限制，从而影响到自身所熟悉的饮食制作。同时，他们可以利用新的食材和当地人的烹饪知识，以及他们所生活区域的历时性、全球性影响。因而，移民及其后代不但可以将自己的传统饮食进行再生产，而且也能重新创造，事实上他们确实创造出了新的饮食。在马来西亚和新加坡的华人，因其相对庞大的人口数量，[①]加之生活在主要文明与全球互动十字路口上的便利，使得他们拥有极为丰富的华人饮食，既有传统的，亦有当地的。由于马来西亚华人和新加坡华人的再移民与全球化，我们得以在世界主要城市的马来西亚餐馆、新加坡餐馆中找到许多马来亚中餐（见下文）。实际上，马来西亚中餐、新加坡中餐，与泰国饮食、越南饮食、印尼饮食一样，都是东南亚地区全球化程度最高的饮食。

本章选用了部分马来亚中餐的例子来强调海外华人饮食的传播情况，出于便利，我采用了"diasporic Chinese food"来指代中国本土烹饪以外的华人饮食。这一章还提供了东南亚地区华人饮食的许多例子，特别是马来西亚和新加坡两地的华人饮食。因其区域分布，许多作者也在书中不约而同地提到东南亚其他地区的一些马来亚中餐，另外本章也会通过具体的描述进一步加深读者对于这些

---

① 华人占马来西亚 2800 万人口的 26% 左右，同样占新加坡 500 万总人口的 75%。

饮食的认知与了解。我将依据这些饮食在东南亚地区多元文化背景下的三个主要发展过程展开介绍，也即烹饪的再生产、地方化与创新、全球化。换言之，饮食的研究事实上也是文化动力在持续和转化间不断"协调"的研究，文化再生产、地方性创新与全球化这三个主要发展过程实际上可视作我们了解移民和烹饪的镜头，就此而言，也有助于我们理解任何一种烹饪传统。

马来亚中餐不仅仅指中国饮食，同样也指马来西亚华人以及新加坡华人制作的那些各具特色的饮食。为方便起见，我用"马来亚中餐（Chinese Malayan food）"来指代马来西亚华人、新加坡华人制作的饮食。1965 年，新加坡脱离马来西亚，成为一个独立国家。历史上，新加坡曾是柔佛苏丹王朝（Johor Sultanate）领地的一部分，直到 1819 年沦为英国的殖民地。在这座岛屿上的华人与马来半岛的华人共同促进了历史的发展，他们对自己的华人饮食进行再生产与创造，彼此之间没有任何烹饪的界限存在。他们依然共享着相似的饮食传统，尽管如今民族主义国家的分化让这两个国家的一些人们，将其共同的饮食传统分别视为新加坡人的或是马来西亚人的。①

华人饮食的再生产

世界不同地区的中国移民将"传统中国饮食"或者"标准中国饮食"传承了下来。这两个称呼是我的随意用法，指在国内外以及中餐馆中，那些被认为制作风格最早源自中国的，或者由华人再生产的被视作标准中国饮食的食物名称。我们可以试举一个例子，在

① 我之前已经写过关于马来西亚华人饮食和族群方面的文章（陈志明，2001），因此，我将尽可能避免使用相同的例子。

香港、新加坡、纽约或者奥克兰的中餐馆中都可以点到扬州炒饭，只不过它们在细节处理上可能会有一些变化。同样，世界各地的许多中餐馆里也都供应四川麻婆豆腐，只是它们不一定麻，或者不像四川麻婆豆腐那样麻（麻辣是因为使用了四川花椒），又或者不同于四川本地的那种辣。[①] 大多数中餐馆虽然也会供应一些地方性饮食，但是通常都会卖"标准的"中国饮食，也就是那些在中国被认为具有地域代表性的菜肴，目的在于保持、介绍并传播中国的饮食。为了符合众所周知的食谱，这些中餐馆都会将中国饮食进行标准化处理，当然，每个厨师也会根据他或她的经验积累和首创精神对食材进行一些变化。总而言之，华人饮食在全球范围内的贡献是由中国不同区域发展形成的一个核心饮食传统再生产而来的，[②] 而这种再生产是本土化创新或者从当地人那里采纳来的食物添加行为。

因此，欲理解中国的饮食传统，就需要理解世界各地的华人饮食文化，两者息息相关，而就东南亚地区而言，中国南方不同区域的饮食文化，是与之最为相关的。中国和海外华人之间相似饮食的比较是一个非常有用的研究领域，这个领域将告知我们有关中国各类"传统"饮食千变万化的连续性、文化象征以及地方化的大量信息。它在很大程度上为我们展示了一种文化动力。例如，在中国乃至全世界的中国人仍然在分享着某些相似的饮食以及"补（促进健康）"的理念，此外还遵循着关于饮食冷、热的普遍准则。这里举个例子，产后的妇女对饮食尤为强调。这种"补"的理念与冷／热准则能够很容易地运用到被接纳的外来饮食或本地创新的饮食之中，所以在世界上不同的地方，华人的所有月子餐（confinement

---

① 参见 Dunlop（2008：112–113）关于川菜复杂口味的分类。

② 关于华人饮食的发展描述，参见张光直的著作（1977 年版）。

food）实际上都是由传统中国饮食与本地华人饮食共同组成的。①

传统中国饮食同样在日常饮食，尤其在那些为节日和特殊场合准备的饮食中被保存下来。尽管人们早饭消费面包或者在餐馆中吃着披萨，但是米饭仍然是他们最基本的主食。人们在家中准备日常的一日三餐或者在中餐馆里点餐时，米饭、肉和蔬菜的合理搭配才是他们每一顿饭所遵循的基本原则。一些传统饮食的分类能够反映出不同方言群体的身份认同。②潮州话和福建话都属于闽南话（尽管是不同的方言），实际上，闽南人同样分享着一些共同的菜肴。例如，马来西亚和新加坡的街边小吃中有著名美食蚝煎（Oh Chian，闽南话称 ozian），这在中国的福建南部和潮州话的故乡潮州也都能够看到。然而，在东南亚地区，蚝煎这道菜肴使用比牡蛎更多的煎蛋，而且牡蛎的个头相对较小。这可以视作一个"传统"中国美食或者所谓中国原产美食，与国内所见的美食并不完全一致的例子。

另外一个例子便是在马来西亚和新加坡非常受欢迎的薄饼（Poh Pia，闽南话称 bohbnia，一种新鲜的春饼，这种小吃从字面意义上即指薄面皮的饼）。薄饼将制作好的素食、猪肉或者海鲜（通常是对虾和蟹肉）放在一张铺平的"面皮（薄饼皮）"上，然后在食用前将它卷起来即可。③这些素春饼的原料通常包括豆薯（jicama，普通话中叫沙葛，马来西亚福建话中称 bangguang，泉

① 参见黄朱莉 2003 年版（第 213~222 页）的书中有关槟城华人月子餐的一些食谱。

② 随着当地新饮食的创造，中国方言群体也得以同大量传统和本地华人饮食联系起来。因此，Yeap Joo Kim 这样写道："闽南人坚守着虾汤面、薄饼、叻沙、炒黄面、啰喏；潮州人坚守着炒干面、蚝煎、汤米线、鱼片粥；广东人坚守着卤肉米线、炒米粉、肉粥；海南人坚守着鸡饭以及搭配着炒菜、饮料的煮米饭。"虽然通常情况下，这些饮食都是根据特定的方言群体得以识别，但是它们也会被不同方言群体的顾客所购买，而并不仅仅局限于某一个特定方言群体的顾客。

③ 关于该食谱，参见 Lee Chin Koon（1974：51）、Leong Yee Soo（2004：20–21）、Cecilia Tan（1983：31）以及 Julie Wong（2003：58）等人的著作。

州话则称 *guazu*）以及硬豆腐。而在福建泉州，这类美食在体积上通常要大得多，选用的不同素食原料中也不包括豆薯，而且称之为润饼（*lunbnia*），并不是薄饼。这些术语仅仅在参照状态下会变得有所不同，在闽南话中，鉴于面皮或薄（*boh*）或软（*lun*），故而称作 *bohbnia*（马来西亚福建话中"Poh Pia"的抄本）或者 *lunbnia*。新鲜春卷是广州、马来西亚和新加坡的流行风格，然而春卷也是可以煎炸的。在马来西亚和新加坡，炸春卷被称为"Poh Pia Zni（煎炸的'Poh Pia'）"。这种更小的炸春卷在整个东南亚地区极受欢迎，在印尼和菲律宾它以 *lumpia* 的称呼而被人们所熟知（分别参见欧杨春梅第四章和施吟青第五章内容）；显而易见，*lumpia* 这个称呼是由闽南话中的 *lunbnia* 一词转化而来。在普通话中，这类煎炸的春卷被称作"春卷"。春卷在柬埔寨和越南地区同样非常流行，而且我所吃过的最好吃的春卷恰恰是由金边当地的华人妇女制作的。① 就我而言，新鲜春卷（也即非煎炸的春卷）才是最原始的形式，炸春卷则是后续发展而来的，当然也最有可能在东南亚地区普及开来。事实上，在印尼，炸春卷 *lumpia kering*（准确地说，是干 *lumpia*）和新鲜春卷 *lumpia basah*（湿 *lumpia*）之间是有区别的。② 而在泰国，如同马来西亚和新加坡一样，包括炸春卷在内的春卷都被称作 Poh Pia。③

---

① 这个妇女的父母在她 50 岁时从越南移民到金边，我在 2009 年 8 月到她家中拜访了她。

② 我要感谢欧杨春梅博士提供的这条信息。

③ 我非常感激 M. L. Walwipha Burusratanaphand 博士提供的这条信息。

金边一位正在烹制炸春卷的柬埔寨华人女性（陈志明摄于 2010 年 8 月）

　　清明节期间，泉州一家餐馆中供应的春卷，就餐者会用薄薄的米皮来制作新鲜春卷（吴翠蓉摄于 2010 年 4 月）

不同的方言群体拥有自身与众不同的节日美食。[1] 例如，就闽南人而言，"红龟粿（闽南话称 *ang ku kueh*）"是小孩出生后满月庆祝上必不可少的菜肴。[2] 红龟粿由糯米粉混合绿豆沙，然后将其填入粿印压平，使其在红色"皮肤"之上呈现出一只龟的形状，故名"红龟粿"。在中国文化中，"红龟粿"中的龟象征着长寿。台湾地区的闽南人（通常称作台湾人）也在相同的场合制作红龟粿这道菜，显示出同样的闽南文化。传统饮食的再生产最明显地体现在为宗教庆典和盛大节日提前准备的饮食上。东南亚地区的华人同样庆祝中国的重要传统节日，特别是春节、清明节（中国人会在4月5日前后祭扫先人墓地）、端午节（适逢中国农历五月初五日这天，与龙舟赛以及粽子相联系）、中元节（即英语中人们所熟知的饿鬼节，会在中国的农历七月来临）、中秋节（适逢中国农历的八月十五日）和冬至（在12月22日或23日来临）。台湾、香港、澳门、中国大陆以及世界各地的许许多多中国人也都会庆祝上述这些节日。在香港，不一样的地方在于，香港人会在重阳节（九月初九日）这天前去祭扫祖先的墓地，但是东南亚地区的华人通常不会这么做。每一个节日都与特定的饮食或者献祭给神明的祭品相关。因此，不同国家的华人都会在端午节的时候吃粽子，也都会在中秋时节选择将月饼分享给亲戚朋友，以示庆祝。

受个人喜好、创新以及当地环境的影响，传统的并不意味着烹饪知识运用上的一成不变。举例言之，在马六甲讲马来语（和英语）的峇峇（Baba），与其他华人一样，也会为端午节制作粽子，闽南

---

① 关于槟城很受欢迎的华人节日美食的一些例子，可参见 Yeap Joo Kim（1990：53–78）。

② 可参见郭景元的论文（2000），其中有关于台湾地区"龟"的制作方法的具体描述。

话称为"*chang*"。正如陈志明（2007）所描述的那样，峇峇和非峇峇的华人所制作的粽子看上去可能没什么两样，但是他们在制作过程中却存在着诸多不同之处。例如，峇峇的肉馅粽子并不同于通常所见的闽南肉馅粽子。对于峇峇来说，猪肉需要剁得非常细，还要煎炸一番，这样制作出来的粽子才会美味可口，这显然与非峇峇风格的粽子口味偏咸，且肉馅剁得不够细的做法迥然不同。当然，一些传统的或标准的中国饮食看起来似乎"一成不变"。烧鸡看起来和在槟城或香港制作的一样，但是其味道反映出厨师个人对于食材的驾驭能力，在马来西亚，配着辣椒酱吃烧鸡是一种非常受欢迎的吃法。然而，也需要列举出另外一个例子，我发现 Ban Chian Ke（peanut crumpets）（参见 Yeap Joo Kim，1990：91），在马来西亚和泉州是一样的。它在台湾也很受欢迎，被人们称作板煎嗲（*banziandeh*）（黄婉玲，2004：26-27）。

随着冷战结束，迁出、迁入中国的全球性人口流动加剧，以及中国崛起为经济强国，我们发现自 20 世纪 80 年代起，东南亚地区越来越多的餐馆已经开始雇用来自中国的厨师。例如，兰州拉面如今在新加坡已经随处可见，然而在 20 世纪 80 年代以前，它在东南亚地区还没有成为家常饭。中餐馆有助于保留"标准的"中国饮食，并使那些源自中国不同区域的饮食进一步全球化。雇用中国厨师带来了新的中国饮食，同时强化了东南亚地区以及世界其他地方的华人之间中国菜的再生产，还使得来自中国不同区域的菜看得以介绍与传播。因此，这也加快了中国烹饪全球化的进程。当然，香港菜和台湾菜也同样一直对东南亚地区的华人饮食产生着影响。例如，马来西亚和新加坡的华人烧烤经常会使人们将其与香港联系到一起，甚至以香港烧烤（香港烧腊）之名进行宣传。从 20 世纪 80 年代开始，特别是随着供应台湾茶和各种小吃的茶馆的到来，以及售卖不同口味的茶（诸如珍珠奶茶①）、茶味饮料和牛肉面之类美食的商店的开张营业，台湾烹饪的影响变得越来越深远。所以，在地方化的过程中，烹饪再生产会产生持续的推动力，而这能够通过华人在家中做饭，准备节日美食，在餐馆中卖"正宗的"中国饮食，以及从中国大陆、香港、台湾传入"新"饮食而产生。

地方化与创新

东南亚地区的华人不仅在食用的饮食种类上，还在某些饮食文化上，都经历了烹饪的地方化。这使得东南亚每个国家的华人都能够从烹饪上区分开来，比如菲律宾华人和马来西亚华人或者缅甸华人之间即是如此，因为每个国家的华人饮食都能反映出各自国家的饮食文化特点。这也使得他们的饮食文化变得与自己祖先移民而来的那些中国区域不再一样。讲闽南话的马来西亚人对于辣椒的喜爱和那些祖先来自福建省南部的华人截然不同。我在位于福建省南部的永春县做过研究，我的祖父即从那里移民而来，研究结果显示那里的人们通常不吃辣椒；很少的一部分辣椒是由近些年嫁到那里的湖南妇女种植的。泉州市发生了许多变化，随着四川人的迁入，越来越多的川菜馆开设起来，当地的一些闽南人也逐渐开始吃辣菜了。但是总而言之，中国本土的闽南人是不吃辣菜的。

在东南亚的许多地方，有一些已经非常适应当地文化的华人（例如马六甲的峇峇），以至于他们中的不少人甚至可以和土著人一样用手指吃饭，虽然今天这种惯例通常被限制在家庭范围内进行，

---

① 珍珠奶茶，字面意思即"珍珠、牛奶、茶"，有时候在英语中也指"泡泡茶（bubble tea）"。它由奶茶和"珍珠"混合在一起制作而成，这些"珍珠"称为粉圆，由番薯粉制成。

而不是在餐馆里。在公共场合中，东南亚使用勺子（右手执勺）和叉子（左手执叉）的传统方式也被华人所接受。的确是这样，在东南亚地区，并不是所有的华人都使用筷子抑或乐于用筷子。当一个东南亚华人遇到一个来自中国境内的中国人时，即便米饭是用盘子盛的，后者也希望使用筷子，如果不提供筷子，他们会反问道："（不然）我要怎么吃这个呢？"而前者的通常做法就是用勺子、叉子吃光盘子中的所有食物，这就是两者间最明显的区别所在。在饮食文化方面，中国境内的中国人和东南亚地区的华人之间也会存在诸多不同之处。在福建省永春县，村民们习惯早饭和晚饭喝稀饭（米粥），而在午饭吃饭，因为只有这样才更能满足一整天都在田间劳作的农民们的身体所需（参见陈志明，2003）。在东南亚地区的华人，包括祖籍永春的人在内，都会觉得这种饮食习惯非常不可思议，因为米饭才是主食，而不是米粥，虽然偶尔也会煮米粥。从文化视角看尤为如此，更多本地华人与当地的非华人（例如马来人）持有相同的观点，他们普遍认为通常只有婴儿和病人才会喝粥。

在东南亚地区，最引人注目的是华人的地方化，他们对本地华人饮食进行再创造，同时也接纳本地的非中国饮食（同样参见陈志明，2001）。这种再创造的饮食主要分为两大类：一是基于现有中国烹饪知识之上的创新，二是地方性烹饪知识与中国烹饪知识相结合带来的创新。东南亚地区街边小吃的美食种类丰富多样，这在很大程度上归功于许多本地华人饮食的创新再造。例如，华人在东南亚地区创新制作出各式各样的面条，如著名的槟城炒粿条（Penang Fried Kway Teow）。它其实是煎炸的宽米线，粤语中叫河粉（*hofan*），但是马来西亚的炸粿条使用鸡蛋、蛤和对虾还是非常独特的。在香港，根据马来西亚和新加坡闽南话的发音方式，这种马来西亚的炒河粉又被写作"贵条（*gwaitiow*）"，即便在东南亚地区的中文写法是"粿条"。正如麦秀华在本书中所要说明的那样，香港的饮食非常具有香港本地特色。

在马来西亚、新加坡和泰国，还有另外一道河粉美食，也就是湿炒的河粉，与对虾、蛋白、猪肉或海鲜、蔬菜、些许肉汁放在一起制作而成。这道面食简称河粉①，虽然在香港它更适合称为"湿炒（*sap chaau*）"。当然也有用切碎的鸡肉配着汤制作而成的河粉，在马来西亚，来自怡保市的这种河粉最出名。这种被称为"怡保河粉（Ipoh Hofan）"的美食，在海外的许多马来西亚中餐馆里都可以吃到，比如说澳大利亚。

还有一道著名的马来西亚中餐——肉骨茶（Bah Kut Teh 或者 *bahgutde*），这一与巴生镇（Klang，距离吉隆坡不远）相关的美食广为人知。②肉骨茶是用中国的药草将猪肉和豆腐泡放在一起制作而成，然后就着米饭吃。前往马来西亚的游客可能每天的早饭都被不同的人以肉骨茶招待，除非他／她不难为情地坦言自己确实已经吃腻了！还有其他的例子，不仅有来自马来西亚的，还有来自东南亚其他国家的。简单地说，东南亚地区之所以能生产出来如此丰富的华人创新性饮食，一定与那些试图寻找便于自身准备的饮食类型的小贩们之间的市场竞争有关。在马来西亚和新加坡，华人的数量相当大，所以食品小贩只需将注意力放在创新上，并将制作好的饮食卖给华人和非穆斯林顾客即可。在这些国家中，只有少部分中餐馆售卖清真的华人饮食，所以中国菜并不会像在印尼和菲律宾那样融入本地菜中，这显然不足为奇。事实上，这其中更多地涉及政

---

① 粤语的发音说明了河粉这道美食最初源自广东。

② 就如在中国，很多知名的华人饮食都与所在地联系在一起，所以才有了怡保河粉、巴生肉骨茶等美食。

治经济，而不仅仅是更严格地遵循穆斯林的饮食规定所致。

当地饮食创新的另一个范畴则包括运用本地的食材，或是采纳非中国烹饪知识。这在更加地方化的华人中间体现得尤为明显，这些华人更加适应当地文化，诸如马来西亚和新加坡的峇峇，而印尼的本地华人被称作"土生华人（Chinese Peranakan，伯拉纳干华人）"，恰与被叫作"新客（Totok）"的"纯"华人形成鲜明对照。马来西亚和新加坡的峇峇菜非常出名，但通常指的是娘惹（Nyonya）美食。马六甲的峇峇都是适应当地文化的华人，他们之间通常讲一种混合化的马来语（峇峇马来语）和英语，虽然今天在新加坡的峇峇一般都说英语。为了区分性别，男性称为"峇峇"，女性称为"娘惹"。由于一般都是女性在家中做饭，所以峇峇美食常被称为娘惹美食。和印尼那些适应了当地文化的华人一样，马六甲和新加坡的峇峇也会认同自己为伯拉纳干华人。[①] 在槟城的海峡华人（Straits-born Chinese）同样被视为峇峇，尽管他们彼此之间说一种当地的闽南方言（不是马来语）和英语。他们的本地菜和马六甲、新加坡的峇峇美食有着非常多的相似之处。

通过运用本地的食材和烹饪知识，烹饪的地方化可以很简单，如制作空心菜时只需加入辣椒酱［马来语中称参巴酱（sambal）］或者虾酱（belacan）一样简单，而空心菜在粤语中称 tong-choi，普通话中却称蕹菜（或是空心菜）。这道用虾酱和辣椒酱制作而成的空心菜美食，也可以在马来西亚和新加坡的中餐馆中看到，它还有一个好听的名字——"马来风光"。当然，空心菜（kangkong 或者 ipomoea reptans）是一种非常普遍又相当重要的蔬菜，遍及东南亚和中国南方地区。越南的一种简单吃法是把空心菜煮熟后，

① 关于东南亚地区伯拉纳干华人的描述，可参见陈志明（2010）。

蘸着酱吃。在马来西亚，有一种非常美味的中国街边小吃，就是用空心菜制作而成的。这就是闽南话所谓的 *liuhi yingcai*（即鱿鱼蕹菜），需要搭配墨鱼沙拉和虾酱吃。

参巴酱的使用也使得峇峇有了许多参巴美食，像臭豆参巴虾（*sambal udang petai* 或者 prawn *sambal* with *petai*）和参巴秋葵（*sambal bendi* 或者 okra *sambal*），马来人也会吃这些美食，但是参巴猪肉却是被穆斯林所禁止的。甚至连用参巴酱制作的蕨菜（fern shoots）也能够在马来西亚的许多中餐馆里看到。蕨菜（马来语称 *paku*）和臭豆（从美丽球花豆上收获的"散发着浓郁味道的"荚果）最初都是土著的非华人食物，这些与马来人以及其他土著民族有关。在中国云南省、贵州省和海南省，蕨菜在当地也被采来食用。然而，东南亚地区的中国移民，除了缅甸和泰国的云南人，主要来自福建、广东两省。

在东南亚地区，用咖喱做饭是非常普遍的现象，这里的华人已经适应了这些咖喱美食，也在努力寻求一些创新。咖喱鱼头（Fish Head Curry）是一道非常有名的咖喱美食，而用多肉的红鲷鱼头制作，味道则尤其鲜美。大多数中国饮食的创新都来自于本地知识，这不得不伴随着食材选用上的创新，这些食材在东南亚地区被广泛使用，例如椰糖、南姜（galangal，马来语作 *lengkuas*）、香茅草（马来语作 *serai*）、姜黄（turmeric，马来语作 *kunyit*，包括块茎和叶子）、青柠、泰国疯柑叶（kaffir lime leaf）、芫荽籽（coriander seeds）以及许多其他的本地植物和药草，当然还要有辣椒和虾酱。不同于中国传统的烹饪方式，东南亚饮食的制作涉及调味料的准备与混合调配工作，马来语将这些调味料称为 *rempah*。亚参鱼头（Asam Fish Head 或者 Tamarind Fish Head）就是一道非常知名且美味的菜。这道加有多种香料的酸汤肉汁中的美食是深受欢迎的娘惹美食（参见 Lee Chin Koon，1974；Cecilia Tan，1983）。

　　著名的娘惹美食（峇峇美食）包含着中国传统饮食和许多种当地创新的饮食，而后者又包括香料（*rempah*，即调味品）的准备工作，这种香料对于制作 *gulai*[①] 美食尤为重要，也就是那些带有各种调味品制作的汁的 *gulai* 美食。在制作和准备方面，参巴美食、*gulai* 美食和咖喱美食是三类最不具有中国传统特色的饮食。当然，还有其他菜，诸如泡菜（*acar* 或者 pickles），和中国的传统制作风格有着很大区别，在槟城和吉兰丹（Kelantan）的泰式沙拉（*kerabu*）美食（见下文）形成了另外一种重要分类。我已经将马来西亚和新加坡的娘惹美食划分为北方娘惹传统（槟城娘惹美食）和南方娘惹传统（马六甲和新加坡娘惹美食）（陈志明，2007：171）。它们拥有相同的美食但又有所区别。举例言之，槟城叻沙，又称亚参叻沙（Assam Laksa，一种酸辣鱼汁米粉），属于北方娘惹系统，但是在马六甲、柔佛和新加坡，叻沙通常又被认为是咖喱叻沙（一种咖喱汤米粉）。

　　同样，有很多饮食是从当地的非华人那里借鉴而来，这对于马来西亚那些马来人的饮食而言尤为如此，例如椰浆饭（*nasi lemak*）和打拜（*tapai*）。椰浆饭是在米饭中加入椰奶制作而成，传统的椰浆饭包在香蕉叶中，里面含有被称作参巴的辣椒酱、一些黄瓜片、一片鸡蛋、一些炸鳀鱼（anchovy，马来语称 *ikan bilis*），经常也会放入一些炸花生。如今的椰浆饭是西马来西亚所有马来人的美食，这在许多卖马来西亚饮食和印尼饮食的餐馆中都能够看到。这些美

---

　　① *gulai* 是印尼和马来西亚普遍存在的一种美食，营养丰富，味道辛辣，犹如美味的咖喱汁，其制作食材可能来自家禽肉、牛肉、羊肉、各种动物内脏、鱼肉、海鲜和蔬菜，也常被称作印尼风格的咖喱。——译者注

食会有不同的变化，包括提供诸如巴东（*rendang*）鸡肉或者巴东牛肉这类马来风格的肉类。[①] 华人同样也创造了属于自己风格的椰浆饭，尤其是峇峇，这已经成为他们文化传统的一部分。

峇峇已经接受被称作打拜（峇峇马来语中发［*tapɛ*］音）的发酵米，包括在制作过程中遵守禁忌，只有这样才能做出甜打拜，而不是酸打拜。不同地区的华人也在接受地方性的马来饮食。在吉兰丹，华人饮食中包括当地马来人和泰国人制作的泰式沙拉（一种与切碎的鱼混合在一起的辣味沙拉），但是华人声称他们同样制作出了自己的风格。在制作泰式沙拉的过程中，泰国人对槟城华人饮食的影响最为显著，然而这通常并不为那些生活在半岛南部如柔佛和新加坡一带的华人所了解。在《娘惹味道：槟城海峡华人菜的完整指南》（*Nyonya Flavors: A Complete Guide to Penang Straits Chinese Cuisine*，Julie Wong，2003）一书里，其中一部分就介绍了泰式沙拉，包括反映了不同华人口味的泰式凤爪沙拉（Chicken Feet Kerabu）和猪皮沙拉（Pork Skin Kerabu）。Julie Wong（2003：61）指出，槟城娘惹美食中的 Kerabu 偏爱用青柠汁冲淡虾酱参巴酱，这与用鱼露、小辣椒和青柠汁的泰国 Kerabu 有所不同。总的来说，华人饮食在东南亚地区的地方化程度能够反映出涵化程度，正如越来越多同马六甲的峇峇或者吉兰丹、登嘉楼（Terengganu）的"土生"华人一样适应了当地文化的华人一样，他们拥有越来越多的本地饮食，而且对马来饮食愈加熟悉。而那些最不能适应当地文化的华人，只好在家中享用"传统的"中国饮食了。

---

① 巴东菜是将肉（牛肉或鸡肉）和各种调料（小葱头、蒜头、辣椒、南姜、姜黄、香茅草等）一起制作，然后放进椰奶里面进行小火慢炖。不同地方的马来人，其巴东菜都有各自的风格，这在食材的使用和制作风格方面都是有所不同的。关于马来西亚各种各样的巴东菜的描述，可参见 Yew（1982）。

东南亚地区当地的一些蛋糕和点心，通过闽南话中的词语 ge（粿）或者马来语中的词语 kuih 得到了更好的诠释，在这种文化适应过程中，中国文化的地方化与创新性体现得非常明显。[①] 例如，就华人新年来说，马来西亚的华人不仅会制作各种各样的传统中国点心粿，同样也会制作一些像番婆饼（kuih bangkit）[②] 一类的马来点心。峇峇有着最为丰富多样的糕点，这些糕点源自中国人、马来人以及爪哇人，此外还有他们自己发明的。在印尼的华人同样如此。返回中国的印尼归侨甚至会继续从事印尼糕点的制作。事实上，我第一次品尝松巴（Sumba）的糕点是在福建省南部的永春县。2006 年 2 月，我曾拜访一个从松巴岛迁回永春县的华人家庭。那会儿是在中国春节期间，那家人用印尼咖啡和妻子制作的各式各样的松巴糕点招待我。我从来都没有去过印尼的松巴岛，因此，能够在中国吃到来自松巴岛各地的点心的确是件令人兴奋的事情。

在讨论马来西亚的地方化和华人饮食时，我主要提到了华人文化与马来文化的互动问题；实际上，同样也有来自其他族群的影响。槟城娘惹风格的印度沙拉被称作青鱼（Cheh Hu 或者 Bosomboh，闽南话称 cnihi，字面意思即青色的鱼），这显然来源于印度（参见 Cecilia Tan, 1983：18；Julie Wong, 2003：48）。殖民统治同样遗留下它的印记，尤其表现在一些蛋糕和点心的制作方面。槟城就有许多这方面的例子。例如，在一些饮食制作中

---

① 认为闽南话中的词语 ge 来源于马来语中的词语 kuih 是不恰当的，因为这个闽南话词汇同样被福建和台湾的闽南人所使用。

② 这种饼干是由西米粉或木薯粉混合着蛋黄、蛋清、椰奶及其他食材烘焙而成的。关于这个食谱，可参见 Ng（1979：145）。番婆饼已经被印尼和马来西亚的华人所接受，我发现在福建泉州，返回中国的印尼归侨依然会在庆祝春节时制作这种点心。我在 2009 年 7 月拜访海南省的兴隆华侨农场时，发现在那里就可以买到番婆饼和其他印尼点心。

优先使用称为 Worcestershire 的英国酱油，如制作被称作 Inchee Kabin（用作菜谱，可参见 Yeap Joo Kim，1990：19）的槟城炸鸡即是如此。另外的例子是 Pie Tee 饼（Kuih Pie Tee，也称 Top Hats，在馅饼皮里放入切碎的竹笋）① 和凤梨酥。相对于全球化的更广泛影响，这些应该被视作东南亚地区饮食地方化的组成部分。但无论怎样，Pie Tee 饼和凤梨酥都是华人饮食在马来西亚多族群环境，包括西方文化影响下，不断创新的结果。

　　丰富多样的华人饮食，尤其是当地的华人饮食，与中餐馆、中式咖啡店（在马来西亚和新加坡称 kopitiam，这个词来自闽南话）以及大排档一起，共同组成了东南亚地区，尤其是马来西亚和新加坡最主要的食物景观。马来西亚人部分中式咖啡店同时也是卖街边小吃的地方，在这里以很便宜的价格就可以吃到当地各种美味的华人美食、印度美食和马来美食。大排档中有许多一直叫卖各种街边小吃的摊档，这些小吃在晚上备受欢迎，许多人会走进大排档吃夜宵，这已经成为华人晚饭过后的一种习惯。②

东南亚华人饮食的全球化

　　随着东南亚国家的华人不断移民海外，他们也带去了在其他地方"再领域化的（reterritorialized）"东南亚华人饮食的相关知识。特别是为了迎合东南亚地区的华人移民并且将这些饮食介绍给当地人，东南亚风格的中餐馆在东南亚周边地区相继建立起来了。以马来西亚为例，丰富多样的马来西亚中餐远近闻名，许多提供这些饮

---

　　① 关于槟城这道受欢迎的小吃食谱，可参见 Leong（2004：22）和 Julie Wong（2003：46）。

　　② 在一篇关于马来西亚夜宵问题的有趣论文中，Yao Souchou（2000）将夜宵和性交易联系在了一起。

食的餐馆得以在东南亚其他国家以及周边地区建立起来。例如，在印尼首都雅加达（Jakarta），一些槟城餐馆中就会供应槟城华人饮食。① 在印尼的另一个主要城市——三宝垄港市（Semarang），也有一家这样的槟城中餐馆。

在香港这座国际化都市中，许多餐馆里面都供应着来自世界不同地方的各种饮食。东南亚华人饮食是非常有影响力的，其中一些代表性美食，诸如海南鸡饭（Hainanese Chicken Rice）、肉骨茶、沙嗲（Satay）甚至是叻沙，都已经成为香港人耳熟能详的饮食了，虽然马来西亚人和新加坡人或许会觉得这些美食并不如马来西亚和新加坡的那样正宗。一些有声望的酒店的餐馆所提供的自助餐，当需要点哪一种面条时，顾客还有得挑选叻沙汤或者其他口味的汤（例如鸡汤）。在香港甚至还有峇峇餐馆，虽然面积一般不大，由马来西亚人或者新加坡人甚至当地的香港人经营着。例如，在上环（Sheung Wan）孖沙街（Mercer Street），加东叻沙虾面餐馆（Katong Laska·Prawn Mee Restaurant）和马拉妈妈餐馆（Malaymama Restaurant）中都有卖槟城风味的虾汤面（福建面）、叻沙和广受欢迎的其他"峇峇"菜，甚至还有豆萱（Tow Suan，分解开来的甜绿豆汤）② 和咖椰烤面包（*roti kaya*），咖椰烤面包是"将鸡蛋糊（egg jam）涂抹在吐司上"，而这种鸡蛋糊在马来西亚和新加坡颇受欢迎。还有一道美食，即被称为暹罗面（Mee Siam）的辣米线，它是由非常多的豆瓣酱制作而成（参见 Lee Chin Koon，

---

① 根据印度尼西亚华人研究者欧杨春梅所说（私人聊天），雅加达北部有一个 Restaurant Penang（槟城餐馆），它在雅加达西部和东部有两家分店，还在三宝垄港市有一家分店。同样在雅加达南部有一家 Penang Bistro（槟城小餐馆），而在印尼广场有一家 Penang Corner（槟城角），也位于雅加达。

② 我推测可能是潮州人将这道甜豆汤带到了东南亚地区，因为在香港的一些潮州餐馆中也能够看到这道菜。

吉隆坡的一个海南鸡饭售卖摊点（陈志明摄于 1996 年 4 月）

1974：49），在一些马来西亚餐馆和新加坡餐馆中都可以看到。甚至是槟城风格的亚参叻沙（*laska asam*），都可以在一家由槟城迁来的华人家庭所经营的并不起眼的马来西亚中餐馆里找到。①

香港最引人注目的是分布着很多由印尼华人经营的餐馆，他们

---

① 与一些经营了几年之后即宣告倒闭的峇峇小餐馆不同，位于香港红磡崇洁街上的一家名为"槟城小屋"的马来西亚餐馆已经在此经营了很多年。除了亚参叻沙以外，它也会卖一些其他像福建面或者虾面之类很受欢迎的马来西亚街边美食。香港有为数众多的小餐馆，人们在这里都可以吃到诸如叻沙、炒粿条和海南鸡饭这些受欢迎的马来亚中餐。自从我 1996 年到香港开始，我就知道了另外一家位于尖沙咀东么地道休斯敦中心的马来西亚餐馆，名字叫"好沙嗲"，在这儿能够吃到海南鸡饭和包括沙嗲在内的其他受欢迎的马来西亚美食。有趣的是，我在香港吃到的十分美味又不昂贵的鸡饭，却是在柯士甸道一家名为"文华鸡饭"的小餐馆里面。在我写下这些的时候，这家餐馆刚刚搬进了山林道上一家较大些的店铺中。其他知名的马来西亚餐馆和新加坡餐馆还包括"沙巴马来西亚菜""马拉妈妈""加东叻沙虾面"等。

不但可以提供许多类型的印尼中国菜和印尼菜，而且还提供来自马来西亚和新加坡的一些流行菜肴，像叻沙、乌打［Otak-Otak，更准确地描述，就像 Julie Wong 书中所谈及的麻辣蛋羹鱼（spicy fish custard）（2003：142）］、[①] 马来西亚风格的啰喏（Rojak，用甜虾酱制作的马来西亚沙拉）、摩摩喳喳（Bubur Chacha，这是一道由番薯、芋头、西米和其他材料在椰奶中混合制成的甜点）[②]，当然还有其他各种各样的糕点。明显正是因为印尼华人（印尼归侨大部分在 20 世纪 70 年代从内地到了香港）和印尼女佣的存在，才为这些餐馆以及许多同样由印尼华人经营的小型印尼杂货店创造出一个市场。我关于香港的印尼华人所进行的研究，使我在 2007 年的 7 月份得以遇见华人蒋先生，1968 年，他和另一位印尼华人陈

一家位于阿德莱德中央市场的叻沙屋（陈志明摄于 2008 年 12 月）

[①] 被香蕉叶包裹着的乌打中，包含着鱼片、鸡蛋以及其他各种食材，像椰奶、切成细片的泰国疯柑叶、山萎叶（kadok）、南姜、香茅草、姜黄、虾酱等。山萎叶赋予了这道美食独特的口感和香味。这是一种叫作假蒟的藤本植物的叶子。虽然这种藤本植物在东南亚地区比较普遍，但是我在中国广州的一个公园里面也发现了这种植物，而且长势还非常好。

[②] 这道美食在香港被称作"喳喳"，与马来西亚的摩摩喳喳相比，它在食材上面多少有了一些区别，使用的豆类要比番薯和芋头多。

先生一起建成香港第一家印尼餐馆。因此，他的三个餐馆就命名为"IR 1968"，也即"Indonesian Restaurant 1968"，而后来陈先生还经营了他自己的一家名为"Indonesia Restaurant"的餐馆。[①]

纽约唐人街上的一家马来亚餐厅（陈志明摄于 2009 年 7 月）

进一步以马来西亚华人为例，我们就会知道，像英国、澳大利亚、新西兰和北美国家已经成为非常受欢迎的目的地，许多来自东南亚地区的华人会选择移民或前往这些国家学习。这些国家的东南亚中餐馆还是有很多的。珍·杜鲁兹（Jean Duruz，2007）已经写过有关澳大利亚叻沙美食的文章。因为来自马来西亚和新加坡的华人移民到了这些澳大拉西亚国家，已经有很长一段历史，所以在澳大利亚和新西兰确实能够吃到相当可口的马来亚中餐。我在2009 年 7 月访问奥克兰（Auckland）的时候，竟然在当地一家酒

---

① 我是在 2008 年 6 月 29 日采访的蒋先生，又在 2009 年 6 月 29 日采访了"Indonesia Restaurant"餐馆的经理郑先生。

店餐厅中吃到了非常可口的海南鸡饭，这使我倍感惊喜。[①]2009 年
4 月，我在纽约唐人街拱廊的一家新马来西亚餐馆中吃午饭，品尝
了一份炒粿条（菜单中拼作 Chow Kueh Teow）。炒粿条的味道还
是不错的，但是和马来西亚的味道相比，显然没有那么正宗。在我
看来，这家餐馆中的马来西亚中餐更接近于香港本地饮食。

尽管澳大利亚、新西兰、英国、美国和加拿大已经成为深受来
自马来西亚和新加坡的华人移民欢迎的目的地，但是近些年来，马
来西亚华人同样开始向巴布亚新几内亚（Papua New Guinea）这
样一些目的地移民，之前那里的中国移民都是从广东和香港迁过去
的（吴燕和，1982）。如今，那些国家中明显有来自马来西亚的华
人存在，然而不幸的是，这是由于马来西亚的华商参与了那里的木
材交易。因此，很多人留了下来，逐渐经营起了售卖中国饮食的中
餐馆，也会卖包括沙嗲、椰浆饭、叻沙、海南鸡饭、肉骨茶以及其
他美食在内的马来西亚饮食，与此同时，由马来西亚华人经营的超
市中同样会卖东南亚地区的各种食材（Testu Ichikawa，2004：
105）。就这样，随着华人从东南亚移民而来，他们既带来了东南亚
国家最初的烹饪传统，又带来了自己在那些东南亚国家中已经创新
和再创造了的华人饮食，而这些都会增添到全世界不断丰富的东南
亚和中国菜肴之中。

结　　语

关于东南亚饮食尤其是马来西亚中餐的讨论，展现了华人移民
及其后代所进行的烹饪再生产与创新情况，同时也通过移民和传播

[①]　这份海南鸡饭中的米饭做得非常好吃。这家叫作 Bing 的马来西亚餐馆可以提
供各种受欢迎的马来美食、马来西亚中餐和马来西亚印度美食，诸如椰浆饭、咖喱叻沙、
福建面、印度飞饼以及各种各样的印度饼等。

展现出这些饮食的全球化。华人饮食通过国内烹饪以及餐馆中的商业化烹饪，在一定的时间和空间范围内被传播开来。与此同时，家庭厨师、餐馆厨师以及专业烹饪家们共同创造出新的地方菜，这为东南亚以及周边地区丰富的烹饪传统做出了积极贡献。在一定程度上讲，海外华人饮食是被华人创造出来的，人们看到的情形同样如此，与此同时，尽管这些饮食规模变得越来越大，也自我声称或他人认为是马来西亚的、新加坡的、印尼的抑或菲律宾的，但是它们更有可能被描述成华人饮食，这种区别与族群或国家的联系密切。在现实生活中，所有的菜肴都是人类烹饪传统的组成部分。

　　华人在东南亚地区多数城市中的普遍存在，使得大量东南亚本地华人饮食的发展成为可能。因此，有一个华人内部市场促进了华人饮食的商品化与创新，目的在于迎合当地华人的口味。这同样有助于促进当地尚未地方化的中国饮食本地化。而这和北美地区是不一样的，那里的本地中国菜最初之所以能够形成，也是出于将其卖给非华人的当地人之需，因此像杂碎、炒面（chow mein）和宫保鸡丁（Kung Pao Chicken）这些美国化的华人美食才会发展起来（参见刘海明，2010）。

　　我们研究考察东南亚饮食传统时，发现其中存在着非常多的跨文化互动现象。这对于那些通过越来越多的本地化社区发展起来的饮食而言尤为如此，比如说峇峇美食。受后现代主义修辞学的影响，人们容易产生将更多本地娘惹美食描述成杂合饮食的倾向。我从20世纪70年代开始研究峇峇，已经避免使用杂合（hybridization）这个术语来描述峇峇，无论他们的文化还是他们的烹饪。其他一些学者，像蔡明发（Chua Beng Huat）和阿南达·拉贾（Ananda Rajah）（2001）都将娘惹菜描述成杂合的，安德森（2007）对此提出了反对意见。[①] 尤金·N. 安德森的批评基于这样一种理解，杂合一词仅仅适用于那些彼此完全相反的文化传统，而"中国菜和东南亚的菜肴总是被融合在一起"（Anderson，2007：207）。不过，当东南亚地区不同的文化传统已经开始影响彼此时，它们彼此也会存在很大的区别。当然了，我反对的理由是，杂合概念使得文化变迁的动力过于简单化，同时也意味着不同文化间的简单融合即形成了各种文化。就峇峇而言，虽然他们文化的一些方面高度地方化，比如讲一种混合化的马来方言，但是其他方面依然是传统的中国文化，像葬礼上的表现。有趣的是，当使用参巴酱和咖喱制作的娘惹美食可能看起来不同于传统中国饮食时，峇峇便会将闽南人偏爱猪肉的传统保留下来，在娘惹菜中几乎看不到牛肉。

更为显著的是，杂合一词在修辞上忽略了人群中的个体在文化生产和再生产过程中的能动作用和创造力。娘惹美食确实是一种峇峇（峇峇男性）和娘惹（峇峇女性）产物，特别是娘惹，她们对中国菜进行了再生产，利用掌握的中国烹饪知识以及包括西方菜在内的当地非华人烹饪知识创造出各种新式菜肴，而且还创新性地使用了当地各种食材。娘惹菜并不仅仅是中国菜、马来菜或其他本土菜的混合体；它是一道由伯拉纳干华人，尤其是女性，在多族群和东南亚全球化的文化背景下积极生产出来的菜肴。进一步讲，像辣椒的消耗使用和参巴酱的制作这些口味上的变化，在很大程度上塑造了这一杂合的菜系。为了能够拥有本地味道，娘惹菜就以使用辣椒、酸角和青柠作为象征，这给予了娘惹美食独特的味道和身份认同。东南亚华人饮食的研究指出，我们需要关注饮食味道的变化和菜肴

---

① 实际上，蔡明发和阿南达·拉贾所写的这篇文章在我与资深同事所编的著作（吴燕和、陈志明，2001）里面已经出版过。作为编者，我并不会将自己的理论取向强加于投稿人，尽管我对他们所写的这个主题非常熟悉。

自身的发展。

峇峇对于他们的菜肴感到非常自豪，与此同时，这些菜肴也会被视作马来西亚菜和新加坡菜，而更多的时候是后者，所以在马来西亚和新加坡，官方的支持促使峇峇文化成为一种本地传统。从20世纪80年代开始，娘惹美食的商业化同样有助于菜肴自身的声名远扬。正如欧杨春梅在本书中所描述的那样，相同的进程也发生在了印尼，餐馆中的伯拉纳干华人饮食逐渐被市场化。娘惹菜是中国菜吗？当然是，因为峇峇将他们自身视为华人，虽然只是一种地方化的华人身份认同，正如他们的菜肴所象征的一样。

西敏司（Sidney Mintz）提醒我们，"菜肴在本质上具有地方性特点"（Mintz，2007：11），而且"菜肴基于社区而产生"（Mintz，2007：12）。虽然为了方便起见，我们使用了"东南亚华人饮食（Southeast Asian Chinese food）"这一术语，但是实际上并没有共同的东南亚中国菜，这些菜肴是在东南亚不同地区的华人社区中被生产和消费的。一旦被生产出来，这些菜肴就会在全球传播开来，或者被来自东南亚地区的移民带走。这是东南亚不同地区的华人所做出的贡献。但是，诚如尤金·N.安德森所指出的那样，"地方文化值得这份荣耀，而人类通过地方文化同样赢得了殊荣"（2007：217）。东南亚地区华人所创作的菜肴是历史上移民与定居的产物，它们对人类的烹饪传统做出了积极贡献。

参考文献

Anderson, E. N. 2007. "Malaysian Foodways: Confluence and Separation." *Ecology of Food and Nutrition*, 46（3）：205-219.

Chang, K. C.（张光直），ed. 1977. *Food in Chinese Culture: Anthropological and Historical Perspectives*. New Haven: Yale University Press.

Chua Beng Huat（蔡明发）and Ananda Rajah. 2001. "Hybridity, Ethnicity and Food in Singapore." In *Changing Chinese Foodways in Asia*, ed. David Y. H. Wu and Tan Chee-Beng. Hong Kong: The Chinese University Press, pp. 161-197.

Clifford, James. 1997. *Routes: Travel and Translation in the Late Twentieth Century*. Cambridge, Mass.: Harvard University Press.

Dunlop, Fuchsia. 2008. *Shark's Fin and Sichuan Pepper: A Sweet-Sour Memoir of Eating in China*. New York and London: W. W. Norton & Company.

Duruz, Jean. 2007. "From Malacca to Adelaide…: Fragment towards a Biography of Cooking, Yearning and Laksa." In *Food and Foodways in Asia: Resource, Tradition and Cooking*, ed. Sidney C. H. Cheung and Tan Chee-Beng. London: Routledge, pp. 183-200.

Guo Jingyuan（郭景元）. 2000. 糕饼世界里的"龟与粿". 中国饮食文化，6（2）: 26-31.

Huang Wanling（黄婉玲）. 2004. 浅谈古早味. 台南：台南市政府.

Ichikawa, Tetsu. 2004. "Malaysian Chinese Migration to Papua New Guinea and Transnational Networks." *Journal of Malaysian Chinese Studies*, 7: 99-113.

Inda, Jonathan Xavier and Renato Rosaldo. 2002. "Introduction: A World in Motion." In *The Anthropology of Globalization: A Reader*, ed. J. X. Inda and R. Rosaldo. Oxford: Blackwell Publishers, pp. 1-34.

Lee Chin Koon, Mrs. 1974. *Mrs. Lee's Cookbook: Nyonya Recipes and Other Favorite Recipes*, ed. Pamela Lee Suan Yew. Singapore: Mrs. Lee's Cookbook.

Leong Yee Soo, Mrs. 2004. *Nyonya Specialties: The Best of Singapore*

Recipes. Singapore: Marshall Cavendish.

Liu Haiming（刘海明）. 2010. "Kung Pao Kosher: Jewish Americans and Chinese Restaurants in New York." *Journal of Chinese Overseas*, 6（1）: 80–101.

Mintz, Sidney W. 2007. "Diffusion, Diaspora and Fusion: Evolving Chinese Foodways." In *The 10th Symposium on Chinese Dietary Culture: Proceedings*. Taipei: Foundation of Chinese Dietary Culture, pp. 1–14.

Ng, Dorothy. 1979. *Complete Asian Meals*. Singapore: Times Books International.

Ong Aihwa（王爱华）and Donald Nonini, eds. 1997. *Ungrounded Empires: The Cultural Politics of Modern Chinese Transnationalism*. London: Routledge.

Tan, Cecilia. 1983. *Penang Nyonya Cooking: Foods of My Childhood*. Singapore: Times Books International.

Tan Chee-Beng（陈志明）. 2001. "Food and Ethnicity with Reference to the Chinese in Malaysia." In *Changing Chinese Foodways in Asia*, ed. David Y. H. Wu and Tan Chee-Beng. Hong Kong: Chinese University Press, pp. 125–160.

Tan Chee-Beng（陈志明）. 2003. "Family Meals in Rural Fujian: Aspects of Yongchun Village Life." *Taiwan Journal of Anthropology*, 1（1）: 179–195.

Tan Chee-Beng（陈志明）. 2007. "Nyonya Cuisine: Chinese, Non-Chinese and the Making of a Famous Cuisine in Southeast Asian." In *Food and Foodways in Asia: Resource, Tradition and Cooking*, ed. Sidney C. H. Cheung and Tan Chee-Beng. London: Routledge, pp. 171–182.

Tan Chee-Beng(陈志明). 2010. "Intermarriage and the Chinese Peranakan in Southeast Asia." In *Peranakan Chinese in a Globalizing Southeast Asia*, ed. Leo Suryadinata. Singapore: Chinese Heritage Centre, pp. 27–40.

Wong, Julie, compiled and ed. 2003. *Nyonya Flavours: A Complete Guide to Penang Straits Chinese Cuisine*. Penang: The State Chinese (Penang) Association and Star Publications (M) Berhad.

Wu, David Y. H(吴燕和). 1982. *The Chinese in Papua New Guinea: 1880–1980*. Hong Kong: Hong Kong University Press.

Yao Souchou. 2000. "*Xiao Ye:* Food, Alterity and the Pleasure of Chineseness in Malaysia." *Ne Formations*, 40(Spring): 64–79.

Yeap Joo Kim. 1990. *The Penang Palate*. Penang: Yeap Joo Kim.

Yew, Betty. 1982. *Rasa Malaysia: The Complete Malaysian Cookbook*. Singapore: Times Books International.

第二章

中国与东南亚对太平洋地区饮食的影响

□ 南希·波洛克
（Nancy J. Pollock）

伴随着人们从中国越过太平洋向东、向南移民到全世界，食物从亚洲向全球的流动也产生了长时间的深远影响（Irwin，2006；Flannery，1994；Bellwood，1985）。但是，由于食物和其他生活消费品的全球化被认为是一种非常晚的"西方化"进程，并且消费革命先后从欧洲和美国传出，因此，这条轨迹之前被忽略掉了（Appadurai，1996；Stiglitz，2006）。随着中国学者使英语读者越来越深入理解中国早期社会生活，亚洲和太平洋地区之间饮食学联系的证据、考古发现和史前农作物的重建也都一一开始呈现出来[例如，参见张光直（1977）书中的详细阐述]。当我们把这些早期动物驯养和聚落形态的艺术再现，附加到语言学、微生物学和其他科学发现上时，饮食学历史的重建才使得亚洲和那些定居在太平洋岛屿上的居民之间的饮食学联系变得逐渐清晰起来。

移民群体带着商品和理念的全球性流动，在阿帕杜莱（Appadurai，1996）关于全球范围内古代与现代联系的讨论中是一个占主导性地位的主题。他建议我们要关注两者在时间和空间上已经发生过的分离与联合，即在何时何地商品的全球流动经历了异同点的"相互替代"（第43页）。新古典主义经济助长下的"生产崇拜"观点，已经压倒了我们对于消费者作为选择者这一角色的理解。他将食物看作通过熟习获取一致的诸多消费行为的一种。"只有在铺张炫耀中，我们才能注意到消费的存在。"他这样认为。尽管食物消费的潜在整体力量在组织大规模消费模式方面形成时间节律，而这种消费模式可能是重复性的或者临时性的（1996：67-68）。我们将生产视为文化重建中主要内容的研究方法导致的曲解，就需要朝着消费模式观点方面重新调整，而正是这些消费模式构成了人们的饮食选择。

阿帕杜莱对于全球文化流动的研究方法，是由一些流动的和无规律的文化景观构建起来的，它们正是这个"想象的世界"的构成要素。这些都是由遍布全球的个人和群体在历史定位下的想象所组成的，而这种想象作为一种在人类活动起主要作用的世界中不断变化的文化观点，是能够在"民族景观"中体现出来的。我们可以把食物景观与他提到的媒体景观、科技景观、金融景观和意识景观结合起来（1996：33）。因此，食物景观就被想象成对于饮食长期以来变化和延续的描述，这些描述中不但有对食材的选择与否，而且还有饮食系统中作为整体特色的其他更为广泛的构成要素，比如文化观念、加工处理、前期准备和分配方式。布里亚－萨瓦林（Brillat-Savarin，1825／1970）所说的饮食学包括一系列与欧洲人视角下食物准备和消费有关的口味以及观念。如此一来，通过食物景观角度看到的这种饮食全球化，就成为一个把对于过去的想象重建和基于现代视角的回顾联系起来的过程。

太平洋地区和中国之间的饮食学联系，将会通过检验四道食物景观的方式被讨论，这些景观支持至关重要的、共享的文化原则。首先，任何一种主要的中国饮食或东南亚食物，所含有的基本要素中都必须包括淀粉，搭配几小盘蔬菜和调味料，有时候会有小份的鱼或肉。这种文化观念在太平洋地区一直延续，但是米饭却被芋头以及从其他根茎和乔木上提取的淀粉质（other root and trees starches）所代替，同时配菜也局限于小份的鱼、椰肉或（今天的）面条。所有这些食物都要进行烹饪，有些是腌制的。味道和口感对于一次饮食体验而言，显得至关重要。淀粉质食物需要配菜作为基本的搭配，这可以被视作传入太平洋地区的中国饮食文化的基础，此为我们的第一道食物景观。

第二道食物景观包括评估这些联系重建途径的方法。通过我们的想象力去引导关于过去的发现，在这种情况下，想象力会被文字记录和实物证据所驱使，无论是来自中国早期古籍文本的记载，还是来自史前史学家利用考古遗存进行的重建。一篇关注近几年中国人在太平洋地区经历的很有价值的综述性文章（Willmott，2007），发表在澳大利亚堪培拉的澳大利亚国立大学新建成的中国南方移民研究中心的第一期杂志上。里德（Reid，2008）所编辑的大量历史学家的著作中，都包含着关于近现代的（即从 19 世纪 40 年代到 20 世纪 50 年代）这些联系的相关概述，但是几乎都不提及烹饪对于食物的影响。就如中餐馆的建立，显然还有待于更深层次的研究。

随着吴燕和、陈志明（2001）这些学者以及中华饮食文化基金会（Foundation of Chinese Dietary Culture）的出版物，将海外华人饮食学方面更广泛的内容汇集到一起，我们对于中国饮食文化的中心性的理解正在与日俱增。提供给非中国读者阅读的那些实用性文本，强化了人们对以往饮食学的回顾，因此，与欧洲饮食传统存在着关键性文化差异的思维意识也得以加强。

第三道食物景观提出食物共享的关键原则。太平洋地区的早期定居者不得不寻求更多与原来亚洲可以储存的食物不同的新食物资源，因为事实证明，水稻并不适合太平洋岛屿的环境。来自西方的旅行者所带来的进口商品为食品多样性提供了无限宽广的基础，这些食品为了确保供应安全而被共同分享（Pollock，新闻报道）。同样地，烹饪技术也必须进行相应的调整。在海岛环境之下，家庭内部和社区之间的文化供给行为也呈现出多样化趋势。宴会和节日都是食物共享基本原则的表现，这也是中国和太平洋地区饮食学的一个关键特征。中国饮食原则的重新确立过程，在跨太平洋地区是必不可少的。

第四道食物景观意在评估现代背景下，那些原有饮食原则的继承和分离。随着中国和太平洋社区都有的商品菜园、中餐馆和外卖餐馆的扩散，中国饮食在太平洋地区成了一个强有力的存在。中国饮食的传承与变革，在至少三四千年的时间范围内都发生过，而且几乎覆盖了地球表面三分之二的区域。结果是它们导致了丰富的生物多样性，即可以利用当地资源保障岛上居民的粮食安全（Pollock，新闻报道）。这些原则要领先现代的食物全球化数千年之久。

第一道食物景观：饮食资源

在中国文化中，食物的中心性体现在一些至关重要的原则中。正如孔子所言，"割不正，不食"，"席不正，不坐"（引自Dunlop，2008：208）。淀粉质食物搭配其他的食物（饭／菜）是基础，其他膳食原则都是建立在这一基础之上的。用蔬菜搭配几片肉或鱼做成配菜，撒上调味料，来产生出吸引顾客的色香味（张光直，1977；Dunlop，2008；吴燕和、陈志明，2001）。前期准备、烹饪制作和拼盘摆桌的方式增强了中国各个地区食物的灵活性与适应性，海外的华人食物也是如此。为了健康、幸福而共享食物，这是社群用餐者的祖先就开始的行为。有记录显示，任何一个中国绅士都会展示出自己所具备的有关饮食知识和技能方面的能力（张光直，1977：6-11）。

在中国饮食史上，食物所具有的活力被部分作者归因于伊尹的烹饪术和饮食学理论。它从公元前 16 世纪发展起来，"变成留给子孙后代的参考中的一种主要观点，提出了一直被后来的作者和厨师所采纳的许多隐性标准"（Sabban，2000：1164；张光直，1977：11；Dunlop，2008：102、106）。这些原则持续传承到了现代。邓洛普（Dunlop）发现，"在中国，成为一个厨师所必需的品尝和学习经历，会使烹饪的这些关键原则铭刻在她的经验和想象之中，从而做出更多美味可口的食物"（2008：208）。

"合理膳食"的特点是具有一组对平衡饮食而言必不可少的相互关联的复杂变量。基本内容是"饭"，即谷物和其他淀粉质食物，并以蔬菜和肉类做成的"菜"作为补充。这些食物是从长期以来中国大陆所盛产的动植物组合中获取的。为了提供能够区分出中国饮食不同变化的色香味，烹饪制作逐渐改变了前述这些关键要素（张光直，1977：7-8；吴燕和、陈志明，2001：前言）。最终导致的结果，便是"中国烹饪的最高技艺以及它对于色香味和口感的精细要求"。邓洛普非常热衷于将中国饮食文化中这些要素结合起来的技能，这开创了全新的领域，尤其是对口感的理解（Dunlop，2008：145）。

鉴于几乎每一顿饭中都包含着淀粉元素，因而正是配菜的细微差别提供了那些在唇齿间停留的与众不同的味道。饭／菜的互补，为厨师提供了用色香味吸引就餐者的机会。中国北方的小米或者小麦抑或南方的稻米等淀粉质食物，提供了一个展示菜品色香味组合的平台。随着中国饮食理论和实践传播到亚洲以外的地区，那些小量使用的动植物资源的多样性，为区域多样化和进一步替代提供了可能（吴燕和、陈志明，2001）。

太平洋地区的早期定居者带来了这些基本原则。稻米之所以没能渗透到北太平洋的关岛（Guam），很可能是因为生态环境和土壤条件存在着差异。1521 年，当麦哲伦（Magellan）的探险队从东方航行至关岛时，曾有人向他们出售过稻米（Pollock，1983），但是直到现代前，我们都没有获取水稻在该岛任何区域种植成功的记录。环礁上可利用淡水资源的短缺，密克罗尼西亚（Micronesia）群岛地势的低洼，这些都可能是在岛屿上种植水稻的主要限制因素。

相反，芋头以及从其他根茎和乔木上提取的淀粉质，成为太平洋地区提供基本淀粉成分的自然资源。而所有这些的繁殖都需要人类的干预。在东亚和太平洋地区占主导地位的蔬菜园艺学，就是通过采用移植部分原球茎或嫩枝的方法，来对农作物的属性进行持续不断的选择（Shuji and Matthews，2003）。

随着芋头被从印度和中国带到热带地区，人类对它的驯化包括：增大球茎的体积，减小表皮下的草酸钙结晶来使其变得更甜（因此称为 *Taro esculenta*），以及选择适合灌溉的品种而不是旱芋；这些情况与水稻的驯化情况基本差不多（Pollock，2000；2003）。我们知道芋头很早以前是在中国种植的，然而我们所掌握的有关芋头历史的证据却比水稻少得多。事实已经表明，芋头并没有被认为和"饭"一样重要。

在太平洋地区，饮食原则的基本特色，即把淀粉元素作为可口配菜的基础，一直持续到了现在，尽管伴随着跨越时空的转换。例如，在斐济，芋头被视作"真正的"食物（*kakana dina*），但也仅仅是在搭配一些配菜（*I coi*）吃的时候才是如此。同时，如果要一个斐济人或者太平洋地区的其他居民，吃过之后感到满意且有种幸福感的话，那么这些关键性食物的组合就是十分必要的。

在亚洲地区被驯化的其他淀粉质食物，包括薯蓣属山药、海芋属芋头、面包果、香蕉、竹芋、露兜树。这些植物想必是通过船居者用独木舟从东南亚地区带到了太平洋地区（Irwin，2006；Pollock，2003）。所有这些淀粉质食物都必须经过烹饪方能食用，因此，就非常需要具备各种用途的火和器皿，这在下文中还会继续讨论。

瓦努阿图（Vanuatu）的美食"莱普－莱普（lap-lap）"[1]，由芋头或其他块根植物与椰浆一起包裹在叶子里焙烤而成，常被用作米饭的配菜，这道菜和许多搭配米饭吃的中国美味菜肴非常相似（南希·波洛克拍摄）

相较于中国，配菜在太平洋地区受到了更多的限制。芋头叶、

---

① "莱普-莱普"是瓦努阿图地区一种极具特色的树根蛋糕。——译者注

鱼类和椰子成了主要原料。从贝冢中发现的骨头所得到的考古学证据表明，鱼类和鸟类是沿海居民相对比较容易获得的食物。近几年的民族志证据则进一步强调，那些群居而食的人对此并不感到满足，除非他们能吃到芋头或者面包果，再搭配一点有味道的鱼肉，或者椰肉，又或者哪怕只是一点盐水也好（Pollock 田野调查日志，1986）。近几年太平洋地区饮食的主要发展，来自于不断增加的为芋头或者大米进行搭配的一批配菜，比如拉面，或者鱼罐头，抑或腌牛肉。

虽然中国饮食已经传播到了太平洋地区，但是烹饪一直以来都保持着中国饮食所贯彻的审美原则。大米以及从根茎和乔木上提取的（淀粉质）食物（roots and tree foods）都必须经过烹饪，以变得可食用。在过去的 2000~3000 年内，对于烹饪方式和炊具使用的详细描述都被很好地记录了下来，这对于公元前 100—公元 600 年间的汉朝而言尤为如此（张光直，1977；Dunlop，2008）。但在太平洋地区，这样的详细描述只占据着很小的比例。不仅对太平洋社区形象化的描述性证据缺失，而且对于王室统治者所需的大量炊具以及多样化的食物组合而言，这里的环境也很不利。在普通的家庭中，烹制大米的简单方式很可能是依靠竹制容器。陶瓷器皿和青铜容器本就不是中国的小农所能够使用的。因此，他们究竟如何烹制大米这个问题，还需要进一步的解释。

太平洋地区最早的烹饪用火的情况，并没有很多的文献记载，但很可能与东南亚农村（Alice Ho，1995）和今天环太平洋地区（Pollock，1992）的烹饪用火情况相类似。将火生在沙子或地表下的坑洞中，厨师能够把芋头的球茎或者面包果放到里面，直接在灰烬里烤着吃。这样的生火点不如篝火坑或土炉（umu）留下的证据多，因为在篝火坑或土炉里能够烹制大量从根茎和乔木上提取的（淀粉质）食物（Leach，2007）。在这种能够蒸煮食物的容器缺少的情况下，大米将很难被烹制。

拉皮塔人（Lapita）的制陶术，已经成为环太平洋地区社区历史重建的关键性因素（Kirch，2000；Flannery，1994：164-175；Irwin，2006；Spriggs，1997；Marshall，2008）。史前史学家已经围绕着一种独特制陶风格的发现建构起"拉皮塔文化"的概念，这一发现起源于新喀里多尼亚岛（New Caledonia）上的一个遗址，与太平洋上的南岛语族（Austronesian）在过去的3000年中跨过近大洋洲和远大洋洲的迁徙传播有关。据说，这一"拉皮塔文化"为我们呈现出"农业"发展的一个崭新阶段，该阶段伴随着诸如芋头、山药、面包果这些农作物的传播，以及猪、狗、鸡等家畜家禽随旅行者从东方到远大洋洲岛屿的迁徙（Kirch，2000）。独木舟和航海技术对于这个创新阶段而言，就显得十分重要（Irwin，2006）。台湾土著居民所使用的语言普遍被认为是南岛语族语言的雏形，因此，拉皮塔制陶术是否近距离模仿台湾制陶术就成为一个存在争议的主题。有一种观点［根据 White 转引自 Flannery（1994）的观点］认为，拉皮塔文化是在美拉尼西亚（Melanesia）群岛上发展起来的。拉皮塔制陶术的各种类型是如何被使用的，是否用于丧葬、烹饪、蓄水，这些都还是需要继续探究的主题（参见 Marshall，2008）。

食物的保存也是在中国发展起来的一种技术（张光直，1977；Dunlop，2008），这或许也就解释了在太平洋社区中类似的发展情况。然而，在中国人所进行的一系列实践中，"发酵（fermentation）"是在太平洋地区最广为流传的做法。发酵过的芋头或者面包果，可以为原本寡淡无味的新鲜食物提供一种酸味。这也是一种保存剩余应季食物的方法，比如面包果，妥善的窖藏可以在粮食短缺时提供食物（Pollock，1984；Yen，1975）。在夏威夷地区，"Poi"是用发酵的芋头做成的，并且在任何地方都能够被保存，它让饮食富于变化，而这些变化给烹制好的球茎增添了不同的色香味。将捕获来的吃剩的鱼进行风干和腌制处理，也丰富了烹饪的多样性。通过发酵方式保存食物的这种艺术，很可能是从中国起源，后来传播到了环太平洋地区。

太平洋岛屿上的当地食物资源，为以鱼为主的可口配菜提供了一个基础。太平洋地区淀粉质食物丰富多样，也即从根茎和乔木上提取的（淀粉质）食物，与普遍存在于中国和东南亚地区的大米有着显著区别，同时，它们也在继续为当地饮食提供着基础。

第二道食物景观：文献证据

任何一种食物景观都是由证据汇聚而成的，而证据又有许多不同的来源，这些来源可能是过去的，也可能是现在的。所有这些都是阿帕杜莱所谓的"想象界"概念中的重建（Appadurai，1996:31）。对于中国来说，我们有着丰富的资料来源，包括古籍文本的翻译、早期图像的复原，还有考古学和史前史学家的重建。英文方面的译著和文献，比如张光直（1977）或是邓洛普（2008）的著作，就提供了一个开端。而对于太平洋地区而言，欧洲人从16世纪开始有文字记载，而我们仍然没有在此之前的早期文字记录的任何资料，因为早期定居者只留下了口述文化传统，比如Taonui对波利尼西亚（Polynesia）历史的汇编（2006:28-30）。我们必须依靠史前史学家根据16—17世纪欧洲人（比如库克船长和传教士威廉姆斯）的观点所做出的重构和推断，以及过去 100 年间的民族志记载。

中国的证据表明，饮食的具体实践历经了很长一段时间的发展（例如 Sabban，2000；张光直，1977；Dunlop，2008；吴燕和、陈志明，2001；Anderson，1988）。中国的文献资料可以把我们带回 6000 年前，同时考古学资料也表明，亚洲地区的农作物种植有着一段更为悠久的历史（Bellwood，2002）。有关烹饪活动的散文和艺术描述，证明大约已有 3000 年之久的烹饪历史（例如参见张光直，1977）。伊尹是商朝（3600 年前）的宰相，被认为发明了传承至今的烹饪与饮食理论。他不仅根据许多标准将食物进行分类，而且还强调要掌握五味和火、水、木的使用原理（Sabban，2000：1165；Dunlop，2008：55、102）。马王堆利苍夫人（辛追）之墓中出土的竹简，不仅记录有汉代（公元前 175—公元前 145 年）的食物清单，而且还有丰富多样的菜肴和被用来食用的部分动物（余英时，1977：55-58 以及张光直，1977：186，插图 19）。湖南厨师依然将伊尹尊奉为他们这个已有 2000 年历史之久的行业的祖师爷。一般认为，袁枚是这些厨师中最为出名者，因为他的散文诗歌都在描写香味应该如何调和为佳。他在 18 世纪时所写的挑选食材的方法流传至今，也被他收录到自己的烹饪著作——《随园食单》之中（Dunlop，2008：55）。中国烹饪史上的这些文人使得中国饮食实践享有盛誉，然而，却是那些众多读不懂食谱的厨师，不断地完善自己的烹饪技术，并且通过口耳相传的方式一代又一代地传承下去（Dunlop，2008：54）。

根据中国神话传说，"三皇"之一的神农教人稼穑，因此，烹饪才能成为中华文明的基础所在。谷物的种植、烹制和消费，与汉人是紧密联系在一起的（Sabban，2000：1165）。随着时间的推移，人口多样化导致了一系列饮食风格的形成，萨班将其总结为：北方人的饮食特色是小麦制品、糕点和面条，南方人的饮食特色是米饭和鱼，四川人广泛使用各种复杂的调味品，而广东人偏爱点心、清汤和鱼。近几年来，邓洛普提供了这些区域饮食发展的民族志细节，他先从四川饮食开始，它们都是由专业大厨和乡村厨师制作而成。从"文化大革命"经济困难时期起，每一个省份都在从饮食学视角重新发现自己与众不同的菜品（2008）。

亚洲的考古学资料为长江以南地区水稻的早期驯化和种植提供了越来越多的证据，而长江以北的自然条件则更加适合小米的种植（吕烈丹，2005）。贝尔伍德（Bellwood，2005）已经把考古学和历史语言学资料一起总结为"农业或语言的传播假说"，这个假说认为被驯化的水稻使得中国大陆人口向南扩散至台湾，还有海平面上升后形成的那些岛屿上，而海平面的上升迫使巽他（Sunda）与萨胡尔（Sahul）大陆块以及东南亚地区在距今 6000—5000 年之间形成的岛屿分离开来。早期语言学（原始马来 - 波利尼西亚语族）术语的重建表明，稻米在烹饪上多种多样的运用大约 6000 年前就出现了（Blench，2005：41-42）。布林茨还认为，南岛语族人刚开始在台湾拓殖时就获得了某种形式的水稻，而当时种植的很可能是旱稻，与此同时，他们还大量种植芋头和小米作为主要农作物（Blench，2005：45）。

台湾在人类这些早期的全球流动轨迹以及他们的饮食习惯重建中，扮演了核心角色。由于如今生活在台湾东南角的土著居民讲着与南岛语有关的语言，所以从时间上回推，就出现了将台湾视作太平洋或波利尼西亚一带人们"故乡"的观点。比如，欧文（Irwin，

2006）认为，在 15000 年前就有狩猎者和采集者在台湾定居，而他们很可能来自中国大陆的南方地区。在距今 4000 年的考古遗址中，也已经发现了陶器、石制工具和农业起源的痕迹，比如大坌坑文化（Tapenkeng Culture，TPK）（Sagart，2005）。欧文认为远航者在距今 4000 年就进入了菲律宾北部群岛，同时也穿过了东南亚的其他岛屿，在这些地区的遗址中包含着被驯化的动植物、陶器、贝制工具和装饰品等物证（Irwin，2006：64）。

来自考古遗存中的这些各种各样的重建，都与农作物驯化和生产的时间尺度有关。然而，直到我们读到了中国早期的文献记载，才知道这些农作物究竟是怎样被运用到饮食制作中去的。

基于对人类遗迹的评估，太平洋地区来自亚洲的两次大型拓殖行为已经被证实（Pietrusewsky，2005）。他认为，第一次拓殖行为发生在上一次冰期（距今 10000—6000 年）之前，或许更早至 40000 年以前，那时被称作巽他的独立大陆块还包括中国以及与亚洲南部一个被称为萨胡尔的大陆块分离开来的其他地区，而萨胡尔大陆块就是如今的澳大利亚、新几内亚岛（New Guinea）、俾斯麦（Bismarck）群岛和所罗门（Solomon）群岛一带。最初的定居迫使人类和动植物在最后一个更新世（Pleistocene，距今 47000 年）期间穿越"华莱士线（Wallace trench / line）"，或许是乘筏穿越（Pietrusewsky，2005：201）。这是有意为之还是偶然行为，已然引起了相当大的争论，而这些争论在史前史的重建中发挥了很大作用（Irwin，2006：61）。当探讨食物问题时，很明显，想要在这样的旅途中存活下来，航海者们就必须携带足够的食物，掌握烹制食物的相关知识，还要将来自东方的那些关键性饮食原则也带到这些岛屿上。

正如彼得鲁索斯基（Pietrusewsky）所重建的那样，太平洋地区的第二次拓殖行为发生在距今6000—3000年间，还伴随着另外一次走出亚洲的移民过程，两者都是西至马达加斯加岛（Madagascar），最终东达复活节岛（Easter Island）（2005：202）。这一时期的民族迁徙促进了航海技术的发展，包括建造合适的帆船，掌握岛屿间的短途航海技术，乃至后来跨越更开阔的水域。但在这些重建中，独木舟的考古学证据缺失仍然是一个引人关注的问题（Irwin，2006：73）。

在这个新的千禧年中，由于各种微生物技术的发展，有关人类及其食物系统自亚洲地区向东而行的早期全球流动的更有力证据正在逐渐显现出来。无论芋头（*Colocasia*，*Alocasia* 或者 *Cyrtosperma*）的祖先最初是由印度的，还是亚洲大陆的，抑或是新几内亚岛上的野生植物驯化而来，它都是几种不同理论所共同关注的主题（Allaby，2007；Walter and Lebot，2007）。这些作者都着眼于考古植物学方面的技术，包括利用分子生物学知识来证明新几内亚岛上主要可食植物野生形式的先存性（同样参见 Matthew，2006：94）。因此，很可能人们通过基本遗传繁殖群（genetic stock）得到了芋头、面包果、香蕉、椰子和甘蔗，它们地处一个从印度到中国和新几内亚岛，在纬度上跨越热带和亚热带的自然分布区，而在20世纪，这样的基本遗传繁殖群在太平洋许多岛屿上都能被发现。这些从根茎和乔木上提取的淀粉质几乎没有留下证据，除了留在距今28000年的挖掘棒上的淀粉颗粒（Spriggs 转引自 Kirch，1997：281n25），人们从中可以获得农作物种植的直接证据。

向东跨越太平洋的这些从根茎和乔木上提取的淀粉质农作物种

类的递减是一种象征，暗示着在塔希提岛（Tahiti）上，能够种植并使芋头和其他农作物种类多样化的航海者，要比像新喀里多尼亚这些岛屿少得多。被史前史学家称作"近大洋洲（Near Oceania）"（包括新几内亚岛和俾斯麦群岛等）的地区记载有近 300 个物种，而"远大洋洲（Remote Oceania）"地区却只记录了 100 个物种，这一地区的岛屿更靠东（Walter and Lebot，2007）。基尔希（Kirch，2000：109）总共列出了 28 种在第二次拓殖潮中引入的农作物，其中，有 15 种能够被植物遗存所证实，另外 13 种能够被语言学和其他证据所证实。因此，在太平洋地区，约 3000 年前的经济图景被描述为一种混合型的"园艺—航海（horticulture-maritime）"经济，这其中就包括从根茎和乔木上提取的（淀粉质）食物、猪、狗、鸡、鱼、贝和鸟（Irwin，2006：75）。那么，早期这些动植物是如何在饮食方面发挥重要作用的，这个问题在它们驯化的重建研究中还没有被考虑到。

环太平洋地区的动物遗存是十分有限的。猪骨、狗骨、鸡骨这些动物骨头经过分析后，被认为是在岛上人类定居点发现的被驯养过的动物，但它们如何被用作食物这一点仍有待考证。一些作者认为太平洋岛屿上的居民是吃波利尼西亚鼠（Polynesian rat）的，因为它们同样也被发现与人类定居点联系在一起，但是这种（食鼠）行为尚未得到完全证实。相反，现在的库克群岛（Cook Islands）居民强烈否认他们的祖先吃过鼠类（Pollock 田野调查日志，1996）。

对于第一道食物景观中所讨论的淀粉质食物的配菜来说，鱼类是最容易获得的资源。对于那些从东亚海岸地区逐渐显现的岛屿间迁移过来的一代又一代的人而言，鱼类将是很容易获得的。贝冢中汇集的骨头要比主要淀粉质食物的证据更容易获得。因此，人们会更容易相信鱼类和贝类才是主要食物，而非芋头和淀粉质食物。

猪、狗、鸡都已成为揭示基因关系的现代微生物研究的主题。猪骨的分析研究将一个可能在台湾驯养的物种［野猪（*Sus scrofa*）］与西里伯斯岛（Celebes）和小巽他群岛上的另一个物种［印尼野猪（*Sus celebensis*）］区分开来。"来自中国大陆、台湾、菲律宾、婆罗洲（Borneo）和苏拉威西岛（Sulawesi）（猪的）现代和古代样本中，太平洋进化枝单体型（Pacific Cladehaplotypes）的完全缺失表明，任何一次从台湾经由菲律宾到新几内亚岛的人类迁移，就像传说的那样，'离开台湾'的案例并不包括驯养猪的迁移……最吝啬的解释无非一条自西向东的传播轨迹，在该分布中被识别的猪类太平洋进化枝的相关频率也证实了这一点。"（Larson以及其他人，2007：4837；Matisoo-Smith and Robins，2004：9167）

来自鸡骨中的基因重建表明，家禽的驯养源自原鸡（jungle fowl），以越南和东南亚半岛为中心。这些鸡可能是和猪一起用独木舟带来的，而独木舟要在东南亚地区和大洋洲地区的岛屿之间来回穿梭。人们在南美洲智利的一个遗址中发现了鸡骨，通过分析研究认为，这与在汤加（Tonga）发现的鸡骨十分相似，可以追溯到1500年前（Larson以及其他人，2007：4838中记载的故事）。这些动物的广泛分布逐渐证实了东南亚人和环太平洋地区居民点的联系，但是他们的饮食习惯还有待被证实。

随着人类从近大洋洲或美拉尼西亚向远大洋洲尤其是波利尼西亚群岛的迁徙说的成立，彼得鲁索斯基所说的第二次拓殖行为和许多考古学家、史前史学家的工作都扩大了拉皮塔文化的研究范围。

距今 3500 年的一种普通制陶风格由新喀里多尼亚传到了斐济和汤加，直到公元 400 年左右，它才从萨摩亚（Samoa）群岛的考古记录中消失不见。史前史学家把他们的观点建立在制陶术上，并将制陶术作为这一新拉皮塔文化建立的判断依据。

这种制陶术是否用于烹饪，仍然是一个开放性问题。正如基尔希注意到的，很少会有人去研究罐子的不同功能，尽管罐子（很明显）不是直接放在炉火之上的，而且很多罐子都被用作盛放或贮存食物的容器（1997：120）。烹饪模式的历史没有得到充分研究，但基尔希认为，他所谓“拉皮塔菜考古饮食学（the archaeogastronomy of Lapita cuisine）”的概念，是基于日常饮食中主要以碳水化合物为核心而提出的，包括芋头、山药、香蕉、面包果加上坚果与水果，以及来自海中的蛋白质和一些肉类（Kirch，1997：212-213）。

在浅坑炉中烤制食物、发酵以及窖藏食物的证据，源自考古发掘和语言学重建，比如作为原始南岛语词的术语 *qumum[①] 即土炉（umu）之意。因为与在煤炭中或者土炉中烤制球茎和面包果等有所不同，所以陶器是否用来蒸煮芋头，仍然是一个有待解决的重要饮食问题（Pollock，未注明出版日期）。利奇（Leach，2007）在她对拉皮塔烹饪技术的反思中指出，在淀粉食物的传统烹制方法中，土炉比陶器更为有用。

因此，对于拉皮塔人的饮食背景，还需要更深入的探究。基尔希断言，芋头“是一种主食”（1997：37），尽管暂时还没有找到其制作方法和食用场合的相关证据。饮食在早期思维观念中处于何种地位，食物被如何加工，由谁来烹制以及食物在多大范围内被分配，

———————

① ＊指的可能是还未被提及的一种术语的语言学重建。

这些仍旧都是有待回答的问题。农民会在农作物生长过程中通过特定标准选择或是弃用一些样本，而了解这些标准对于追溯新的饮食的影响将是非常有用的。向东航行的定居者不断涌现，他们很可能在带来关于饮食创新理念的同时，用独木舟带来了作物。

太平洋地区饮食学发展的证据，受制于史前史学家的重建，而非文献证据。它不像中国饮食学的发展那样影响深远。食谱中呈现出来的原则和意识，以及中国学者所呈现出来的饮食模式，与太平洋地区并不匹配，口述史才是该地区思想观念得以代代相传的主要形式。

直到最近一段时期，有关食物用途和原则的民族志描述，才在很大程度上将食物当作一种经济商品对待，关注其生产而非消费。从当今价值观出发的回顾，必然会主导这些重建过程。把淀粉质食物当作每顿饭的主要内容，并搭配一些鱼肉或椰肉，这些都与欧洲人的价值观恰好相反，在欧洲，人们会把肉当作饮食的主要内容（比如 Smil，2002）。因此，根据现今欧洲人的价值观进行推论，对于世界其他地区以前的饮食重建来说，是有风险的。

我在太平洋中部和东部地区进行民族志田野调查期间，曾遇到过一些问题，而正是这些问题激发了我自身对于太平洋地区与中国饮食联系的兴趣（Pollock，1992）。通过了解他们的饮食观念后发现，太平洋社区居民在他们日常饮食习惯构成方面的价值观与我自己所习惯的价值观有着明显不同。无论米饭还是面包果是否需要搭配一块椰肉或鱼肉，这些淀粉质食物的重要性都促使我的研究深入更广阔的太平洋田野调查中去，在那里我发现有对这种关键食物分类原则的具体描述。

在太平洋地区，有关海外华人的著作正在逐渐发展壮大，但我在这里讨论的焦点集中在过去的 150 年中，而非更早时间范围内的影响。新来此的华人（Willmott，2007），都希望尽可能重建起他们在原故乡时的生活方式。他们不仅建立了商品菜园来生产作为配菜必需的蔬菜，而且建起了许多餐馆，后来还通过为他人提供外卖的方式来获知对方的饮食风格，这一点在下面还要讨论。

第三道食物景观：食物的慷慨共享

任何一道食物景观都包括食物共享的实践，这种共享无论是在家庭成员内部，还是不同家庭之间，抑或更大的社区范围之内。家庭中的日常饮食，送给远亲近邻的礼物，以及在大型社交聚会或特殊事件的宴会上的分享——所有这些分享模式都是文化层面所没有的。然而，食物是节日社交的关键因素，它总是伴随着其他形式的庆祝活动，诸如跳舞、歌唱和欢声笑语。食物共享能够传播大众化的美好祝愿，同时也显示出所在社区居民的幸福生活。

食物共享的原则在有关中国饮食的文献记载中显而易见［参见张光直（1977）对历朝文献的研究］，我在太平洋地区的田野经历也证实了这一点［Pollock（1992）和民族志］。在 19 世纪 80 年代，斐济所出现的这类关于大量食物的详细描述［参见 Pollock（1992：116）中的插图］，很可能会被以崇尚节俭为主的欧洲价值观视作惊人的奢侈浪费。库克船长以及在他之后的传教士们，都震惊于食物的数量以及不同于他们之前所习惯的特征（比如 Banks，1769）。诸如埃利斯（Ellis）等传教士，认为太平洋社区的人们恣意挥霍，因为他们预计这些食物中的大部分可能会被浪费掉。其实，传教士们并不熟悉当地食物共享的文化礼仪。

在人类学文献记载中，食物的慷慨共享被视作一般交换原则的一部分，因此，也成为经济的一部分。例如，参与特罗布里恩群岛库拉圈（Trobriands Kula Ring）的社区之间的食物交换，即被描述为贸易双方之间的交换（Malinowski，1935）。这种方式否认了食物所处的文化场所是饮食体验的关键因素，而这种体验或许会从食材的收集和烹饪，扩展到饭桌或酒席上所呈现出的风格，甚至舞蹈与歌唱也可能成为体验的一部分。食物的慷慨共享不仅仅是给予和获取，它更是一种根深蒂固的文化准则。

共享是中国饮食的主要特征。中国文献记载（主要指上层阶层）中留下了早期宴会的详细记录和操办原则。通过 20 世纪 70 年代考古学家发掘出来的抄本和墓室壁画，我们得以获知早至 2000 年前汉朝晚期宴会场景的详细描述和相关内容。在湖南地区，从生活在公元前 170—公元前 120 年的一位杰出女性的墓葬中，考古学家发现出土简牍上详细记述了大量食物以及汉朝烹饪所用的调料和制作方法。至于她生前都吃过什么，或许胃里的这些遗留物能够为我们提供一些更有用的线索（张光直，1977：55-59，以及同书第186 页，插图 19）。余英时（Ying Shih Yu）对于这些考古发现的详细记录也涉及部分文献（张光直，1977：67），这些文献记录着如今已鲜为人知的食物和宴会中特有的烹饪方法（张光直，1977：53-81，也参见同书第 187~189 页，插图 20—22）。我们并不知道这些场合具体会邀请多少宾客，但能推测出一定会有大量的家族成员发出和收到邀请。这些精心准备的宴会一定让他们在食物供应上花费颇多，而食物则是由他们的佃农所提供，同时这些佃农也得以共享此类场合中的喜悦。正如周代那首诗歌——《招魂》（"The Summons of the Soul"）所表达的那样，许多菜肴都已精心准备好，"华酌既陈，有琼浆些"，这些是被用来招回迷失的灵魂（张光直，

1977: 32）。

同样，皇宫中不同类型厨房的细节也都被刻画在墓壁上。邓洛普通过走访许多厨房后写成的调查报告，涵盖了从精巧的高档厨房到甚至只容一口锅或路边摊等狭小空间的许多样本。2001 年，邓洛普目睹了末代皇帝是如何用食物盛情款待来访者的，因为当时她获得许可进入了北京紫禁城（Forbidden City）通常被禁止进入的地方，还有自 1908 年末代皇帝退位后从未被清空过的库房（2008：203-204）。这批极为丰富的饮食文化遗产得以保存下来，直到"文革"期间才出现衰退迹象，在今天的厨师逐渐重建中国遗产中精致的宴会文化时，它提醒着他们曾经拥有的那份荣耀。宴会在中国可谓达到了极为精致的高度，无论是在食物共享的质量上，还是在其数量上，皆是如此。

在太平洋地区，食物共享和宴会的相关证据都只能根据考古遗存做出推测。只有当阅读到 16 世纪以来的早期欧洲来访者，比如麦哲伦和库克船长等人的记录时，我们的脑海中才开始出现一幅与宾客共享精致食物的画面。他们的记录被定居下来的传教士们进一步夸大，那些传教士对于宴会上所提供的食物数量和类型持截然不同的观点。这些原始资料描述了一大堆收集到的芋头根、卡瓦胡椒（kava）茎、山药和桑葚，他们看到这些东西堆在许多烤猪的上面或四周。诸如 1876 年在斐济发现的"食物墙"这样的图片（Pollock，1992：116），为我们增加了生动的语言图像，比如一位来访者就将斐济飨宴（magiti）描述为一个"慷慨又（食物）丰富"的场合 [Pollock（1992：116）转引自 Derrick（1946）]。但是，我们缺乏有关当地人如何参与此类丰盛飨宴的任何信息。社会的上层人物为此类大型宴会准备食品的行为，已经从邻近重要地点的贝冢遗址（middens）中得到了印证。这些外人从自己的价值观角度来描述宴会的丰盛，认为看起来有些过度了。他们没有从饥饱不调和社区共享的更宽泛社会背景出发，是无法理解宴会的。

然而，我们的"想象"能够给太平洋地区曾经的宴会描述提供一些启发。跨海而来的海上来客会受到那些早已定居下来的当地人的热情款待，他们会提供可以获得的任何食物，同时，这些初到者也要贡献出他们所带来的所有剩余的作物。他们的到来本身就是一件值得庆祝的事。对于那些离开自己的大家族和政治关系网的人来说，不管身处东南亚地区、中国还是附近的岛屿，他们很可能都带来了礼物背后的原则以及作为他们传统构成中的宴会共享文化。在太平洋地区，食物资源的种类比较有限，所以"一次宴会"需要由一切能够得到的食物构成。1968年，在纳木（Namu）环礁上的社区居民吃光了食物；当地没有（可购买的）面包果或稻米用来庆祝圣诞节，所以我们的"宴会"只能包括船上的饼干和（我所贡献的）夏威夷宾治酒（punch）（Pollock 田野调查日志，1967）。但也有舞蹈、歌唱和教堂礼拜仪式标志着这个场合的存在。对我来说，那是一次非常值得关注的庆祝活动。

为太平洋地区宴会做出贡献的这个社会组织如此重要，以至于它在一些波利尼西亚阶层中已经变成一个特殊化角色。就像食物分配者在中国是一个非常重要的政治角色一样，太平洋地区的一些国家也是如此，比如汤加。分配者不仅要负责每个家庭贡献的分配，还要负责宾客离开后的再分配。他指定谁应该获得篮子中吃剩的椰肉或者烹制过的猪肉。如今，参加太平洋地区乡村宴会的游客很可能会带一个盛着芋头的篮子回家，而椰肉和一块剩下的猪肉——将被给予招待该游客的家庭。这种形式化的角色近几年变成了什么样子呢？在太平洋的一些社区中，妇女委员会已经承担了这一角色（Pollock 田野调查日志，1983）。

祖先是宴会的重要参与者。与祖先的食物共享习俗在中国得到了广泛证实，无论是在丧宴和家庭大事方面，还是作为农作物长势良好的供奉上，皆是如此（张光直，1977：18）。在太平洋地区，比如汤加和关岛，精心制作的墓室得以不断发展，虽然墓室中的食物和鲜花供应仍然处在摸索阶段，但丧宴已经成为包括居住社区、逝者和祖先在内的诸多家庭大事中的最重要部分（Pollock 田野调查日志，1983）。正如库克船长和其他人有关汤加的记录所载，最初的水果仪式是用来祭拜祖先和神灵的，而且库克船长在夏威夷为此还付出了生命的代价。马林诺夫斯基（Malinowski）的两卷本著作（1935）证实了特洛布里安人重视献祭给祖先的食物，同时关于提科皮亚人（Tikopians）如何在祭祀仪式上通过食物共享将自己的祖先与其他神灵合为一体，弗斯（Firth，1967）对此也留下了一个详细的解释。

太平洋地区的宴会提供精致的食物展示来吸引眼球，刺激人的味蕾，并且吸引宴会参与者以及游客、旁观者予以评论。如今，游客们在度假村停留期间就能受到这类宴会的盛情款待。中国的宴会在提供菜品的种类和许多食物呈现的细节处理方面会更为用心；而太平洋地区的宴会，则会在一系列桌子上以自助餐的形式展示他们的佳肴（Dunlop，2008）。最好的食物可能是太平洋地区一种极好的山药（薯蓣属）（Pollock，1992：附录 a），或者是用芋头叶包裹的布丁。甲鱼是太平洋地区一种非常珍贵的宴会食物。鱼类给宴会带来了一些清淡可口的味道，就像从公元前 206 年到公元 220 年间的汉代砖雕（王仁湘，2008：78）和太平洋地区许多考古遗址中的贝冢（Kirch，2000）所证实的那样。在迈克·杜佛瑞（Michel Tuffery）同期的"饮食艺术"，以及他用腌制的牛肉罐头制作而成的被称作"Povi"等比大小的母牛造型中，鱼类很明显起着重要作用（Pollock，2008）。这些饮食元素的精心制作能够将食物以外的材料带入强有力的象征领域，而这会让那些有过共享经历的人产生共鸣。

在当今太平洋地区，无论是在乡村环境中还是城市环境中，仍然存在着丰盛的宴会。它们利用与部族首领、贵族和领导者结成的亲属关系和政治关系而进行着。无论是以烹制好的菜肴的形式，还是以猪、鸡或者螃蟹的形式，所有社区都要贡献出他们所能提供的最好东西，但当下他们的资源却受到了严峻的挑战。和在中国一样（Dunlop，2008：第8章），太平洋城市社区中的杰出人士正在将他们对食物的兴趣，转移到那些提供饮食的场所之中，这些场所可以供应"西式"、本地以及中式、韩式食物，或许也能提供印度食物。颇具讽刺意味的是，20世纪70年代在马绍尔（Marshall）群岛的马朱罗（Majuro）环礁上，一场政治宴会的最大会场竟设在一家中餐馆之中；那里不仅提供牛排和炸鸡，同时也有各种各样的粤菜。

太平洋地区和中国的［比如张光直（1977：62-70）中记载的汉朝］宴会，都代表着对人与事更为宽泛的社会承诺和责任。对于社会阶层是否围绕食物的供应而发展这一点，人们尽管经过了广泛思考，但还是无法最终确定。用马克思主义者的观点看，它们可能被解释为精英阶层对人民群众的剥削，以及由此施加的压力，或者被视作一种"消费生产"的方式（Foster，2008）。

当我们从社会责任而不是物质因素的视角来看时，对于慷慨这一强大道德规范发展情况的另一种解释，就变得显而易见了。用物质和精神为公共事件做出贡献的文化乐趣，被视作从普通的一天到日常生活的消遣而得到接受甚至受到欢迎，尽管这可能会严重消耗当地的资源。我对纳木人的疑惑在于，他们为什么会将一船的露兜树果、面包果膏和椰子，呈献给在埃贝耶岛（Ebeye）上生活富足的"Iroij（即首领）"，这可是他们当地最后的资源了。为什么我还要质疑这样一种乐趣？（Pollock 田野调查日志，1968）一个社区通过宴会来表达其物质财富和他们对于首领的忠诚度，而首领则在更广阔的社会领域中代表着他们。人们负责进献，而首领负责再分配，如此一来，任何浪费的观念都来自于外部的解释，而这些解释贬低了食物共享的社会重要性。

在太平洋地区的社会中，由于精神和物质两方面因素，食物的慷慨便因此复制了在中国饮食中占据主导地位的相似原则。漂洋过海来到西方的新移民，他们给太平洋地区的新生代留下了深刻的影响。对中国而言，这样的证据十分有力，同时又是多方面的，而对太平洋地区来说却只能靠推测。当代民族志的实践表明，食物共享对于太平洋地区的文化仍然十分重要。

第四道食物景观：当代中国对太平洋地区饮食的影响

食物共享在太平洋地区已经发展起来，以两种方式延续着华人的影响。华人不仅建立了商品菜园来为他们自己的烹饪提供关键食材，而且他们还把蔬菜卖到城市的市场上和中餐馆的厨房里。这种更为经济的共享形式建立在顾客付款的基础上，而不是建立在广义亲属间的善意之上，他们是市场上的购物者，又是经营者的客人。小型中餐馆里的雇员通常是自家亲戚，他们调节着老板与顾客之间的社会距离。虽然中餐馆在太平洋地区已经建立起来，但是它们与太平洋地区当地的宴会还是存在着明显的区别，尽管酒店中的夏威夷式烤野猪宴（luaus）以及为游客复制的太平洋地区宴会都在试图模仿接近原貌。太平洋地区的中餐馆提供了一种与众不同的饮食体验，并因此带来了另一道食物景观。这些在民族志文献记载中没有被很好地记录下来，但参观者或许能够意识到吴燕和在本书中所描述的一般模式以及作者的个人经历。

中国人在 19 世纪中叶至 20 世纪初以契约劳工的身份来到太平洋地区，他们在新喀里多尼亚、瑙鲁的矿井下，以及斐济、巴布亚新几内亚的甘蔗和油棕种植园里劳作（参见 Willmott，2007）。这些新居民不仅修建了小花园，在里面种一些他们喜欢的蔬菜类配菜，而且还做起了从太平洋地区运往中国的海货生意，比如高需求的鱼翅和海参。就这样，贸易把早期餐馆老板们的故乡与他们的太平洋"基地"联系在了一起。

用作配菜的新鲜蔬菜需求不断增加，保证了大量商品菜园得以发展，例如，塔希提、斐济和新西兰等地的商品菜园都可以提供卷心菜、番茄以及其他新鲜产品。随着各种类型的餐馆要充分利用商品菜园的这些食物供应，家庭劳力也逐渐成为这些商品菜园中的一大特色。中国人所经营的商品菜园生意十分繁荣，因为它们提供了一系列与太平洋地区传统粮食作物不同的食物。随着旅游业的发展和西式风格餐馆对新鲜蔬菜需求的增长，这些商品菜园得以继续在太平洋地区的饮食中扮演着重要角色。

中餐馆的特点是不同地方菜系的菜肴搭配米饭吃。每个主要的中心城市都有符合自己身份的特色菜：京菜、沪菜、粤菜 / 香港菜和台北菜。每种风格都被用来作为餐馆自身的分类标准而非地域风格了（张光直，1977：15）。这些风格已经被中国人带到了亚洲以外的地区，而粤菜则成为太平洋地区最为常见的风格。

正如唐朝史料中所记载的那样，在中国，这些餐馆是在公元8世纪发展起来的，当时主要是为佛寺和道观里疲倦困顿的旅客提供茶水、酒水和食物。客栈、酒馆、旅社及饭店都会提供充足的廉价食物（张光直，1977：137），可供不同社会阶层的人们进行选择。在宋朝，与筷子、勺子和酒杯——最高级别的饭馆里会提供银质酒杯一样，大方桌也变得普遍起来（张光直，1977：153）。区域烹饪风格在本区域以外的地方也能够见到，"与所有其他烹饪类型产生着联系……（它们）接纳了一个区域的食材，又接纳了另一个区域调味料的细微差别，直到烹饪完全'混淆不清'"［张光直（1977：175）中引述 Freeman 的话］。到了清朝，从装饰奢华的游船到被当时的作者称为"社交与八卦中心"的集镇客栈和饭馆，都可以获得各种层次的消费和口味（Spence，1977：289）。中餐馆的一个普遍特征在于，许多顾客都会选择在用墙体或屏风隔开的包间里用餐，这样一家餐馆就可以满足不同人的需要；那些享用"八大碗宴（即八道菜的宴席）"的顾客与吃简易"火锅"的顾客，就需要共享这种外部环境了（Hsu and Hsu，1977：307）。现在的旅行者或者商人都会选择一种适合自己的形式，其中一些人就会在特定的时间、特定的店铺进行日常办公（Anderson，1977：371）。不同地域的烹饪风格，让邓洛普在她所跨中国六个省份的旅行中记录下了一系列被款待的经历（Dunlop，2008）。麦当劳餐厅已经发展了一批追随者，这主要是吸引香港和北京的年轻人，他们把麦当劳餐厅看作人们聚在一起并尝试不同食物的地方，而几乎没有意识到这是从美国引入的特许经营权（Watson，1997）。

作为全球化传播的一部分，中餐馆将建立在太平洋城市中心地带，这是不可避免的（参见刘海明，2009；吴燕和，2007）。中餐馆里的一顿饭就能满足太平洋地区设宴共享的不同形式要求。政府官员和商务官员的宴会需要招待许多来访者，而中式餐饮设施及食物供应就可以满足这一需求。太平洋社区的家庭成员举办大型生日、饯行以及其他过渡礼仪（rites of passage）的聚会时，可能同样会选择在一家中餐馆相聚（Pollock 田野调查日志；Majuro，1996）。这样的宴会包括一些不同搭配的菜肴，比如豉油牛肉，但总会供应米饭作为主食。如果规模比较小的话，办公室的员工和那些自带现金的人可能会选择一顿中餐做午饭，包括米饭和一两个配菜，或许会和别人共享。在火奴鲁鲁（Honolulu，即檀香山），人们的最爱是放在泡沫盒里单独盛放的"拼盘客饭（plate lunch）"，人们可以将其带走，在任何地方食用，无论是独享还是与他人共享。

自从中国的契约劳工为太平洋地区的饮食文化做出巨大贡献以来的150年间，中国食物的各种吃法在这里已经得到了充分延续。19世纪末20世纪初，早期中国移民来到美国，此后美国的中餐馆和唐人街迅速发展起来（Roberts，2007），罗伯茨通过对这种发展的描述认为，这可能与太平洋地区存在相似之处。他指出，欧洲作家区别了在19世纪早期人们对于中国食物（贬损）的反应以及世纪之交时的反应，因为在中国这些食物也已经发生了改变。随着旧金山的大型餐馆逐渐迎合了那些要求"不过于精致复杂"的顾客自助用餐的需求，咖喱、肉末和炖肉也都成为餐馆中的主要菜肴。这些大型餐馆中的空间都被屏风隔成了私人空间。小一些的餐馆数量增多，用餐形式也变得多样化，顾客可以在店里就餐，也可以打包带走，因此，这是一种更便宜的用餐方式。如今，从能够提供宴会风格的多种菜肴的精致大酒店，到靠一两口锅就能制作出可供打包带走的各种配菜的租来的小门面，各种不同规模的中餐馆应有尽有。

炒杂碎是环太平洋地区广为流传的一道菜。新来的中国人可能无法辨认出这道菜，因为它已经被改造为适应当地的各种形式，无论是在家中自己食用，还是在宴会这样的庆祝场合。在中国的城市中心，炒杂碎是一种普通外卖，也是能与几个朋友共享的很受欢迎的菜肴。萨摩亚人食用的 *sapasui* 可能是用酱油腌制的牛肉与生姜、大蒜、洋葱一起制作而成，搭配上粉条（参见 www.samoa.co.uk/food&drink/html）或者蔬菜罐头一起食用。

在太平洋地区，中国食物被认为是既经济实惠、品类丰富、美味可口，又兼具普适性，因此，在帕皮提（Papeete）、苏瓦（Suva）或者霍尼亚拉（Honiara）的中餐馆中都能看到名字类似的菜肴。通常餐馆老板也是厨师，他们经常会亲自招待顾客用餐，清洗盘子，同时还要参与餐馆的管理工作。他们利用非常有限的烹饪设施，制作出一系列不可思议的菜肴。1993 年，太平洋论坛会议在瑙鲁召开期间，这个小岛国上新开了 53 家中餐馆，许多经营者都是从中国初次来到这里，他们就是为了在这为期两周的盛事中依靠供应食物把握赚钱时机（Pollock 田野调查日志，1994）。新鲜时蔬很难运达瑙鲁，除了从中国人经营的一家联合国开发计划署（UNDP）菜园购买，园主非常满意自己的产品有了新销路，因为瑙鲁人很少会来光顾。

对于用餐者而言，区分中国食物的关键特征在于多种多样的餐馆和食物供应，还有与欧式风格餐馆不同的饮食配备。中餐馆经营者工作的地方，从大型餐馆到只比铺面大一点的小门面，都各不相同。他们的与众不同之处在于，招牌使用反映中式思维的中英双语来表达。而在餐馆里面，餐桌一圈能坐 8 位、10 位或者 12 位顾客，中间安有一个圆转盘（"Lazy Susan"），这就表明所有的菜肴都将由用餐者共享。筷子和西式风格的餐勺、餐叉或许都会提供。菜单上尽可能用中文或者英文列出所供应的菜品名称，为了便于点餐，对每道菜都进行了数字编号。米饭不会写在菜单上，因为菜单是为了展现菜肴的各种味道和口感。诸如猪肉、牛肉和鸡肉这些肉类，仅占这些菜肴的一小部分，它们将被切成零碎的小块，放在蔬菜中间。鱼可能被单独烹制成一道菜，也有可能放入蔬菜中一起制作。主要食材通常来自当地的商品菜园，因为蔬菜应当确保新鲜。其他像调味料一类食材可能是从中国进口过来的。酱油已经成为人们普遍接受的附加蘸料。在新西兰，中餐馆在发展初期就曾提供事先抹好黄油的切片面包，但这种做法没能继续下去。

因此，虽然由于距离原因使得在调味料的来源和可供应的蔬菜种类上发生了一些必要的改变，但是太平洋地区的中餐馆仍然得以从故乡悠久的传统上继续发展。他们用各种各样的菜肴提高太平洋地区的饮食水平，而这些菜肴里面或许只有一小部分会在家中制作。具有太平洋风格的炒杂碎中包含着面条、肉末、些许胡萝卜和豌豆，这是太平洋地区的女性为特殊事件和宴会经常制作的一道菜肴，无论是在萨摩亚还是在新西兰，都是如此。饭／菜的准则在这里混合到了同一道菜肴之中。

结　语

前面讨论的四道食物景观，可以为长期以来中国对太平洋地区饮食的影响，提供一些参考性观点。已经发展成为消费品的这些资源说明，谷物与从根茎和乔木上提取的（淀粉质）食物，以及与芋头、山药、面包果等都是分离开来的，后者能够替代稻米成为最基本的食物，但仍然呈现出淀粉质食物和配菜之间一种类似的平衡。那些关于中国饮食跨度久远的文献描述，与太平洋地区的口述传统和史前史学家的重建形成了鲜明对比。共享是一种核心思想，它把中国和太平洋地区基于社会性的饮食文化连为一个整体。及至现代，中国（初步）的食物景观通过商品菜园、餐馆以及外卖做出了自己的贡献，为所谓"西方"也即欧美地区以外的饮食全球化，提供了一个对比鲜明的视角。当从全球化的视角出发时就会发现，发源于中国的这些早期饮食的影响，已经被世界上许多国家所接受，甚至在海外华人聚集地以外的地方，影响同样非常大。当我们把这些影响"看作一个联系网，明确是商品将一个扩大化的世界连在了一起"（Foster，2008：12）时，就像福斯特所描述的那样，我们已经为这些"商品联系"框定了时间范围，即回推3000~4000年左右。因此，正像他在巴布亚新几内亚或者大洋洲其他地区所论证的那样，饮食联系并非"最近"出现的。这些联系已经变得如此深入人心，以至于在饮食价值观这个问题上，它们还没有被那些意在通过欧美视角重建大洋洲历史的人所认可。

因此，跨越大洋洲的中国饮食全球化的特点在于，两个层次上的继承和两个层次上的分离。消费者使用这些资源（主食或配菜）的风格，是一种跨越时间和空间的继承原则。为了适应那些基本原则，人们就需要考虑包括将芋头以及稍晚的甘薯作为替代资源，由此在岛屿上建立起一个强大的生物基地来确保食物的安全。稻米与芋头之间的分离，以及所带来的烹饪风格和贮存技术的分离，最终使其与资源的继承互相交织在了一起。

　　无论是在家庭之中还是社区内部，抑或在宴会上，食物共享原则都是强化跨越陆水的社会关系网络的一种方法，然而，这在太平洋地区与在中国的规模上是略有不同的。而且，这种共享还超出了所涉物质交换的经济分析范畴。相反地，它体现了建立在慷慨和社会责任这些基本原则之上的一种根深蒂固的互惠主义。甚至在太平洋地区中国人未直接在场的 2000 年左右时间里，这些关键的饮食原则就已经在不断调整中存在，在最后的 150 年中，它们才被跨越大洋洲定居下来的中国人进行了再更新。

　　另一个主要分离在全球化的两个概念之间是显而易见的。中国饮食影响的早期建立，必须与时间更近的、广为宣传的"西式"全球化区别开来。比如麦当劳或者可口可乐这些商品化食物的跨国转移，从工业化国家转移到世界偏远地区，比如大洋洲的群岛上，而这与我们这里所讨论的中国以外地区的全球化是截然不同的。这些时间稍晚的扩张，不仅包括大部分来自进口资源的加工食品，而且还包括现代贸易体系和商业活动组成部分新的食物形式。它们都是以现金为基础的世界体系的一部分，而不是来源于生存基础。新的西式食物通过贸易网络而非社会网络在全球传播。而且，西方全球化的"商品联系"指向了个体消费者的需求，而不是共享经历。

　　食物景观因此为我们提供了一种方法，来构建有关社区饮食供应随时间、空间发生显著变化的观点。这些观点引导我们重新思考商品的全球流动对于幸福也即食物充裕的重要性，与此同时，将那些物质资源置于强调社会网络的更加宽泛的观念之中。大洋洲社区素来就与西方保持着紧密联系，食材和饮食原则为亚洲地区的烹饪传统提供了一条清晰可循的至关重要的线索。

参考文献 □⃞---

Allaby, Robin. 2007. "Origins of Plant Exploitation in Near Oceania: A Review." In *Population Genetics, Linguistics and Culture: History in the South West Pacific*, ed. J. Friedlaender. Oxford: Oxford University Press, pp. 181–198.

Anderson, E. G. 1988. *The Food of China*. New Haven: Yale University Press.

Appadurai, Arjun. 1996. *Modernity at Large: Cultural Dimensions of Globalization*. Minneapolis: University of Minnesota Press.

Banks, Joseph. 1769. *Journal of Sir Joseph Banks*, ed. Sir Joseph Hooker. London: Macmillan, 1896, Reprint.

Bellwood, Peter. 1985. *Prehistory of the Indo-Malaysian Archipelago*. Sydney: Australia Academic Press.

Bellwood, Peter. 2002. "5000 Years of Austronesian History and Culture: East Coast Taiwan to Easter Island." In *Proceedings of Taro Symposium*, USP, pp. 2–18.

Bellwood, Peter. 2005. "The Family/Language Dispersal Hypothesis in the East Asian Context." In *The Peopling of East Asia*, ed. L. Sagart et al. Abingdon, Oxon: Routledge Curzon Press, pp. 1–26.

Blench, R. 2005. "Geography of Rice." In *The Peopling of East Asia*, ed. L. Sagart et al. Abingdon, Oxon: Routledge Curzon Press, pp. 36–48.

Brillat-Savarin, Jean-Anthelme. 1970. *The Philosopher in the Kitchen*. Penguin: Middlesex [reprinted from Le Physiologie du Gout, 1825].

Chang K. C. (张光直), ed. 1977. *Food in Chinese Culture: Anthropological and Historical Perspectives*. New Haven: Yale University Press.

Chang Te Tzu (张德慈). 2000. "Rice." In *The Cambridge World His-*

tory of Food, ed. K. Kiple and K. Ornelas, Ⅱ. A. 7. London: Cambridge University Press, pp. 132-148.

Dunlop, Fuchsia. 2008. *Shark' s Fin and Sichuan Pepper: A Sweet Sour Memoir of Eating in China*. London: Ebury Press for Random House Group.

Firth, Raymond. 1967. *The Work of the Gods in Tikopia*. Melbourne: Melbourne University Press.

Flannery, Tim. 1994. *The Future Eaters*. Chatswood, NSW: Reed Books.

Foster, Robert. 2008. *Coca-Globalization — Following Soft Drinks from New York to New Guinea.* New York: Palgrave Macmillan.

Freeman, M. 1977. "Sung." In *Food in Chinese Culture*, ed. K. C. Chang. New Haven: Yale University Press, pp. 141-192.

Handy, E. S. C. and E. G. Handy. 1972. *Native Planters in Old Hawaii*. Honolulu: Bishop Museum Bulletin # 233.

Hsu, Vera and Hsu, Francis. 1977. "Modern China: North." In *Food in Chinese Culture*, ed. K. C. Chang. New Haven: Yale University Press, pp. 295-316.

Irwin, Geoffrey. 2006. "Voyaging and Settlement." In *Vaka Moana*, ed. K. R. Howe. Auckland War Memorial Museum and David Bateman, pp. 54-99.

Kirch, Patrick. 1997. *The Lapita Peoples — Ancestors of the Oceanic World*. Oxford: Blackwell.

Kirch, Patrick. 2000. *On the Road of the Winds*. Berkeley: University of California Press.

Larson, Greg et al. 2007. "Phylogeny and Ancient DNA of Sus Provides Insights into Neolithic Expansion in Island South East Asia and Oceania."

In *Proceeding of the National Academy of Sciences*, 104（12）：4834–4839.

Leach, Helen. 2007. "Cooking with Pots Again." In *Vastly Ingenious, the Archaeology of Pacific Material Culture*, ed. A. Anderson, K. Green and F. Leach. Dunedin: Otago University Press, pp. 53–68.

Liu Haiming（刘海明）. 2009. "Chop Suey as Imagined Authentic Chinese Food: The Culinary Identity of the Chinese Restaurants in the United States." *Journal of Transnational American Studies*, 1（1）：1–24.

Lu, Tracey（吕烈丹）. 2005. "The Origin and Dispersal of Agriculture and Human Diaspora in East Asia." In *The Peopling of East Asia*, ed. L. Sagart et al. Abingdon, Oxon: Routledge Curzon Press, pp. 51–69.

Malinowski, Bronislaw. 1935. *Coral Gardens and Their Magic*（2 Vols.）. London: Allen and Unwin.

Marshall, Yvonne. 2008. "The Social Lives of Lived and Inscribed Objects — A Lapita Perspective." *Journal of Polynesian Society*, 117（1）：59–74.

Matisoo-Smith, E. and J. Robins. 2004. "Origins and Dispersals of Pacific Peoples: Evidence from mtDNA Phylogenies of the Pacific Rat." In *Proceedings of the National Academy of Sciences*, 101: 9167–9172.

Matthews, Peter. 2006. "Plant Trails in Oceania." In *Vaka Moana*, ed. K. R. Howe. Auckland War Memorial Museum and David Bateman, pp. 94–97.

Pietrusewsky, M. 2005. "The Physical Anthropology of the Pacific, East Asia and South East Asia." In *The Peopling of East Asia*, ed. L. Sagart et al. Abingdon, Oxon: Routledge Curzon Press, pp. 201–235.

Pollock, Nancy J. 1983. "Rice in Guam." *Journal of Polynesian Society*,

92（4）: 509-520.

Pollock, Nancy J. 1984. "Breadfruit fermentation practices in Oceania." *Journal Societe des Oceanistes*, 79: 151-164.

Pollock, Nancy J. 1986. "Food classification in Fiji, Hawaii and Tahiti." *Ethnology*, 25（2）: 107-118.

Pollock, Nancy J. 1992. *These Roots Remain — Food Habits in Islands of the Central Pacific*. Hawaii: The Institute for Polynesian Studies and University of Hawaii Press.

Pollock, Nancy J. 2000. "Taro." In *The Cambridge World History of Food*, ed. K. Kiple and K. Ornelas, II. B. 6. London: Cambridge University Press, pp. 218-230.

Pollock, Nancy J. 2002. "Vegeculture as Food Security for Pacific Communities." In *Vegeculture in Eastern Asia and Oceania*, ed. Shuji Yoshida and Peter Matthews. Osaka: JCAS, National Museum of Ethnology, pp. 277-292.

Pollock, Nancy J. 2008. "Chinese Dietary Influences in the Pacific." In *The 10th Symposium of Chinese Dietary Culture*, Taiwan, pp. 265-293.

Pollock, Nancy J. In press. "Diversifying Pacific Foodscapes over Time and Tastes." In *Proceedings of European Society for Oceanistes*, Verona.

Reid, Anthony, ed. 2008. "The Chinese Disapora in the Pacific." In *The Pacific World*, Vol. 16, Ashgate Variorum, Aldershot, Hants.

Roberts, J. A. G. 2003. *China to Chinatown: Chinese Food in the West*. London: Peakton Books.

Sabban, Francoise. 2000. "China." In *The Cambridge World History of Food*, ed. K. Kiple and K. Ornelas, Vol. 2. V. B. 3. : 1165-1174.

Cambridge: Cambridge University Press.

Sagart, L. et al., eds. 2005. *The Peopling of East Asia*. Abingdon, Oxon: Routledge Curzon Press.

Smil, Vaclav. 2002. *Feeding the World: A Challenge for the Twenty-first Century*. M.A.: MIT Press.

Spence, Jonathan. 1977. "Ch'ing." In *Food in Chinese Culture*, ed. K. C. Chang. New Haven: Yale University Press, pp. 259–294.

Spriggs, Matthew. 2002. "Taro Cropping Systems in the Southeast Asian Pacific Region: An Archaeological Update." In *Vegeculture in Eastern Asia and Oceania*, ed. Yoshida Shuji and Peter Matthews. Osaka, Japan: JCAS Symposium Series #16, pp. 77–94.

Stiglitz, Joseph. 2006. *Making Globalisation Work*. N. Y.: W. W. Norton & Co.

Tan Chee-Beng(陈志明). 2001. "Food and Ethnicity with Reference to the Chinese in Malaysia." In *Changing Chinese Foodways in Asia*, ed. David Y. H. Wu and Tan Chee-Beng. Hong Kong: The Chinese University Press, pp. 125–160.

Wang Ren-xiang（王仁湘）. 2008. "A Study on the Fish Designs in Han Dynasty Stone and Tile Reliefs." *Journal of Chinese Dietary Culture*, 4（2）: 78–114.

Walter, Annie and Vincent Lebot. 2007. *Gardens of Oceania*. Canberra: ACIAR, Australian Centre for International Agricultural Research.

Watson, James. 1997. *Golden Arches East — Macdonalds in East Asia*. California: Stanford University Press.

Willmott, Bill. 2007. "Varieties of Chinese Experience in the Pacfic." *CSCSD Occasional Paper* #1, ejournal, rspas.anu.edu.au/cscsd/publications.php.

Wu, David Y. H（吴燕和）. 2002. "Improvising Chinese Cuisine Overseas." In *The Globalization of Chinese Cuisine*, ed. David Y. H. Wu and Sidney Cheung. Oxon: Routledge Curzon Press, pp. 56–66.

Wu, David Y. H.（吴燕和）and Tan Chee-Beng（陈志明）, eds. 2001. *Changing Chinese Foodways in Asia*. Hong Kong: The Chinese University Press.

Yen, Douglas. 1975. "Indigenous Food Processing in Oceania." In *Gastronomy*, ed. M. Arnott, World Anthropology Series. The Hague: Mouton, pp. 147–168.

Yen Ho, Alice（颜华涓）. 1995. *At the South East Asian Table*. Kuala Lumpur: Oxford University Press.

Yoshida, Shuji and Peter Matthews. 2002. *Vegeculture in Eastern Asia and Oceania*. Osaka: JCAS, National Museum of Ethnology.

Yu Ying-shih（余英时）. 1977. "Han." In *Food in Chinese Culture*, ed. K. C. Chang. New Haven: Yale University Press, pp. 53–84.

第三章

海外华人饮食的全球相遇

□ 吴燕和

（David Y. H. Wu）

引言：理论思考

我写本章的目的在于弄清楚中国菜的构成元素，还有它们是怎样代表海外华人文化或者华人性（Chineseness）的。从孩童时代起，我就已经在大大小小的城市餐馆和大排档、私人宴会与公众宴会，以及全世界偏远的乡村市场上品尝过中国食物。[①] 这篇文章讨论了在全球扩张的历史进程背景下，中国菜所呈现出的复杂性。在过去的 20 年中，我用自己的毕生经验和周密的田野工作来进行这项研究。我在国内外品尝中国食物的经验，结合着我在普通和高档"西式"餐馆用餐的经验，能够容许我就海外华人饮食的全球变化及其口味差异提出一些个人观点。

根据理论思考，我将从以下三个层面来分析当前中国烹饪文化以及餐馆食物的全球变化问题，基本框架如下：

1. 许多中国菜肴都象征着国人内部的诸多烹饪分工和族群身份认同。

[①] 我早年在台湾时，曾参加一个几乎是由整个家族或者村庄全体成员共同参加的乡村婚宴。我参加过的最大规模的公众宴会，是在北京人民大会堂举办的中华人民共和国成立 35 周年庆祝晚宴。而我参加过的最大规模的"家庭烹饪宴会"，是 1995 年在香港中文大学崇基学院田径场上举办的"千人宴会"。

2. 正如后现代学者阿帕杜莱（Appadurai，1990，1996，2001）以及贝里斯和萨顿（Beriss and Sutton，2007）所指出的那样，当代中国菜可以被置于人口、族群、资本与想象的跨国流动这样一个大的全球化进程之中。

3. 在"西方主导"的世界中，身处世界舞台的中国菜需要持续面对社会负面烙印、歧视与殖民想象这一系列挑战。

一种重要的观点在于，海外华人饮食于 20 世纪在全球的传播扩散，对应着两大历史发展潮流：一是欧美殖民主义；二是餐馆中预制食物的商业消费增加，或者又称"下馆子"。前一种发展潮流促使中国南方地区的农民阶层前往世界各地工作，而后一种发展潮流则为那些定居国外并从事食品贸易和餐饮业的华人提供了许多机会。换言之，从这个意义上讲，在当前这种外出就餐的文化背景下，中餐馆已经成为一个为人们所熟知的全球性现象，我本人就曾与世界许多地方的中餐馆相遇，这种现象回答了有关海外华人饮食在人类学和理论上的疑问。①

---

① 尽管有着相当大的改动，本章的核心仍基于早期那篇主题演讲，当时的演讲稿是于 2007 年 11 月 12—14 日在马来西亚槟城召开的"第十届中华饮食文化学术研讨会"上宣读的。我写本章不仅仅是以一个使用田野访谈和参与式观察等传统研究方法的人类学家的身份，同样还是以在过去 40 年里利用着自己的特殊身份，如华人、离散者、美食家和坚持环游世界的旅行者，完成的一份反思性报告。当我享有作为一名社会文化饮食人类学家的专业资格特权时，我就会去复习和重新思考与全世界食物和烹饪的文化政治有关的后现代理论问题，而我也非常幸运，从年轻时就已经开始遇到中国故乡以及横跨几大洲华人海外社区的高档菜和普通菜。那 20 年间（20 世纪 80 年代和 90 年代），我每年都要到中国进行田野考察之旅，并且，我与妻子经常由市长、省长或者部长在最奢华的餐馆（包括政府招待所）中做东设宴招待。

更重要的是，由于我妻子的社会背景和非凡品位，所以无论我们访问什么地方（几天或几周）还是住在什么地方（几个月或几年，包括澳大利亚、日本、巴布亚新几内亚和新加坡），我都能在那里找到最昂贵、最具"代表性"的中餐馆。所有这些经历已经能够让我写出自己与中餐的全球相遇。我非常感激以下这些在澳大利亚、巴布亚新几内亚、台湾和美国的朋友能够为我提供关于中餐馆的深刻见解：George Bi，Chung-min Chen（陈中民），Francis T. S. Cheung，Winnie W. Hou，Larry Levine，John and Sandra Lau，Francis C. Y. Tu，Ching-hai Tu，Richard H. C. Tu 以及 Charlie Yamamoto。我已故的妻子王维兰（Wei-lan Wu），给我提供了极大的帮助，甚至在她病危的最后阶段，还帮我收我自己也变成一个海外华人，在国外生活了 40 多年，但我会经常回国看望我的中国"故乡"，几乎是一年一次。我每年也会有几次横跨大陆的旅行，时常出入于世界各地由中国移民所开的中餐馆里。无论是否正在进行田野工作，我都会习惯性地收集自己去过的餐馆菜单，包括为特殊社交场合准备的宴会菜单。我将在本章第一部分中，描述自己在澳大利亚、欧洲、日本、北美和巴布亚新几内亚（Papua New Guinea，缩写为 PNG）与中餐馆的相遇情况。与海外华人饮食初次相遇主要是在美国，那给了我措手不及的文化冲击，对于这一点，我将在接下来的三部分中介绍一些有趣的故事。我同样会提供一些常识性的解释来说明，为什么海外华人饮食对一个远离"故乡"的初来者而言，会显得如此陌生，如此难以接受。在最后一部分中，我将致力于理论探讨当代全球文化视野下，海外华人饮食的新意义及其文化表现。

我在巴布亚新几内亚的相遇

　　在 20 世纪 80 年代早期，我在今天的南太平洋国家巴布亚新几内亚居住了两年。在妻子（王）维兰（已故）的帮助下，我曾前往当地华人社区开展人类学田野工作。我相信关于巴布亚新几内亚华人饮食文化的民族—历史记录，能够帮助我们理解海外华人饮食是怎样从一开始，就在东南亚所有地方或者太平洋的岛国上发展起来的。巴布亚新几内亚的华人社区已有 120 年的短暂历史（吴燕和，1982）。20 世纪初，德国的殖民地总督开始发展新不列颠岛（New Britain）上的一个小港口城市拉包尔，将其作为德国在新几内亚

集了 2000—2006 年香港和台湾的流行食物、菜肴和餐馆的网络报纸摘录。没有她的鼓励，我将无法完成这一章的写作。

岛上的殖民地总部。总督想象着拉包尔将来会成为第二个繁荣的新加坡，然而第一次世界大战中断了这种发展态势。就不足 2000 人口的华人居民而言，拉包尔可被视作欧洲殖民统治下的南太平洋地区海外华人早期定居点的一个典型例子，它与东南亚许多地方在一二百年前新兴的中国小城镇都非常相似。

在这样一个具有开拓性的典型移民社会中，海外华人饮食和餐馆的发展过程中存在着两个共同要素。第一，为了维系华人饮食文化，移民者必须引进各种新式农产品。第二，以华人的社会—政治社团为基础，中餐馆逐渐发展起来。在 20 世纪之交，所有来到此地最大的城市中心——新不列颠岛拉包尔的华人，他们一个个都是男性，为了能够相互帮助，组成了宗族社团和同乡会。他们还在拉包尔建立了社团会所，为社团成员和新来者提供住宿和膳食。在会馆（华人社团）中制作和供应食物，标志着巴布亚新几内亚中餐馆烹饪的开始。

为了制作"中餐"，华人移民便将烹饪食材带到了新几内亚岛。植物学的记录显示，19 世纪末，华人将各式各样的新式蔬菜引入这些热带岛屿，像白菜、南瓜、萝卜、芋头、姜和芹菜（吴燕和，1977）。这些华人随后（自 20 世纪 30 年代开始）也直接从中国南方地区或经由悉尼（由中国的商人揽客安排）引进经过脱水处理的烹饪食材，例如干蘑菇、干木耳、干虾、干牡蛎、豆腐干和腊肉，包括中式腊肠（*lap chong*）。中国的传统烹饪方法便得以维系，尽管在国外也有必要吸收欧洲和本地文化中的烹饪方式。这足以和东南亚地区（本土化的以及混合化的）娘惹（*Nonya*）烹饪发展的相似情形进行一番比较（陈志明，2007）。

一个以前在巴布亚新几内亚生活的居住者（与大部分巴布亚

新几内亚华人一样，他现在生活在澳大利亚），回忆起20世纪60年代期间，他在拉包尔的华人聚集区吃到了自己最喜欢的一顿饭，那时候他还只是个十几岁的青少年。那顿饭包括烤鸡、油炸鸡翅（用中国的五香调料调味）、微辣咖喱饭、炒杂碎（意指将碎菜与碎肉搅在一起精炒）、烤猪肉（脆皮）、叉烧（*char siew*，略甜的烤猪肉）、炖黑蘑菇、炒饭、炒面，等等。这些美食与我20世纪70年代早期在拉包尔的华人派对上所遇到的一样，当然，这也和拉包尔及莫尔兹比港（Port Moresby）的中餐馆里供应的美食一样。在拉包尔居住的三年时间里，我观察到有两家中国商店会自制烤全鸡卖给华人顾客。华人会在"本地市场"上购买活鸡和如菜心这类的蔬菜，当地的图拉族（Tolai）人会将自家花园中产的果蔬拉到这里售卖。巴布亚新几内亚华人的饮食中当然会包括所有的本地热带水果，同样也会有大量来自周边海域的鱼和其他海鲜。大狐蝠（giant fruit bat）——当地人称"*fei shi*"（粤语中指"飞鼠"）和野鸽子（粤语作*bagga*，字面意思为白鸽子，但实际颜色很深）都是当地的美味佳肴。华人会用传统中草药来烹制这些食物，目的也是为了增加它们的特殊药效。一位华人屠夫每周都会宰杀一头生猪来满足那些渴望获取新鲜猪肉的人们之需，而在日常消费中却只能供应从澳大利亚进口过来的冷冻猪肉。因此，每周到了固定的日子，屠夫便带着新鲜猪肉而来，他的肉铺则会被华人女性围个水泄不通，她们（这样做）都是为了能够争抢到最中意的猪肉。一位上了年纪的华人男性每天都在自家厨房，为已经提前预订的华人消费者准备焙烤的海狸挞（castor-tarts）。它们同样被认为是"蛋挞（egg tarts）"，是一种标准的甜食，如今在世界各地几乎所有的广式茶馆中都有供应。这种焙烤的"挞"明显源自于西方，就像粤菜中的柠檬鸡和其他菜一样。20世纪70年代期间，在巴布亚新几内亚华人的餐桌上发现了"中国"菜，也包括像（罐装）咸肉炒洋葱（*young zong*，字面意思即外国葱）这样的本地创新菜，它还是二战后泛太平洋地区的一道流行菜。

在巴布亚新几内亚华人饮食文化中，一个重要的变化是关注用餐礼仪，不管在家还是在中餐馆里。巴布亚新几内亚华人将米饭和"sung（普通话称菜，主要菜肴）"放在一个盘子里，用叉子和勺子（代替刀子）吃东西。而这与在东南亚地区伯拉纳干华人家里的用餐方式一样。这种用餐习惯可能源于东南亚地区，因为拉包尔最早的华人移居者都是从新加坡吸引过来的。当我咨询这种表面上呈现出的"外国"习惯时，一些巴布亚新几内亚华人认为他们比澳大利亚华人和美国华人"更像中国人"，因为他们的中文（粤语）讲得更流利，虽然自己与在澳大利亚或者北美的亲戚不同，并不使用碗和筷子吃饭。

从香港迎娶新娘始于20世纪60年代晚期，这拓展了巴布亚新几内亚华人家中所供应食物的种类和风格。到了20世纪70年代，巴布亚新几内亚华人社区已经变得非常富裕，很多的个人能够每年或更频繁地前往香港和台湾度假。尽管这些旅游经历开阔了他们对中国豪华美食的视野，但是他们依然不会以任何实质性的方式改变自己的饮食文化。

在20世纪期间，拉包尔的华人人口非常少，只有1000~3000人。小规模的社区中仍然要保持着一个或两个公共就餐场所。从20世纪50年代到80年代，在拉包尔开了两家中餐馆，其中一家竟然是"国民党俱乐部"（20世纪30年代成立，"中华民国"驻巴布亚新几内亚官方的国民党总部所在地）。它的主厅偶尔作为举办大型华人宴会或舞会的场所。除了作为餐馆日常经营外，它的主要功能将是主办"双十节"庆典和中国传统节日（例如新年），整个华人社区都会参加这些庆祝活动。在 1972 年澳大利亚官方承认新中国后，该俱乐部的名字改为"太平（永久的和平）俱乐部"，而这家俱乐部 / 餐馆只有一份有限的菜单。我曾在其厨房中看到混血的华人工作者，他们同样要招待客人。在 20 世纪 80 年代，这家俱乐部有一次试图从一艘到访的货船上雇用一名中国厨师，但他却只在那里干了一年时间。

另外一家餐馆——"钟氏咖啡馆（Chung Café）"，位于"唐人街"的同一条主街道上，由姓钟的一家人经营着。与那家国民党俱乐部相比，它的规模要小很多，只有大约 6 张小餐桌，一次差不多能供 24 位顾客就座用餐。这家餐馆的所有权和名字变更了好多次（例如，它曾叫作"竹子咖啡馆"），但它却自始至终都是由一个华人家庭管理经营着。在 20 世纪 80 年代期间，它一直处于营业状态，移民海外的人（或者欧洲人——在巴布亚新几内亚官方的"种族类别"专指高加索人）也经常会前来光顾。然而，这家餐馆还是在 20 世纪 80 年代末倒闭关门，原因在于此时大量的华人和欧洲人离开了巴布亚新几内亚。就我自己而言，那里的食物，一种简易且具有广式风格的乡村菜肴，可以食用，但谈不上特别好吃，这也是拉包尔唯一一个可以下馆子和"品尝中餐"的地方。

20 世纪 70 年代期间，莫尔兹比港有三家面向公众开放的小饭馆提供中国菜。大一点的是一家名为"满大人俱乐部（Mandarin Club）"的高档餐馆，由几个华人合伙所开。这家餐馆只在晚上营业，是一个供人们在外面的特殊场合用餐抑或开展社交的地方，进餐者在此同样能够享受表演者弹奏钢琴之趣。有几次我与妻子以及几个外籍（白人）朋友去了那里，我们看到用餐的顾客主要是欧洲人。另外一家小餐馆也是由一个华人家庭所开，主要提供广东家常菜。两家餐馆都被转手很多次。很典型的情况在于，当一家老板在经营上遇到经济困难时，另一个华人家庭将会予以接手，这种模式几乎遍及世界上所有的中餐馆行业。

第三个提供华人饮食的地方是位于莫尔兹比港的"华人社团之家（Chinese Association House）"。那时，莫尔兹比港的华人社区成立了一家华人俱乐部，名字同样也叫"太平俱乐部"。社区除了所具有的广泛功能外，女性偶尔也会在社交聚会时，自带一些家中制作的美食前往俱乐部会所。来自中国的新移民者或者临时工人的数量即使增加到上千人，他们主要还是分布在高地省（Highlands）和布干维尔自治区（Bougainville），和巴布亚新几内亚的华人几乎不怎么联系。最近一个朋友告诉我，曾经有一个为女性开设的烹饪课，教她们怎样制作"中国北方"菜，而北方菜并不属于巴布亚新几内亚华人的饮食文化。我同样了解到，在过去的10年里，很多台湾人来到巴布亚新几内亚和所罗门群岛（Solomon Islands）做生意，他们中的一些人想必是将台湾所谓的中国北方菜介绍给了巴布亚新几内亚的女性。

总而言之，巴布亚新几内亚华人并不经常下馆子，特别是前往中餐馆用餐；因为社区很小，中餐又并不比家中为特殊场合所准备的食物好吃。我观察到，在20世纪70年代，当年轻的华人因一些特殊场合外出用餐时，他们通常会选择前往欧洲人经营的西餐厅。巴布亚新几内亚的中餐馆主要迎合了外籍人（白人）所在社区的用餐需求，因为这些消费者不会在家中制作中国菜，而相较于豪华酒店［像拉包尔的旅游庄园（Travel Lodge）］的高档消费，华人饮食能够为他们提供另外一种选择，或者也为欧洲人提供了用于社交的俱乐部。当然，多数外籍消费者也已习惯于频繁光顾他们所生活过的其他国家的中餐馆。

美国的普通中餐馆

食物和饮食文化的全球扩散致使美国的烹饪景象太过复杂又太过多样，以至于竟然难以辨认出"美国菜"。西敏司（Sidney Mintz，1996：107-109）主张美国是一个没有"国家菜"的国家。直到 20 世纪晚期，普通美国大众在忽视少数民族烹饪的影响时，或许还认为这是另外一回事。地理学家皮尔斯伯里（Pillsbury）在自己关于"美国饮食"的一本书（1988）中，专门有一个"外来食物缺失"的标题，自此以后，这本书就提出了一种泛美国化饮食，尽管这会随着地域特色和历史变迁愈发变得复杂化。这本关于美国饮食的著作，在确认与中国烹饪密切联系的一种食物——炒面（chow mien）时，切入点却只有一个。当提及"炒面"这个术语时，作者评论到它是"为了美国大众"，如今已经成为一种任何家庭都能够制作的食物，包括像"La Choy 牌罐装炒面（La Choy Chow Mien）"这道"外来"美食，就是美国人的发明。根据这本书的内容可知，中国和意大利食物对于"普通美国大众"而言，均被认为是"外来的"。这与成千上万的美国人经常在外出用餐或者购买外卖时，消费"中餐"的惯习形成了鲜明对比。虽然美国饮食中或许也包括大量的民族食物，但是一种关于"美国菜"的普遍想象将会支持皮尔斯伯里的观点，它反映了一个"美国（白人）中产阶级"背景。换句话说，中餐虽然无所不在，但根据食物的消费范围以及对于美国烹饪或饮食文化组成的看法来说，它对美国饮食来说仍是边缘化的。对于大多数美国人来讲，包括许多华裔人士自己，他们都会外出到中餐馆用餐，或者在家吃外卖中餐，这些都和外出吃饭便宜有关，像许多"便宜的小吃"。多数美国人对从纸盒中取出并食用中餐的场景以及算命饼干（fortune cookies），都会感到非常熟悉。

从美国海外中餐馆供应的中餐现状来看，我同意西敏司所评论的观点：

> 在过去的20年间，随着中国烹饪的地域差异被美国人首次发现，（它）已经被破坏了。接着又在相当程度上，被口碑不佳的餐馆不断消失的差别所消解。（Mintz，1996：94）

当我追忆20世纪60年代末，在火奴鲁鲁（Honolulu）以及犹他州（Utah）和亚利桑那州（Arizona）的小镇上，与海外华人饮食第一次相遇时，脑海中都是这种令人难以置信的难吃的食物景象。饮食人类学家能够意识到，这些"记忆"对于强化我们对于饮食文化与身份认同的理解有多么重要（Holtzman，2006）。我现在意识到，自己对于美式中餐难吃的记忆不得不伴随着这样一个事实，那就是我初到美国时，脑海中全是20世纪50—60年代台北餐馆美食的全新记忆。更重要的是，自此之后，我就有了一种强烈的期待，认为不管是何处的，甚至海外的中餐都应该是美味可口的。1967年，我带着妻子第一次前往火奴鲁鲁建成的一家大型炒杂碎餐馆用餐，当她看到这道外观难看、无法下咽又有些陌生的"中国"菜时，竟然失望地难过起来。这同样也反映出当与异乡这种出乎意料的难吃食物进行比较时，食物是如何显示出关于家乡（台湾）饮食的美好记忆的。1969年，在犹他州一个小镇的中餐馆中，当我点的"炒面"被端到桌上时，我真的不能相信自己的眼睛，这盘食物无论从外观还是口感上，都像极了今天无须烹制的即食"杯面（cup noodle）"。

吴燕和在夏威夷火奴鲁鲁一家中餐馆里享用干炒牛肉河粉（Fried Beef Flat Rice Noodle）和脆皮鸡（Crispy Chicken）（David Ma 摄于 2010 年）

这些引不起食欲的美式中餐所带来的文化冲击，揭露出在 20 世纪 60 年代期间我们没有意识到的一些东西。我们当时并不习惯美式中餐，因为在 20 世纪 50 年代和 60 年代早期，在台北已经体验到来自中国各地最优秀的厨师所准备的美食。我将在接下来的部分详细描述这段历史事实。在 20 世纪的 60 年代以及 70 年代，美式中餐馆的普通食物——炒杂碎，是一种适合外国人口味的食物，源自 19 世纪中国南方的农民阶级劳作时的一种食物形式（刘海明，2009）。在 20 世纪 70 年代，即使随着新的中国地方菜的变化与注入，以及北美地区中餐馆里港式风格食物的加入，一个标准化的进程使得中餐的口味持续恶化。尽管在后来，我也在美国大陆上遇到了更多可以说是正宗且美味的中餐，尤其是在旧金山这样一些大城市中，但是我对于西敏司在 20 世纪 90 年代针对难吃的中餐的观察，一点也不感到惊讶。关于加拿大西部农村中餐馆的一项有趣的人类学研究揭示，即使是来自香港的好厨师，也不得不为了服务外国消费者而重新自学如何烹饪"（难吃的）中国菜"（Smart，2003）。这在今天，甚至在美国那些自夸拥有大量华裔族群的大城市（如火奴鲁鲁、旧金山和洛杉矶）中的中餐馆，都显得极为普遍。这些中餐的口味和质量仍在持续恶化，而不是有所改善（如果我们采用香港、台北，甚至新加坡的餐馆食物标准）。今天多数餐馆所供应的食物都能够反映出，20 世纪 60 年代与 70 年代中国民族地区食物的一种有机结合。我们稍后将提供一段有关 20 世纪 70 年代一种新式"泛中国"食物的历史，它在后来也经历了相同的标准化进程，而这在今天商场中的中式"快餐"摊位上都可以找到。我将这种趋势称为难吃的中国菜在美国的"自助餐化（*buffetization*）"（吴燕和，2008）。如今，报纸经常为中餐馆打广告，而且强调："我们能够提供正宗的京菜、粤菜和川菜。"

20 世纪 70 年代，当中国地方菜和同样为粤菜的港式风格菜（海鲜）首次被介绍到美国时，经验丰富的华人消费者就能够通过它们特定的烹饪方式，判断出餐馆中所供应的食物属于中国哪种地方菜。例如鸭子，下面的每一道鸭菜（duck dishes）都分别被视作某一种中国地方菜的标志：

北京（烤）鸭——北京或者中国北方其他餐馆

烧鸭——广东或者香港餐馆

樟茶鸭（烟熏茶鸭）——四川餐馆

香酥鸭（脆皮去骨鸭）——上海餐馆

陈皮芋头鸭（塞满并焖熟）——夏威夷广东餐馆

如果一家餐馆在其菜单上列出上述所有这些不同类型的鸭菜，那么，一位阅历丰富的中国消费者可能就会质疑，厨师是否有能力制作出口味或风格上都正宗地道的其中任何一种鸭菜。

　　比尔兹沃思（Beardsworth，1997），引用费舍尔（Fischer）的研究（1988）认为，作为象征的食物对于我们的身份认同感是完全有必要的——无论是个人的还是集体的。品尝中餐不但是一些华人饮食习惯的表达，这些华人保持着强烈的中国人身份认同，而且也是一种集体"爱国行为"——表达属于一个特定"中国区域集团"或者特定族群，如中国北方人、上海人或者广东人的自豪感。甚至于很多华人，不管是最近移民而来还是在当地出生，他们都渴望在外出用餐时能够前往他们喜爱的"族群"（中）餐馆。这也就解释了为什么在拥有大量华人的大城市中，会有如此多的中餐馆供应着不同类型的中国地方菜。

　　一对中年华人夫妇最近（2007）从加利福尼亚搬到了夏威夷，但却称夏威夷当地的中餐馆对他们没有吸引力。当我采访他们时，这位妻子告诉我："在夏威夷这儿没有真正的中餐馆，他们都是广东人。"当再问及她所说"真正中国的"是指什么时，她回答道："我们所吃的食物，更像是沪菜或者川菜。"他们夫妻二人都出生在中国，从小在台湾长大，后来到美国进行研究生学习。他们已经在美国居住了45年。现在他们每年会从火奴鲁鲁飞往洛杉矶几次，为了能够"享受真正的中国美食（如后文将要讨论的外省菜）"。这对夫妇所指的"真正中国的"食物与"广东的"食物产生了对抗，这对我那一代生活在北美地区的海外华人而言也是很常见的。它证明了国人内部族群身份认同的不同，而这导致了在海外的华人消费者中饮食习惯和餐馆光顾上的区别。后面我将详细阐述华人族群内部饮食的历史发展过程。

美中融合菜的全球化

从 20 世纪末开始，一种菜肴上的新趋势在美国的餐饮行业之中产生，这也就是"融合（fusion）"，即烹饪技术和食材的全球化。融合，像全球化一样，实际上并不是 20 世纪末的产物：它已经发生了数千年之久。然而，"融合食物"或者"融合烹饪"，就像"环太平洋菜（Pacific Rim Cuisine）"一样，近年来已经成为一个术语，它通常与专业厨师和餐馆老板之间的宣传和推广联系在一起。这是菜肴等级明显的餐饮世界中的一种创新。如果现代融合菜（fusion cuisine）使最好的国际化口味和烹饪技术被"西方"菜所吸收，那么与之对应的是，"自助化"将会让中餐馆变得普普通通，或者让中国地方菜变得让人难以接受。举个例子，最近火奴鲁鲁地区的相关发展就是如此，从字面意思上讲，其中所供应的中国菜都具有自助风格，与宾馆里提供的自助早餐相似。这是引起海外中餐的形象和质量退化的另外一个趋势，标志着一种烹饪身份认同的明显缺失，同时提供了低品质的"中国"食物。为了能够和其他餐馆进行竞争，火奴鲁鲁的一些中餐馆已经自豪地打起了广告，他们宣称自助桌上的食物包括了寿司（sushi）和顶级牛排。这种情况的发展导致了美国的中国菜味道和质量的下降，相比之下，也有不同类型"中国融合菜"的新趋势，而用餐者可以享用精致又美味的华人美食。这是由身在美国的非华人为非华人用餐者所提供的欧美化（Euro-Americanization）中国菜。这种类型的菜肴是 20 世纪末商业主义、大众传媒和全球化的明显产物，目前还没有被人类学家所研究（参见 Appadurai，1999）。显然，我们有了一个关于"一种第三世界的文化商品——中餐"的新例子，它们在这个世界领先的资本主义国家中已经逐渐变得本土化。

我在两家餐馆中与中国饮食的相遇，足以阐明这种新融合的第一种类型或者说中餐馆的全球化趋势。它们分别是位于加利福尼亚州圣塔莫尼卡（Santa Monica）的"沃尔夫冈·帕克的中餐馆（Wolfgang Puck's Chinois）"，以及美国许多城市中的"张家馆（P. F. Chang's China Bistro）"中餐连锁餐厅。

沃尔夫冈·帕克在美国称得上是一位家喻户晓的"名厨"——他是有名的厨师、餐馆老板、商人和电视广告明星。20年前，他在圣塔莫尼卡开了自己的第一家融合餐馆，将之命名为"Chinois"，法语中意为"中国"。这里的菜肴都是具有浓重中国风格的欧洲菜。服务员也是身着一身黑色服装，这是一套中国武术（"功夫"）服，餐桌上摆放着筷子。服务员身穿的这套武术服，加之摆放的筷子，很显然都是为了唤起一种"中国性"意识。在开放的厨房中忙碌着烹饪的厨师，没有一个华人。如果我们要判断一道流行菜——糖醋鲶鱼（sweet-and-sour catfish），它就要在外观和口感上都像传统的北京菜"糖醋鱼"（通常用鲤鱼）。该餐馆如今是一家非常受欢迎的高级餐厅。在我看来，多年来这家餐馆的做菜质量一贯都保持着美味可口的标准。我确信普通华人不会将它视为一家中餐馆，而会认为是一家为非华人用餐者服务的欧洲餐馆。

张家馆这家中餐馆由非华人所有并经营着。在我到达那里开始自己的田野调查工作之前，一些（出生在中国的）华人就提醒我，不要期望能够在那里吃到真正的"中国"食物。我与华人饮食第一次有意思的相遇，是在位于洛杉矶的一家连锁店中。虽然菜单看起来包括了所有的寻常食物，这些食物人们都能够在大多数中餐馆里见到，但是这里的食物却由墨西哥厨师制作，并由白人或者墨西哥服务员端上来。该餐馆提供的食物，与所有普通中餐馆里制作的食物一样美味。一些加利福尼亚的华人用餐者，通过表达一些食物非常符合"中国人"的口味，来评价自己所点的食物。我将在后面进一步分析在中国北方菜的演变过程中，这种连锁店的存在意义。

第二类新型的融合中餐厅，是我在一家有着西式（欧美）外表的餐馆中遇到的，那里还提供正宗的中国北方菜。在其他华人看来，这家餐馆的布置和服务太过西式，以至于不像中餐馆。这种矛盾的融合餐馆在伦敦、纽约和比弗利山庄（Beverly Hills），都要以这家"周先生（Mr. Chow）"餐馆最为有名。

正如一位作者（或者拥趸）对餐馆创办人——周英华（Michael Chow）所描述的那样："这位出生于中国的餐馆老板，入籍成为英国公民，他花费了一生中的 30 年时间，用精致的中国北京菜——最好的又最昂贵的菜肴，在一个优雅、时尚的环境中，为英国、美国的明星和名人们服务。"（Garelie，1999）1968 年，他在伦敦骑士桥地区（Knightsbridge）开了自己的第一家餐馆——"周先生"；1974 年，在洛杉矶的比弗利山庄开了第二家；1978 年，又在纽约市区开了第三家餐馆。这三家都非常成功，而且以后依然会非常成功（2007）。①

周英华 1940 年出生于上海，随后成为当时最著名的京剧表演者［他的父亲是周信芳（Chow Sing Fang），艺名"麒麟童"］，他在 12 岁时进入英国一家"公立学校"上学。虽然经过艺术和建筑方面的训练，但他还是冒险进入了表演、电影和装饰设计领域，经

① Eurochow 餐馆，是存在时间比较短暂的第四家餐馆，1999 年开在了洛杉矶靠近加州大学洛杉矶分校（UCLA）的西木村（Westwood Village），2006 年倒闭。2007 年，周先生以他的名字在纽约市区开了第二家餐馆。

常与一些著名艺术家、电影明星、摇滚歌手打交道。他在伦敦和纽约所开的餐馆成为很多著名艺术家的聚集场所［例如朱利安·施纳贝尔（Julian Schenabel）、让－米歇尔·巴斯奎特（Jean-Michel Basquiat）和安迪·沃霍尔（Andy Warhol）］。很多的好莱坞明星、演员、歌手、体育明星和其他富有的消费者，会经常光顾其位于比弗利山庄的餐馆。然而，很多与我交流过的长期住在洛杉矶的华人居民，却从来都没有听说过这家餐馆。

20世纪90年代早期，我和妻子每年都会前往洛杉矶一两次，那时候才开始到比弗利山庄的周先生餐馆用餐。之前我们一直在寻找一家好吃的中国北方餐馆，然后高兴地发现，周先生餐馆能够提供最传统、最正宗的中国北方菜和上海菜，而这些菜肴都深藏在我们小时候的美好记忆中。这些菜在美国、台湾和香港的餐馆中，已经不会再有供应了。然而，这家餐馆有着高档西餐厅的外观，欧式风格的装饰则由餐厅创办人周英华先生亲自设计。餐馆的服务方式能够让人联想起某一家法国高档餐厅，服务员也都是身着白色礼服的白种人。周先生曾自豪地说："我的厨师都是华人，但我的服务员都是意大利人。"（Restany，1999：1）我们每次到这家餐厅吃饭时，妻子都能认出某一个好莱坞电影明星——刚出道的新星和年长的明星都有。这家餐馆还有一段传奇故事：有一次，伊丽莎白·泰勒（Elizabeth Taylor）和麦当娜（Madonna）带着各自的随从人员，同时来此用餐（Restany，1999）。餐桌上摆放着精美的银器和欧式瓷器，但是明显没有筷子（只有顾客提出要求才会提供）。一个朋友听周先生这样解释餐馆不提供筷子的原因："我想给'外国人'展示中华优秀文明中的精致中国菜。外国人不能正确使用筷子（如果餐桌上提供筷子的话），他们就会因此将中国餐桌礼仪视作笑柄。"通过采访那些私下比较了解周先生的朋友可知，他是一位饱含爱国主义和民族主义热情的人，就像他自己对于一个艺术家为何会进入餐饮行业给出的解释一样。他曾说，他希望提供正宗的高级中国菜，目的在于让那些"外国人"了解中华文明的优越性。

我在澳大利亚、日本和欧洲的相遇

澳大利亚

20 世纪 70 年代早期，我在澳大利亚生活了四年。我和妻子非常享受悉尼唐人街上中餐馆的饮食。我们同样也享受在澳大利亚许多牛排馆和欧式咖啡店中用餐。因为我们住在堪培拉（Canberra），那里只有很少一部分华人，所以我们通常从堪培拉驱车前往悉尼购买制作家常菜的"中国食材"。我们主要购买一些在堪培拉没有的豆腐和中国蔬菜，虽然我们的日常饮食中也包括上佳的澳大利亚羔羊肉、牛肉和新鲜海产品。

20 世纪 70 年代早期的堪培拉只有两家中餐馆。位于市中心的一家比较高档，价格也昂贵，是由一位来自台湾的厨师所开，他曾为"中华民国（台北）大使"工作，菜单上显示的是中国北方菜。一位来自香港的广东厨师，在堪培拉郊区经营着另外一家小型中餐馆。我们经常光顾这家小餐馆，它能够提供澳大利亚人非常熟悉的标准食物。它也是澳大利亚人认可的所谓炒杂碎屋。点主菜时，都会附赠一道免费的开胃菜——一碗汤，顾客可以选择要"长汤（long soup）"抑或"短汤（short soup）"。我们初次去时，这也让我们感到很困惑，只不过长汤其实是面汤，而短汤则是馄饨汤。我们和厨师相处得很友好，我总会绕开那些澳大利亚服务员，到厨房中和厨师讨论我们所点的菜。他为我们做菜时，总是不按照菜单来，但是却能呈现出更加正宗的广东口味，品尝起来也非常好吃。

我曾有机会和其他人一起讨论华人饮食，也知道了华人饮食这个主题是如何成为关于族群关系——华人与澳大利亚白人之间以及来自中国不同地区的移民之间的一种了解工具的。

有一次，我带一个关系非常要好的澳大利亚朋友，到悉尼唐人街德信街（Dixon Street）上的一家中餐馆用餐，事实上华裔族群都会在那里进餐。她要求我从贴在墙上的、用毛笔写就的书法优美的菜单上点菜，而不是从服务员提供的打印好（看起来很脏很破）的双语菜单上点菜。她相信墙上张贴出来的菜单上所列的菜肴，都是为中国消费者预留的，因此，才更正宗、更美味。她推理那些没有在墙上的菜单中列出来的菜肴，才是提供给那些不会读中文的"洋鬼子"的。不管我如何努力地反驳她的理论，她依旧坚持认为她所有的朋友（澳大利亚白人）都知道，这就是那些会把最好的食物留给自己的华人的一种小把戏。

另一件事，则发生在我们所要拜访的一位在墨尔本大学教书的华人朋友身上。我在台湾与他结识，是科学院的同事。他是北京本地人，毕业于北京大学，在 20 世纪 70 年代早期移民澳大利亚前，曾在台湾工作。当听到我们要去唐人街用餐时，他就提醒我们不要在餐馆里点烧鸭。那时的唐人街餐馆中都是清一色的广东菜。他向我们解释道，在他看来，"烧鸭（广东菜 siu-up 的普通话发音）"并不适合"我们"的口味。①

在堪培拉，住在我们隔壁的是一对年轻的德国夫妇。有一天，那位丈夫告诉我他们正打算做一顿中国晚餐，我问他们是否知道如何做中国菜。他回答："当然，很简单，我们有午饭吃剩的菜，只需

---

① 他来自一个富有家庭，20 世纪 50 年代，他们家在台北开了第一家"蒙古烤肉"餐馆。

要将番茄酱和菜混合，然后加热一下，这样我们就有一道酸甜可口的中国菜了。"这是一个关于中国菜常见的老套理解的好例子。我从澳大利亚与华人饮食的这些相遇中所学到的，是人类学家经常在他们的研究中强调的一种认识：在族群身份认同和族群关系上，食物的消费与选择有着深层次的意义。自从我 30 年前旅居至今，澳大利亚华人的人口数量已经有了巨大的增长（参见 Ryan，2003）。来自中国大陆、台湾、马来西亚的华人新移民，已经抵达澳大利亚，而且还有很大一部分移民来自香港。澳大利亚的海外中餐馆里的地方菜以及民族菜，无论是在范围还是多样性方面，确实都已经扩展开来（参见 Tam，2002）。

日本

我在日本中餐馆用餐的第一次经历比较特殊，是在 1966 年的东京，当时是在我飞往美国的转机停留途中。当时正在一家经营着北京餐馆的宾馆中休息，我与三个来自台湾的华人朋友，一起享用了一顿熟悉而又令人惊讶的正宗中餐，可以说，它足以和我在台北吃过的任何餐馆美食相媲美。接下来的 40 年里，在我访问（每年一到两次）日本外出就餐期间，我观察到日本餐饮业对中国菜普遍的接受度和地方化。到 20 世纪 70 年代末以及 80 年代，小型中餐馆在大大小小的城市中变得普遍起来。它们主要是由日本厨师经营管理，而不是海外华人。中国的汤面（*ramen*）、锅贴（*gyoza*）、炒饭以及"麻婆豆腐"之类的美食都进入了日本人的日常饮食之中，而广式（或者香港风格）茶馆和精致的高级粤菜同样如此（Aoki，2001；张展鸿，2002）。日本人所发明的包装好的即食拉面 [*ramen* 源自中国北方的普通话 *lamian*（拉面）]，如今已经成为一种全球皆知的日本民族食品。在东京繁忙的银座（Ginza）区，有一家我很喜欢的日本餐馆，那是一个吃涮涮锅（*shabu-shabu*）的地方，在过去的 30 年中，我们几乎每年都会光顾那里。我的朋友、饮食人类学家——吾妻洋（Hiroshi Wagatsuma）教授（已故），曾向我解释说，涮涮锅是日本人对中国北方吃涮羊肉火锅风格的一种借鉴与采用。日本人将"涮"（快速将一片薄羊肉浸入热汤中煮的一个动作）的发音，讹用成了 *shabu*，因此，今天才形成在日本餐馆里很流行的（且具有异国情调的）一种创新性"日式"食用风格。有趣的是，日本汤面和即食杯面都叫"拉面（*ramen*）"，是一种对中国拉面（*lamian*）的采用和改编，如今已成为全球最畅销的"日式"食品之一（如今在墨西哥、俄罗斯的大街上都能够看到拉面广告牌，参见 Caldwell，2002）。在中国，成千上万的人现在每天都在食用包装好的即食"拉面"，认为自己正在消费久负盛名的日本食品。

日本人的另一个发明，与中国宴会食物的供应礼仪有关，特别是在一些高档餐馆中。一些点套餐的消费者就喜欢点高档的日本套餐——"怀石料理（*kaiseki*）"，而餐馆针对这部分消费者提供的只有套餐菜单，而不是照菜单点菜（*ala carte*）。日本人提供中国美食套餐菜单的方式，和高雅西餐厅中提供套餐菜单的方式一样；中国宴会套餐会给每一位用餐者，一道菜接着一道菜地上，无论用餐者是独自一人进餐，还是一群人一起进餐。这种做法的一种常识性解释就是，普通日本人对中国食物的多样性并不熟悉，特别是一些具有异国情调的菜，他们会因为不知道如何点菜而感到非常尴尬。供应高档中国菜的西化方式，或者正式晚宴的传统日本方式，都已经产生了重要的全球影响。它在 20 世纪 90 年代传到了香港和台湾的高档餐馆中，这与美国的普通中餐馆相比，是一个重要的背离现象。

总而言之，在日本这 50 年进程中所发生的，是对中国菜的一次全面吸收和地方化，无论是高档菜还是一般菜。这两个平行发展的过程同时发生。第一，由日本厨师准备的适应当地口味的"日本化"中餐来吸引日本消费者［对于日本人接纳的其他外来食物，可参见 Tobin（1992）中的例子］。第二，在高档中餐馆里，尽管有中国厨师或者日本厨师对中国不同地区高档中国菜进行的改变和接受情况，但仍要采用欧日方式供应食物。

欧洲

在 20 世纪 80 年代和 90 年代，我在欧洲与华人中餐馆有过很多次幸运的相遇。罗伯茨（Roberts，2003）记录了 20 世纪以前西方人与中国进行初次接触时，英国人和其他欧洲人对中国食物所表现出来的厌恶情绪。他同样也注意到 20 世纪下半叶，中餐馆是怎样在英国变得流行起来的。沃森（Watson）的基本工作与从新界（New Territories）到伦敦的香港华人移民有关，他提供了关于伦敦的华人如何开设餐馆，以及这些餐馆接下来又是如何传播到英国其他地区等诸多信息（Watson，1975）。如今英国人已经习惯依赖中餐馆（此外还有印度餐馆）和廉价食物的外卖点，但是他们也向中餐馆的员工显示出了歧视与偏见。排外传统导致了对外来文化的持续担忧，以及对新移民占用有限经济资源的恐惧。正如罗伯茨（2003）所描述的，这种心态在英国工人阶级中尤为显著。

从中国和其他地方迁来的新一代华人移民（例如具有华人血统的越南人），在许多大城市都建起了餐馆，诸如伦敦、巴黎、米兰、日内瓦（Geneva）、阿姆斯特丹、布鲁塞尔、汉堡和布拉格（Prague）。我与欧洲中餐馆的相遇纯属偶然，与我在美国的早期经历相比，这次是很积极的。除了伦敦的唐人街，我在欧洲到访的大多数餐馆看上去都很高档，价格也比较昂贵，而且欧洲用餐者人数要比华人多。他们所提供的昂贵且高档的中国菜，迎合了更多有着国际化背景的富有非华人顾客。这些餐馆中的精美布置和专业服务，可能有助于提高中国食物的标准。而这些中餐馆里的高品质和好口味，也有可能是因为这样一个事实，即欧洲的老顾客们愿意花费一笔非常可观的钱，在一家口碑比较好的中餐馆里面进餐，感觉就像在一家西餐厅中一样。我到访过伦敦、巴黎和日内瓦的高档中餐厅，那里供应的中餐都具有欧式风格。顾客在此必须要点一些开胃菜、头菜和点心，与在美国的普通中餐厅里用餐相比，那里的顾客只要点一些像汤面之类的食物便是整顿饭了。

跨国移民浪潮与中国烹饪中的族群区分

这部分进一步提供了我们已经观察到的，关于多种多样的中国菜族群分布的形成的历史背景信息。一个普遍因素解释了中国菜相似的地方化与标准化问题，尽管在过去的几百年中有过许多次华人迁往美国的移民浪潮。很多华人新移民进入美国的餐饮业之中，因为他们将之视为自己在这个新国家能够存活下来的唯一选择。为了能够支撑起一个大家庭，经营一家小咖啡馆或者小餐馆，就成为移民家庭谋求生计的普遍策略（Sally Chan，2002；吴燕和，2002；Smart，2003）。即兴创作，偷工减料来降低成本和价格，适应客居国（host country）人民的口味，烹饪方法的杂合，所有这些在美国的民族餐馆中都是普遍存在的。在这样的餐馆中，食物质量和味道可能反映出老板的（和受雇厨师的）业余烹饪知识和烹饪技能。只有当大量新移民和要求苛刻的（富有）移民持续汇集起来，就像如今的香港移民前往温哥华或多伦多的情形一样，这样才能经营好中餐馆，制作出赶得上家乡（香港）标准的食物。然而，我过去 10 年在洛杉矶地区对中餐馆菜肴的观察却反驳了这种观点。尽管华裔族群的人口数量有了显著增加，尤其是来自中国的新移民，但是许多中餐馆继续供应着普通又便宜的食物。有一次，我去拜访一位华人餐馆老板，他在东海岸（the East Coast）其中一个州即拥有几家高档的北京餐馆，他告诉我："每当我看到这些便宜的餐馆时，我就感到非常难过。为什么这些华人同胞如此辛苦地去提供便宜又难吃的中国食物呢？中国菜要比西方菜优越得多啊。为什么我们就不能用高雅的西餐厅标准去提升自己的餐馆标准呢？"另一位华人餐馆老板——周先生，我在之前的部分中提到过的，虽然他已经在伦敦、纽约和洛杉矶建立了最昂贵的中餐馆，但是他依然有着同样的情感。然而，普通的华人用餐者看上去会羞涩地离开这些餐馆，因为它们看起来既太西化又太昂贵，以至于不被视作"中国的"。当我在洛杉矶和一些华人用餐者讨论中餐时，这些老移民和新移民的一部分人认为，有这么多的餐馆提供价格便宜的中国食物，他们已经感到很幸运了。对他们来说，便宜的就是"好的"。

19 世纪的移民与炒杂碎

直到 20 世纪 70 年代，北美地区的中国菜被一道创造出来的广式农家菜主宰了一个多世纪，这道菜要以杂碎屋中的"炒杂碎"为代表。直到近来，北美地区呈现出的流行景象，使炒杂碎成为正宗的中国食物（刘海明，2009）。20 世纪 50 年代以后到达的华人新移民，不认为炒杂碎或者"老华侨菜"是"中国菜"，他们认为炒杂碎是外来的，而且也很难吃。正是这道美国本土化的华人菜肴创造了华人饮食文化的特有形象。颇具讽刺意味的是，炒杂碎从 20

世纪 90 年代开始，就已经被恢复和重新发明了，而且还被供应于"张家馆"这种新型连锁餐厅之中。我们稍后将会讨论这种一元化的炒杂碎所具有的讽刺转折性，其实炒面、炒饭、炒杂碎、蘑菇鸡片（*moogoo gaipan*）① 以及酸甜菜都在炒杂碎的特色美食之列。

Sally Chan（2002）在关于英国中餐馆的讨论中，以食品贸易行业为例，其以"酸甜"为标志，是海外华人赖以生存的商业手段。正如我在别处提到的那样（吴燕和，2001），餐饮贸易通常是海外华人移民唯一的谋生手段。研究人员观察到，全球小型中餐馆的老板 / 厨师是怎样养活一家人，又是怎样将他们的孩子送去最好的学校，从而最终使得孩子们成为医生、工程师、律师和教授。然而，这种食品企业主要是小规模的家庭生意，当孩子们长大后即告结束，而其他新来者将会接手他们的生意。海外中餐馆家庭的生存与成功，将继续下去。

台湾发明的泛中国菜（外省菜）

从 20 世纪 60 年代开始，在来自香港和台湾的新移民涌入北美的同时，这里的中餐馆数量也在不断增加。有趣的是，有关中国菜和中餐馆的大部分文献记载，都忽略了从台湾带来新式菜肴的移民现象的三个重要方面。20 世纪 60—70 年代，这三种新发展趋势分别是：（1）来自台北的私人厨师的到来；（2）台湾从事娱乐和酒店生意的商人来此并成为餐馆老板；（3）在美国读书的华人毕业生成为厨师和餐馆老板。

首先，我们需要理解 20 世纪 50 年代，"外省菜"在台湾的出

---

① 多年以来，作为一个能讲普通话的人，我却弄不清楚 "*moogoo gaipan*" 这道炒杂碎的意思和内容。我知道这肯定是粤语，但拼写方式是混合化的，它应该被拼写成像 "*mogu gaipin*"（粤语）或者 "*mogu jipian*"（普通话）。这道菜是将鸡肉片与中国黑蘑菇放在一起清炒，如今在张家馆被视为一道（健康标志）推荐菜。

现。当时，许多来自中国各地非常有天分的专业厨师和家庭厨师，都带着自己家乡的烹饪艺术来到了台湾。他们（集中）在台北开办民族餐馆，这些餐馆代表着所有主要的传统中国菜，或高档，或普通，以此来满足社会精英阶层的顾客和美食家们的需要（吴燕和，2002）。直到 20 世纪 60 年代，美国的主要城市有了来自台湾的富有华人移民所开办的新型中餐馆，他们都带着自己知名的私人厨师和台湾籍弟子（例如，一位绰号"唐矮子"的著名台湾厨师，在旧金山开了一家川菜馆）。我将证明这是泛中国菜（pan-China）或台湾所用俚语"外省菜"的开始，包括在台北发展起来的不同族群的烹饪菜肴，而在此之后（20 世纪 80 年代以后），它在美国成为一种标准化的新式中国菜。

许多来自中国大陆移民和军人家庭的年轻人（他们被称为"外省人"），在 20 世纪 60 年代和 70 年代成为台湾的生意人。他们控制着所谓的娱乐（以及地下性交易）行业［例如舞厅、歌厅以及酒店中驻有卡巴莱（cabaret）[①] 表演者的大型餐馆］。在获得餐馆与娱乐两个行业管理方面的专业经验，同时又节约了资本以后，许多人选择移民美国，并且开办新型中餐馆，供应一种被发明出来的并赋予标准化的"外省菜"。

我将通过讲述我的朋友郑先生 20 世纪 70 年代到美国的故事，来具体阐述这种来自台湾的新式泛中国菜如何传播到美国的整个过程。郑（化名）出生于中国大陆，十几岁时去了台湾，曾是一名中层政府官员。20 世纪 70 年代中期，他的兄弟继获得研究生学位之后，又成功获得美国公民身份。1974 年，他的兄弟资助郑全家人移民到了美国，包括（到了上小学年龄的）三个孩子。大量像他一

---

① 卡巴莱是欧洲十分盛行的一种歌厅式音乐剧，演绎方式简单直接，无须精心备制布景、服饰与特效，纯粹通过歌曲形式与观众分享交流故事或感受。——译者注

样的新移民，包括数以千计毕业后寻找工作的毕业生，都属于20世纪50年代从中国大陆到香港和台湾的"避难"家庭。因为缺乏特殊的技能、熟练的英语以及美国学位，所以郑先生和郑太太在美国找工作遇到了重重困难，在此之后，他们决定进入中餐行业。他说："为了孩子们的未来，我不得不降低自己的身份去当一个餐馆打工仔。"他的第一份工作是在一家台湾人所开的中餐馆里面当服务员。20世纪80年代，他用从台湾带来的全部积蓄4万美元投资，成为一位台湾专业厨师的合作伙伴，这位厨师在加利福尼亚旧金山湾区（Bay Area）接管了一家经营不善的中餐馆。当他们在一年内取得成功后，那位厨师买下了他的全部产权。通过他兄弟的社会关系，郑先生在得克萨斯州找到了另外一家待售的中餐馆，他决定搬去那里开一家属于自己的餐馆，因为他意识到那里的石油产业将会为外出就餐提供一个繁荣的市场。那时，他的妻子已经学会了中餐的烹饪技巧（她从以前的厨师合伙人那里自学而来），并且她自己成了厨师，同时身为收银员的郑先生也将自己培训成了新餐馆的服务员。他们从台湾带来了一份泛中国菜的新菜单，上面包括宫保鸡丁、红烧鱼、酸辣汤、烟熏鸡和北京烤鸭；另外还有所有美国人都熟悉的炒杂碎，如炒饭、炒面、酸甜菜、柠檬鸡、西兰花牛肉以及"蘑菇鸡片"。郑先生承认，第一次来此就餐的美国顾客对这些新式菜肴一无所知。他不得不向这些顾客进行解释，并说服他们去点那些陌生的新式台湾菜。当顾客们习惯了这种新口味以后，郑先生的餐馆在这个城镇里很快火了起来。在餐馆生意取得成功并且盈利的情况下，他们培养出了两位医师和一位石油工程师。郑先生夫妇在20世纪90年代中期退休，全身心地帮着儿女抚养孩子，偶尔也会出去休闲旅行，而这是他们经营餐馆时不曾有过的事情。

　　这家中餐馆的故事是如此典型和熟悉，它在 20 世纪 60 年代晚期到 80 年代期间，来到美国的成百上千的中国移民家庭中不断重演。在火奴鲁鲁采访过的餐馆老板中，就有两家我从 20 世纪 70 年代开始便经常光顾的泛中国"北方菜"风格的餐馆。一位来自台湾的老板在他开办自己的餐馆之前，就已经拿到了工程学硕士学位；同时，他将自己的女儿送去了城镇上最贵的高中（美国前总统奥巴马也在那里上过学）和斯坦福大学。第二位老板是从香港来的工程师，他的家庭餐馆以制作"水饺"为特色，两个儿子经常在餐桌上做作业，还要帮助服务顾客，但是后来他们分别毕业于麻省理工学院（MIT）和哈佛大学。

　　我曾在其他地方描述过（吴燕和，2001），20 世纪 50—60 年代期间，泛中国菜是怎样在台北出现的。沃森（James Watson，2005：75）曾做过关于香港的类似研究。他回想到了 20 世纪 60 年代，香港那些由来自中国大陆的厨师所经营的小餐馆和面馆。他观察到，每个人只需要花费 1 美元就足以吃饱。沃森的观察可以很容易地运用到，在同样的 10 年时间里，台北出现的数百个由移民开办的餐馆和路边小吃摊中。于是在台北小饭馆中，通常只要花费 25 美分就能吃到丰盛的一餐。那时的收入很低，生活标准也是很低，但我仍然负担不起一两周超过一次的"奢侈款待"，虽然有时我会吃腻学校宿舍的饭菜，而这些却是我花费 3 美元买到的整整一个月的全部食物。那段期间，在美国中餐馆里工作的厨师和助手的利润和收入相对较高，这就吸引着专业或临时厨师移民或者跳槽，目的就是为了在唐人街开一家小型非粤式餐馆。这就开始了美国一种新型民族餐馆新类型的传播，而这些餐馆都是由来自台湾的华人或其子女经营的，正如上文所举的郑先生的例子一样。

20 世纪 50 年代末到 70 年代，前往美国学习的台湾毕业生，同样在美国大城市和小城镇的泛中国餐馆的新趋势中发挥着作用，要证明这一点是非常重要的。有很多泛中国餐馆已经取代了老旧的杂碎屋。关于北美地区中餐馆历史的研究，往往忽略了 20 世纪 60—80 年代从台湾来的海外学生所扮演的重要角色。同样，到了 20 世纪 90 年代，来自中国大陆的新学生潮，加入到北美地区的餐饮行业中（我也观察到 21 世纪初，这种情况同样发生在日本）。当后现代主义支持者阿帕杜莱强调在全球文化流动和烹饪文化想象的传播中，旅游者和移民所扮演的角色时（Mankekar，2005），他们错过了在"中国"烹饪知识形成和循环中，国际学术交流这个重要插曲。

美国普通中国菜与外来高档中国菜

主宰了北美地区中国菜一个多世纪的炒杂碎风格的餐馆食物，代表或者歪曲了人们对于这些类型有限的菜肴中熟悉味道的印象。然而，到 20 世纪末期，一股由非华人拥有并经营，却没有一个华人厨师的中餐馆新浪潮兴起。美国大众普遍认为，中餐馆是由华裔族群，主要是会讲"洋泾浜英语（Pidgin English）"[①] 的新移民经营起来的。对于华人来说，他们很难想象自己将面临来自经营着非常成功的"中式"餐馆的"外国人"餐馆老板和厨师的竞争。许多与我交谈过的华人都认为，对于所任何一个"外国人"来讲，掌握中国烹饪已经是一件非常不可思议的事情，更不用说制作出足够完美的食物供应于中餐馆了。自从 20 年前，我们就见证了这种规则的

① "洋泾浜英语"，因旧上海滩靠近租界的地名"洋泾浜"而得名，以前特指华人、葡萄牙人与英国人在中国从事商业贸易时的一种联系语言，现已泛指带有其他语言特色的语言。主要特点有：洋泾浜英语无正规书面形式，仅有口头形式；未能形成独立的语法体系；发音特点深受汉语音系影响等。但不可否认的是，它在近代对外贸易、外交以及文化交流方面都扮演了极其重要的角色。——译者注

例外，那就是沃尔夫冈·帕克在圣塔莫尼卡开办了他的"Chinois"餐馆；另外，1993 年，保罗·费莱明（Paul Fleming）将他的连锁餐厅并入一家上市公司——张家馆。如今，张家馆在美国 39 个州中拥有 189 家店。Chinois 餐馆无疑会成为很多华人没听过的高档"融合"餐馆（包括那些在加利福尼亚居住了几十年的华人）。我所采访的第一代华人移民并不认为张家馆是"真正中国的"，他们也不愿意到那里用餐。我到访过的三家张家馆中都没有华人厨师，厨师都是墨西哥人和日本人。当考虑到这家连锁餐厅的装饰、服务和食物味道，特别是将其与北美地区大多数老旧的炒杂碎屋和小型泛中国中餐馆进行比较时，我对它的评价还是非常积极的。正如原来的餐馆老板所言，他重新改造了炒杂碎屋，用富有象征性的"中国文化"对每一家高档西餐厅进行包装，包括墙上颇具中国风的画、唐代釉陶马的复制品以及秦陵兵马俑的复制品。这些具有西式服务风格的"外来"中餐馆，能够更好地提供给美国消费者已经非常熟悉的炒杂碎和泛中国菜。

正如我们讨论过的，"周先生"是 20 世纪 50 年代以前，为数很少仍在供应老北京菜和老上海菜的餐馆。讽刺的是，由于它们的西式装饰和服务、富有且知名的顾客以及令人吃惊的价格，几乎没有华人会认为这些餐馆是"中式的"（毕竟，多数顾客并不知道 20 世纪 40 年代或者 50 年代正宗的中国菜是什么味道）。我是根据自己小时候在北京和台北关于北京菜的记忆，还有 20 世纪 80 年代早期在北京所吃美食的记忆，来判断这些食物是否属于传统的中国食物。20 世纪 80 年代早期，我有幸与国家领导人一起在高档的北京餐馆用餐，也得以享受保留有新中国成立前烹饪的味道。

我将在外出就餐、阶级差别与生活在一个想象的文明世界这一系列"西方"话语背景下，来说明这些"外来"的中餐馆所具有的全球性意义。虽然我们在一些高档中餐馆里能够看到西式服务，但是消费者（或者整个西方社会）仍然会有一种先入为主的印象，那就是中餐馆处于社会阶层中的下层。换言之，在中餐馆用餐被视作一种地位较低下的消费行为（Wade and Mastens, 2000）。颇具讽刺意味的是，当"外国人（非华人）"根据西方标准开办"中式"餐馆时，它们将被视作能够供应高档菜肴的高级餐馆。这样的表述可能过于强烈，但我们可以认为美国的中国菜植根于西方殖民世界的想象中。例如，我们或许可以判断，"周先生"餐馆的成功建立于他在美国白人社会中所处的社会地位之上。他不但与富人、名人联系交往，而且自己也成为他们中的一员。他住在洛杉矶最高档的贝尔艾尔（Bel Air）街区，一处由世界知名建筑师弗兰克·劳埃德·赖特（Frank Lloyd Wright）设计的庄园中。

这种社会—政治解释同样可以说明中国餐饮业转向日本餐饮业的原因。20世纪90年代后，特别在21世纪初，许多华人（实际是台湾人）和韩国人，利用他们在外貌上和日本人相似（在美国白人眼中）的优势，进入日本餐饮业。因为美国公众认为日本食物档次高且价格贵，所以经营日本餐馆比中餐馆所获的利润会更大。希欧多尔·C.贝斯特（Theodore C. Bestor, 2005: 18）描述了得克萨斯州一位中餐连锁餐厅老板的故事，他为了追求声望和更高的价钱，从而能够获取更高的利润，将自己的中餐馆变成了日本餐馆。这位台湾老板声称在任何情况下，他的客人都无法辨认出他的华人厨师和真正日本人的不同之处。在他日本餐馆的寿司吧台后面，甚至还有拉丁裔厨师。

结语：海外华人饮食——无家可归

我过去 40 年的全球相遇经历，足以说明海外的中餐所发生的意料之中以及意料之外的变化。不再仅是经济上和烹饪技术上的优势，使得中餐对于海外的华人和客居国人民具有吸引力。我开始意识到，对海外的中餐馆这 40 年的观察，应该被置于当前饮食人类学的理论话语中。族群身份认同、海外华人社区的族群互动、全球资本主义以及大众传媒，在每个我到访过或者居住过的地方的海外华人的中国菜形成新发展态势的过程中，都扮演着至关重要的角色。此外，在全球资本主义背景下，近期文化影响的跨国流动已经创造出意料之外的烹饪潮流，以及超乎所有人想象的融合菜。定义什么是中餐并不是一件简单的事情。而关于什么是海外华人的中餐馆这样一个简单问题，能够产生一个充满不确定性的复杂答案。正如我上面已经描述过的，当一家"中餐馆"里的厨师不是华人，而通常是日本人、夏威夷人、墨西哥人或者德国人，顾客也不是华人，那么，这家餐馆的烹饪艺术和味道又该如何被判定仍然是"中式的"呢？当我们敢于进一步询问是谁创造了食物的口味，又是谁决定着食物的质量（或口味）的问题时，那么我们就正在进入一个由消费者或者生产者——厨师引起的争论之中，而这一争论超越了对于社会关系建构的简单性调查（参见 Smith，2006；冯一冲，2007）。

过去，许多在美国的中餐馆厨师或者老板，都声称自己和故乡——香港、台湾或者中国大陆联系紧密，以此来支撑他们所说的自家餐馆保持着正宗"中国"味道。如今，"故乡"的变化更加迅速，更加具有戏剧性，也比海外的更像"外来的"。在"家"里，烹饪的全球化和国际化比海外华人社区所发生的更加明显，也愈加清晰可见。詹姆斯·克利福德（James Clifford，1998）认为，一个海外华人身处"无家可归"的讽刺境地之中，因为他或她既不属于家乡文化，也不属于客居国文化。海外华人中餐馆当然也就陷入"故乡不再"的情形中。

　　我与海外华人中餐的相遇，揭示出作为文化商品的食物，其复杂的形式通常都要经历全球化、适应、异质性、杂合、国际化以及彻底改造的一系列过程。食物口味变化的方向和复杂性，以及相关的社会和文化影响，都在意料之中，也都在意料之外。我只希望这份不确定性能够确保我们在进一步的调查和研究之中，投入认真的思考。

参考文献

Anonymous. 2007. "Dim Sum, Roast Meats Served All Day." *Dining Out*, 5 August, Honolulu Advertiser Supplement, p. 20.

Aoki, Tamotsu. 2001. "The Domestication of Chinese Foodways in Contemporary Japan: Ramen and Peking Duck." In *Changing Chinese Foodways in Asia*, ed. David Y. H. Wu and Tan Chee-Beng. Hong Kong: The Chinese University Press, pp. 219-233.

Appadurai, Arjun. 1990. "Disjuncture and Difference in the Global Cultural Economy." *Theory, Culture, and Society*, 7: 295-310.

Appadurai, Arjun. 1996. *Modernity at Large: Cultural Dimensions of Globalization*. Minneapolis: University of Minnesota Press.

Beardsworth, Alan and Teresa Keil. 1997. *Sociology on the Menu*. London: Routledge.

Beriss, David and David Sutton. 2007. "Starter: Restaurants, Ideal Postmodern Institutions." In *The Restaurants Book*, ed. David Beriss and David Sutton. New York: Berg, pp. 1-13.

Bester, Theodore C. 2001. "Supply-side Sushi: Commodity, Market, and the Global City." *American Anthropologist*, 103（1）: 76-95.

Bester, Theodore C. 2005. "How Sushi Went Global." In *The Cultural Politics of Food and Eating*, ed. James L. Watson and Melissa L. Caldwell. Malden, M.A.: Blackwell, pp. 13-20.

Caldwell, Melissa I. 2002. "The Taste of Nationalism: Food Politics in Postsocialist Moscow." *Ethnos*, 67（3）: 295-319.

Chan, Sally. 2002. "Sweet and Sour: The Chinese Experience of Food." In *Food in the Migrant Experience*, ed. Anne J. Kershen. UK: Ashgate, pp. 172-188.

Cheung, Sidney C. H（张展鸿）. 2002. "The Invention of Delicacy: Cantonese Food in Yokohama Chinatown." In *The Globalization of Chinese Food*, ed. David Y. H. Wu and Sidney C. H. Cheung. Surrey, England: Routledge/Curzon, pp. 170-182.

Cheung, Sidney C. H.（张展鸿）and Tan Chee-Beng（陈志明）. 2007. "Introduction: Food and Foodways in Asia." In *Food and Foodways in Asia*, ed. Sidney C. H. Cheung and Tan Chee-Beng. Oxon, England: Routledge, pp. 1-9.

Clifford, James. 1998. *Routes: Travel and Translation in the Late Twentieth Century*. Cambridge, Mass.: Harvard University Press.

Fung, Luke Y. C（冯一冲）. 2007. "Authenticity and Professionalism in Restaurant Kitchens." In *Food and Foodways in Asia*, ed. Sidney C. H. Cheung and Tan Chee-Beng. Oxon, England: Routledge, pp. 143-155.

Galerie Enrico Navara et al. 1999. *Portrait Collection of Mr Chow*. Paris: Galerie Enrico Navara.

Goody, Jack. 1982. *Cooking, Cuisine, and Class: A Study in Compar-*

ative Sociology. Cambridge: Cambridge University Press.

Holtzman, Jon D. 2006. "Food and Memory." *Annual Review of Anthropology*, 35: 361-378. Annual Reviews, Palo Alto, California.

Liu Haiming（刘海明）. 2009. "Chop Suey as Imagined Authentic Chinese Food." *Journal of Transnational American Studies*, 1（1）: Article 12.

Mankekar, Purnima. 2005. "India Shopping: Indian Grocery Stores and Transnational Configurations of Belonging." In *The Cultural Politics of Food*, ed. James L. Watson and Melissa L. Caldwell. Malden, M.A.: Blackwell, pp. 197-214.

Mintz, Sidney W. 1996. *Tasting Food, Tasting Freedom: Excursions into Eating, Culture, and the Past*. Boston: Beacon Press.

Newcomb, Rachel. 2006. "The Social Life of Food: As Nations Unify and Globally Integrated." *Anthropology News*, 47（5）: 34-35.

Ong, Aihwa（王爱华）. 1998. *Flexile Citizenship: The Cultural Logic of Transnationality*. Durham, N.C.: Duke University Press.

Ong, Aihwa（王爱华）amd Donald M. Nonini, eds. 1997. *Ungrounded Empires: The Cultural Politics of Modern Chinese Transnationalism*. New York: Routledge.

Pillsbury, Richard. 1998. *No Foreign Food: The American Diet in Time and Place*. Boulder, Colorado: Westview.

Restany, Pierre. 1999. "Mr. Chow's Show." In *Portrait Collection of Mr Chow*, by Galerie Enrico Navara et al. Paris: Galerie Enrico Navara, pp. 1-4.

Roberts, J. A. G. 2003. *China to Chinatown: Chinese Food in the West*. London: Peakton Books.

Smart, Josephine. 2003. "Ethnic Entrepreneurship, Transmigration, and Social Integration: An Ethnographic Study of Chinese Restaurant Owners in Rural Western Canada." *Urban Anthropology*, 32（3-4）: 311-342.

Smith, Monica L. 2006. The Archaeology of Food Preference. *American Anthropologist*, 108（3）: 480-493.

Tsing, Anna Lowenhaupt. 2005. *Frictions: An Ethnography of Global Connection*. N.J.: Princeton University Press.

Tan Chee-Beng（陈志明）. 2007. "Nyonya Cuisine: Chinese, Non-Chinese Cuisine and the Making of a Famous Cuisine in Southeast Asia." In *Food and Foodways in Aisa*, ed. Sidney C. H. Cheung and Tan Chee-Beng. Oxon, England: Routledge, pp. 171-182.

Tobin, Joseph, ed. 1992. *Remade in Japan: Everyday Life and Consumer Taste in a Changing Society*. New Haven: Yale University Press.

Tuchman, G. and H. Levine. 1993. "New York Jews and Chinese Food." *Journal of Contemporary Ethnography*, 22（3）: 362-407.

Wade, Alan and Lydia Mastens. 2000. *Eating Out: Social Differentiation, Consumption and Pleasure*. UK: Cambridge University Press.

Waston, James L. 1975. *Emigration and the Chinese Lineage: The Mans in Hong Kong and London*. Berkeley, C.A.: University of California Press.

Waston, James L. 2005. "China's Big Mac Attack." In *The Cultural Politics of Food and Eating*, ed. James L. Watson and Melissa L. Caldwell. Malden, M.A.: Blackwell, pp. 70-79.

Wilk, Richard H. 1999. "Real Belizean Food: Building Local Identity in the Transnational Caribbean." *American Anthropologist*, 101（2）: 244-255.

Wu, David Y. H（吴燕和）. 1977. "Chinese as an Intrusive Language." In *New Guinea Area Languages and Language Study*, ed. S.A. Wurm. Canberra: The Australian National University, pp. 1047−1055.

Wu, David Y. H（吴燕和）. 1982. *The Chinese in Papua New Guinea*. Hong Kong: The Chinese University Press.

Wu, David Y. H（吴燕和）. 2001. "Cantonese Cuisine（*Yue-cai*）in Taipei and Taiwanese Cuisine（*Tai-cai*）in Hong Kong." In *The Globalization of Chinese Food*, ed. David Y. H. Wu and Sidney C. H. Cheung. Surrey, England: Routledge/Curzon, pp. 86−99.

Wu, David Y. H（吴燕和）. 2002. "Improving Chinese Cuisine Overseas." In *The Globalization of Chinese Cuisine*, ed. David Y. H. Wu and Sidney C. H. Cheung. Surrey, England: Routledge/Curzon, pp. 56−66.

Wu, David Y. H（吴燕和）. 2008. "All You Can Eat Buffet: The Evolution of Chinese Cuisine in Hawaii." *Journal of Chinese Dietary Culture*, 4（1）: 1−24.

第二部分

东南亚的华人饮食文化

<table>
<tr><td>第四章</td><td>追觅龙踪：
印尼华人饮食文化</td></tr>
</table>

□ 欧杨春梅
（Myra Sidharta）

引　言

　　印度尼西亚共和国是一个由 18108 个大小岛屿组成的群岛，占地面积大约 1919440 平方千米。其中仅 6000 个岛屿上有人居住，这些面积较大的岛屿包括爪哇岛、苏门答腊岛、加里曼丹岛（婆罗洲）、苏拉威西岛和巴布亚（新几内亚岛）的西部岛屿。虽然爪哇岛并非印尼最大的岛屿，但是其肥沃的土壤已使它成为最重要的岛屿。在过去几个世纪里，爪哇岛已经成为一个重要的贸易中心和农业中心。雅加达（Jakarta）是印尼最大的城市，同时也是印尼共和国的首都。其他一些大城市还有泗水（Surabaya）、万隆（Bandung）、三宝垄（Semarang）和棉兰（Medan）。颇具讽刺意味的是，面积相对较小的巴厘岛（Bali）或许是最有名的，因为它拥有美丽的自然景色和丰富的文化遗产。

　　早些时候来到这个群岛上的商人有阿拉伯人、中国人和印度人，为了能够寻找到香料以及诸如极乐鸟的羽毛、珍珠、海参、燕窝等异国奇珍，并将其带回自己的国家，这些商人经历了狂风暴雨，以及其他各种各样的危险（Purcell，1980：391）。随后，他们也在一些面积较大岛屿的沿岸地区定居下来，建立并管理着那些存储有不能被立即用船运走的货物的仓库。他们和当地的女性结婚并组建了家庭，适时地形成了一些小型的混合化社区。在16—17世纪，欧洲人加入定居者的行列，先是葡萄牙和西班牙人，接着是荷兰人、德国人和法国人。随着数量如此之多的外国人定居于此，我们不难想象这几个世纪以来形成的多文化表述。

华人定居者的历史

考古发现表明了自从汉朝以来中国和该群岛的关系。在这个群岛一些地方发现的人工制品，都是由航海者带来的交易品，或者是用于两国之间沟通交流的贡品。这些航海者和进贡者并没有定居下来，而是在完成他们的任务后返回了中国。只是在多年以后，确切地说是在元朝，当爪哇军队背叛了曾前来帮助他们击败谏义里（Kediri）国王，并建立起满者伯夷（Madjapahit）王国的蒙古军队时，中国人才开始在印度尼西亚群岛定居。因担心受到严酷的惩罚，很多士兵逃离了蒙古军队，不敢再回到自己的祖国；这些士兵在印尼定居下来，继续生活并传播伊斯兰教，与此同时，也引进了包括烹饪技术在内的许多技能。[①] 据现在的谏义里人所言，蒙古军队教会了当地人如何制作豆腐（欧杨春梅，2008：197-198）。也有证据表明，中国人将一些蔬菜引入了印度尼西亚群岛，因为马欢（1970：92）在《瀛涯胜览》中写到，他目睹了当地人所吃的所有蔬菜都和中国的蔬菜非常相像。至今，这些蔬菜仍然因它们的汉语名字而被人熟知，比如白菜（*bakcoi*）、芥蓝（*kailan*）等。而且，农村地区的土著印尼人几乎从来都不种植蔬菜，他们大部分时间以

---

① 关于爪哇岛上的华人定居史，可参见弗鲁因·米斯（Fruin Mees）的《爪哇史》第一部分"印度教时代"（*W. Geschiedenis van Java, dl 1, Hindoetijdperk*）（Weltevreden: W. Kolff, 1930）。

叶子、蕨类植物、坚果和葫芦为食。还是城里人更有健康意识，他们会将绿色蔬菜加入自己的食谱中去。而"炒"这种运用到蔬菜之中的烹饪方法同样来自中国，这可以说是中国的一项烹饪艺术（郑天锡，1955：42）。

其他岛屿上的中国居民要少一些，而且他们被当地文化同化的程度同样要低得多。然而，像苏门答腊岛上的棉兰和巴邻旁（Palembang，亦称巨港）、苏拉威西岛上的万鸦老（Manado）和孟加锡（Makassar）这些大城市，可能会是例外。作为重要的贸易港口，这些城市及其周边地区也有相当数量的中国定居者。此外，摩鹿加（Moluccas）群岛上的安汶（Ambon）也有很多华人，因为这些岛屿都是航海者最早进行香料贸易的地方。

1406—1423 年，当舰队指挥郑和与他统率的明朝舰队抵达这里时，爪哇岛的沿岸地区已经有华人定居了（马欢，1970：93）。此外，定居在那里的还有阿拉伯商人和印度商人。继华人、阿拉伯人和印度人之后，来自葡萄牙、西班牙和荷兰的欧洲人也随之而至，他们在此留下了种种影响痕迹，不仅仅是在食物方面。

正是 1602—1942 年期间对印度尼西亚群岛进行殖民活动的荷兰人帮助了中国移民，因为他们需要劳动力来建造房屋，开凿运河，整修道路。他们也需要手艺人来为士兵们制作鞋子和制服，维修钟表和其他物品。此后，这些华人就集中到了巴达维亚（Batavia，今天的雅加达）以及爪哇岛的北岸地区。他们的命运由负责管辖的总督决定。一些人对勤劳的华人非常尊敬；而另外一些人，则将他们视为对国家安全的威胁。

很多总督会定期地求教于华人社区的华人首领。他们也会求教于华人医生和一个被称为艾萨克（Isaac）的华人，后者改信了基督教并且在 1635 年被官方任命为总督办公室的医生。自此以后，在统治该群岛的东印度公司（VOC）的薪金表上，便出现了许多华人医生的名字。1709 年，总督范·霍恩（van Hoorn）将一个名为周美爹（Tjoebitjia）的人带到了荷兰，因为他非常信任这位曾经为他治愈疾病的医生的传统医术。此外，这位华人医生还被邀请当着阿姆斯特丹市长的面，展示了他的学识与能力（De Haan，1935：394）。

华人开办了小吃摊和茶馆，荷兰人也经常光顾这些地方。在一条街上，茶馆多达 8 个，因此就有了 *Patekoan*（闽南话中的"八茶馆"）这个名字。1740 年，巴达维亚的华人人口已经达到了 1.6 万人左右，并且有更多的中国人正试图来此定居，此时臭名昭著的印尼屠华事件发生了，他们杀死了大约 1 万名华人，其中还包括女人和小孩。一小部分华人逃到了爪哇岛东部，尤其是北海岸一带，加入了爪哇叛军，并通过起义的形式来反抗荷兰统治者。

几年后，巴达维亚的生活恢复了正常，商人们的商店重新营业，当然也有人重新使小吃摊或食品店以及茶馆得以开张（De Haan，1935：393）。

19 世纪时，更多来自中国和东南亚地区的移民，前往邦加岛（Bangka）上的靛蓝属植物种植园、甘蔗种植园和矿业公司，以及苏门答腊岛上的煤矿中工作。后来，他们又被招到烟草种植园、咖啡种植园和茶园中工作。这群保持着自己语言的人，较少地融入当地社会之中。结果，华人群体就被分为了"土生华人"（Peranakans，即伯拉纳干华人，他们更适应新的文化）和"多督"（Totoks，即新客，他们保持着中国文化）两部分。

1900 年，中华会馆（Tiong Hwa Hwee Koan）建成之后，情

况变得更加复杂了。当然，中华会馆也是一个为孩子们建设学校的基金会组织。作为一种反制对策，荷兰政府为华人和当地儿童建立了荷兰学校，而且，华人群体中还有数量更小的一部分人受过马来语教育。因此，通过接受教育，就造成了三种类型的华人：以马来语为导向的华人、以汉语为导向的华人和以荷兰语为导向的华人，而这种现象也一直延续至今。

1945 年，印尼人赢得了独立，并建立了印度尼西亚共和国。对于华人来说，新的问题又出现了。1959 年，印尼政府颁布了一项被称作"PP 10"的法令，该法令禁止中国籍商人在农村地区从事商品交易。他们中的很多人又重新移民回到中国大陆或者台湾。另外一些人则继续留在那里，但是也将离开农村地区前往其他能够找到更多安全感的地方。甚至还有一部分人迁移到了其他国家，如荷兰和欧洲其他国家，也有一些人迁移到了美国、澳大利亚甚至南美洲地区。在 1965 年发生在印尼的政变企图失败以后，更多人选择了再次移民，据称中国也被卷入这次政变之中。

那些选择继续留在印尼的人，大部分在像雅加达、万隆、泗水和三宝垄一样的大城市中定居下来，又或者定居在巴厘岛上。为了维持生计，他们通常会开餐馆或者小吃摊。这对这些地方，尤其是已经成为首都的雅加达的饮食口味产生了巨大影响。此外，许多来自不同地区人们的族群飞地（enclaves）得以形成，小吃摊和餐饮店也很快开张起来，提供着来自不同地区的食物。

华人与土著人的食物差异

土著人

前殖民时代的印度尼西亚群岛上缺乏关于食物的书面文字记

录，但是我们可以借助世界著名遗迹——婆罗浮屠（Borobudur）上的铭文，该佛塔位于中爪哇省（Central Java），靠近马格朗市（Magelang）。公元800年左右，婆罗浮屠由当时统治爪哇岛的印度夏连特拉（Syailendra）王朝统治者兴建。它的建筑师是一位名叫Gunadharma的人。根据资料记载，完成这座建筑物耗费了75年时间。这座佛塔由下面的六层正方形平台，加上上面的三层圆形平台构成，并装饰有2672块浮雕和504尊佛像。顶层的中心是主穹顶，被多孔舍利塔中的72座佛陀雕像团团包围着。

这2672块浮雕中，大部分是在描述佛祖释迦牟尼（Buddha Gautama）的一生，其他的则是描绘动物群、植物群环境的装饰浮雕。这些浮雕告诉我们当地人的食物来源（Bosch，1929：179-189）。然而，我们应该记住的是，这些食物来源仅仅是从爪哇岛得来的。

婆罗浮屠中的浮雕表明大米是当地人的主食，接下来是一些其他的谷物，比如小米（*jawawut，Panicum viride*）以及高粱（*gandrung，Andropogon Sorghum*）。有一块浮雕甚至描绘了印尼抓饭（*rijsttafel*，各式各样的米饭佐以其他多种不同食物放在一起）将要被供应的情景。大量的水果被这些浮雕展示出来，我们从中能够看到香蕉、杧果、番石榴、菠萝蜜、榴莲、山竹、*maja*（一种苦涩的水果）、椰子，等等。在这些可用于烹饪的植物中，我们会提到椰子和生菠萝蜜（Bosch，1929：211-244）。

在伊斯兰教被引入印度尼西亚群岛之前，人们是吃猪肉的，并且当地人尤其喜食野猪肉，而这里的森林中野猪数量非常多。随着伊斯兰教的出现，那些拥护该宗教的人便禁食猪肉和宗教所禁止的其他东西，比如两栖动物。因此，肉类也就仅限为家禽肉和牛肉，包括水牛肉。尽管并非所有的土著人都成了穆斯林——一些人是天主教徒或者新教徒，印度教徒或者佛教徒，但猪肉还是很快被贴上了华人标签。然而，爪哇岛的穆斯林群体中也存在着不同的观点。

第一个群体是虔诚穆斯林（santri），他们奉行更为正统的伊斯兰教，倾向于以清真寺、《古兰经》（Qur'an）和伊斯兰教法（Sharia）为导向。第二个群体被称为阿邦干（abangan），相较于更为正统的虔诚穆斯林，他们则奉行一种更具融合性的伊斯兰教。他们的信仰体系融合了印度教、佛教和万物有灵论者的传统。

虔诚穆斯林群体往往会避开中餐馆，除非那些餐馆显示它们只提供百分百的清真（halal）食物，这也就意味着餐馆中没有猪肉，并且烹饪中所用的家禽和牛都是按照正规穆斯林仪式宰杀的。对于这个群体而言，那些名字听起来很怪的菜肴，将会使他们避开提供这些菜肴的餐馆。一位名为 Linawati 的妇女在中爪哇省的一个村子里经营着一个小吃摊，她告诉我必须把"蟹肉卷（Fu Yung Hai，鸡蛋炒蟹肉）"这个菜名改一下，因为穆斯林顾客会误以为她的摊点供应猪肉。

华　人

沃德曼（A. G. Vorderman），1880—1901 年间是荷属东印度卫生部的成员，他对这里的华人和土著人的食物消费情况进行过很多研究。据他所言，除了鱼、肉、家禽和新鲜蔬菜，华人的食物还包含大量从中国进口而来的食品，比如腌菜、咸蛋、冬菇等（Vorderman，1886：69-75）。豆腐和酱油膏是在当地生产的，和米酒一样，这些酒在东印度公司（VOC[①]）时期会卖给荷兰人，尤

---

① VOC 即 Vereenigde Oost Indische Compagnie（东印度公司于 1602—1799 年间统治印度尼西亚群岛，后来该群岛被荷属东印度政府继续接管）。

其是士兵们，他们非常喜欢这些好喝又相对便宜的酒（De Haan，1935：4；Lombard，1996：248，255-256）。

蔬菜能够在当地种植，同样也可以获得大量肉类，沃德曼就提到了猪肉、奶牛肉、水牛肉、爬行动物肉以及狗肉。并且，华人也将丰富的鱼类和其他海鲜充分利用起来，比如小虾、对虾、螃蟹、牡蛎和海藻。

更大的区别在于食物的味道，因此，前期的准备工作也会重点关注这个方面。土著人喜欢辛辣味道的食物，这类食物的前期准备就包括捣碎香辛料，为了便于烹饪制作，他们会将所有的香辛料混合在一起。如今能够在商店里买到备制好的香辛料，这就给家庭主妇们节省了大量时间，但在古代，当奴隶还是家庭的组成部分时，会有专门的奴隶被安排从事捣碎和混合香辛料的工作。有趣的是，土著人大量使用着中国调味品，诸如酱油、酱油膏甚至常见的米酒。[①] 印尼人烹饪常用的其他中国食材还包括豆腐、豆皮、面条和米线。

对于华人来说，烹饪并不需要做精心的准备，只要把肉类或者蔬菜切成需要的形状或大小。在将食材切成需要的大小后，接下来就是进行高明的烹饪了。香辛料很少被捣碎，而只需剁碎或者切碎。然而，烹饪起来却需更加精细用心，这当然也会有多种不同的烹饪方法，比如前面提及的炒、焖和红烧。像包子和烧卖这样的美味食物，同样也深受当地人的喜爱，并且经常可以看见小贩们沿街叫卖这些食物。在斋月期间，卖包子的小贩生意会特别好，因为不少被

---

① 同样参见卡蒂妮（R. A. Kartini）家族的烹饪书 *Putri Jepara*（Jakarta: Gaya Favorit Press, 2005），该书由 Suryatini N. Gani 编写。R. A. 卡蒂妮（1880—1905），又被称为"卡蒂妮女士"（Ibu Kartini），她出生在中爪哇省的一个贵族家庭。1990 年左右，她在写给自己荷兰朋友的信中，表达出愿为印度尼西亚群岛上的女性权利奋斗的理想，正因如此，卡蒂妮成了家喻户晓的名人。

受困于交通阻塞的人，往往会抓起一个包子来结束斋戒。

在这两种文化中，宴会都是非常重要的事件。对于华人来说，宴会必须精心准备，并且必须包括一些特定菜肴，像海参和其他美味。为了对客人以示敬意，厨师们必须用高超的烹饪技术准备好这些菜肴。春节宴会有一个要求，那就是必须制作一道鱼，以象征年年有余。雅加达的华人经常会提供一道菜——虱目鱼（*pindang bandeng*），这是一种用微酸汤制作成的虱目鱼。为了制作这道菜，渔民们会把这种鱼养到特别大。[①]

土著人的宴会通常比较传统，而且相同的食物将会以不同装饰或者不同组合的形式被供应上来。他们的主食是 *tumpeng*，一种被姜黄染成黄色并制成圆锥形的米饭。这种圆锥形的米饭被放置在一个大托盘的中间，周围环绕的是一些配菜。配菜和装饰品会根据具体场合来选择。Suryatini Gani 夫人是一位美食家，她告诉我，用于婚宴的黄姜饭通常都会制作得极为精致，并且装饰得色彩斑斓。肉类、家禽和鱼都是必需品，蔬菜也是，特别是菜豆。而在葬礼上，会准备两个这种圆锥形的米饭团，没有装饰品，但会在旁边放一只黑色的活鸡。这些圆锥形的米饭团会被带往坟地中，并留给那里的穷人食用。

为了庆祝斋月（Ramadan）的结束，穆斯林会提供马来粽（*ketupat*，用富于艺术手法编织的椰子叶包裹起来的米饭）和鸡肉、牛肉、豆饼、豆腐及蔬菜，它们都会被放在椰奶中进行烹饪，但是会放入不同的香辛料，上面还会放一些炸过的洋葱、磨碎的黄豆和切碎的椰肉。尽管几乎所有的家庭都会提供相同的食物，但是对客人来说，品尝相同菜肴里的差异所在也是一件难得的乐事。非

---

① 虱目鱼通常养殖在池塘中，因而养殖人能够根据自己的使用需求来控制它的生长大小。到了春节，市场上就能够见到超大个的虱目鱼了。

常有意思的是，中爪哇省的印尼华人会在元宵节这一天供应相同的食物。唯一的差别在于，这里的米饭不是被包在椰子叶中，而是包在香蕉叶里面。于是，这种食物又被称为"十五夜饭团（*Lontong Capgomeh*）"。

各种各样的菜肴环绕切碎的饭团（饭团在香蕉叶中制作而成）周围，使其成为"十五夜饭团"（Aji K. Bromokusumo 摄于 2008 年 2 月）

华人和印尼人的家庭烹饪

不难想象，在一个由华人和当地人组成的混合化家庭里，每天的菜单也是混合难分的。在一些家庭中，中餐可能会占据主导地位，而在另外一些家庭中，可能偏重辛辣的印尼食物更为普遍。

首先，肯定是华人男性将中国烹饪传承过来的，因为华人开始在印度尼西亚群岛定居之初，华人女性还没有过来。然而，当地的母亲们也一定分享了她们的烹饪方法。后来，当形成一个社区时，年轻的女孩就会被教授各种烹饪技术，而这些女孩在她们的青少年时期通常都会被限制在家里，学习如何为庆典和宗教仪式烹饪食物（Tjan Kwan Nio，1992：157-158）。同样重要的，还有祭坛上用作供品以及为特殊庆典制作的"湿蛋糕"（印尼语称"*kueh basah*"）。在平时，这些蛋糕会被挨家挨户地出售，或者是由小贩们到市场上叫卖。

在那些依然保留着中国特色的普通华人家庭的日常菜单中，显示出他们要比那些在印度尼西亚群岛上定居了几代的华人菜单，多出两倍的脂肪量和 25% 的蛋白质。他们待的时间越久，其食物构成就与爪哇人越像，而不是和移民过来的中国人相似（Holleman，Koolhaas and Nijholt，1939：311）。

如果丈夫更倾向于中国并且接受的是中式教育，那么他可能更喜欢吃中国食物，但是他的印尼妻子可能更喜欢她们当地的食物。这在不同的地方，或许差别很大。在南苏门答腊省的巴邻旁（巨港），有一道名为"*pempek*（一种鱼饼）"的特色美食，是深受人们喜爱的美味佳肴。这种鱼饼是用鱼酱做的，实际上它是做鱼饼的必备食材。但是在整个过程结束之前，鱼酱经过油炸后，会和一种酸甜酱油汁一起被供应上来。在万鸦老地区，将会有更多加有辣椒酱的咸鱼，这些辣椒酱是由醋和红辣椒制成的；在以辛辣食物著称的西苏门答腊省，人们会提供更多用辣味椰奶酱烹制而成的肉。然而，那里的华人通常会选择放更少的香辛料，尤其是辣椒，来改变食谱，以使得菜肴更加符合他们自己的口味。这与邦丹·威纳尔诺（Bondan Winarno）关于中餐馆里供应的巴东（*Padang*）食物的发现相一致：在华人手中，巴东烹饪被赋予一种迥异而特别的味道（Bondan Winarno，2007）。

另一种解决方法是使用参巴酱（*sambal*），它是一种在餐桌上用作调味料的辣制品。不同的菜肴需要不同的调味品，家庭主妇们已经学会了采用恰当食材制作某种菜肴应该使用的最佳调味品。不同地方的参巴酱也是有所不同的。在沿岸地区，海鲜非常丰富，故而参巴酱主要用于海鲜，或者包含一些海鲜制品的消费，比如发酵加工过的鸟蛤、虾或者小鱼。除了食材以外，制作者也非常重要，因为只有个别人才能够更好地掌握这门技术。

如果丈夫是荷兰人或者接受了西式教育，要求他的妻子给家人制作欧式饭菜，那么将会发生什么呢？在那种情况下，她将会查阅国外的杂志，或者有时候她也能够在当地的杂志上找到一些食谱。

20 世纪 40 年代，由 Ong Pik Nio 编辑的女性月刊杂志 *Fu Len* 上辟有一个食谱专栏，介绍了部分诸如此类的菜肴：*Filets de sole à la Colbert*，*Salad de Homard*，*Galantine de Poularde*，*Gateau Normande*，等等。然而，在其他一些月份，也会给出一些中国食谱或者印尼食谱。华裔主妇们必然会尽己所能，根据欧洲食谱去尝试制作一些欧式食物给丈夫享用，他们随后便会向朋友们炫耀自己的这些所作所为。

在战前的印尼，一种以欧洲为导向的文化，在他们包括食物在内的整个生活方式中体现出来。餐馆也会打广告，说他们供应着"美味的中国食物和外国食物"。当丈夫和妻子接受的都是中式教育时，他们所吃的食物将是更加名副其实的中国食物，尽管这在不同的家庭中或许也会有所不同。

我自己的家庭就是菜单选择变革中的一个佳例。我的祖父是一个身为客家人的中国移民，他在 14 岁时来到了印度尼西亚群岛，迎娶了在群岛上土生土长的祖母。尽管他们会一起吃饭，但是他更喜欢中国客家食物，比如红烧猪肉、红酒烩肠、清蒸鸡、清蒸鱼和一些炒菜。有时候他也会享用一些用红米酒和香辛料烹制而成的猴肉或者鹿肉。厨师也会做一两道来自印尼华人菜单上的菜肴，像咖喱鸡、酸甜蔬菜汤。他们的儿子和他们一起用餐，这两类食物都会吃。女儿和儿媳妇则在他们之后吃，她们会自己带新鲜的蔬菜、咸鱼以及配着食用的参巴酱抑或其他调味品，诸如发酵加工过的血蛤或小鱼。男人们通常用筷子吃饭，而女人们却用手指进餐。

咸鱼炒豆芽（欧杨春梅摄于 2006 年 10 月）

我的父亲接受的是荷兰式教育，他会吃我母亲做的娘惹食物和客家菜，但每周也会要求吃一次欧式食物。他曾经在一所荷兰寄宿学校中学习，那里只供应荷兰食物，一周吃一次印尼抓饭。于是，我的母亲就经常制作荷兰牛排，即用文火烤后切成薄片的里脊，但是有时候也会做一些更加精致的饭菜，比如上文提及的杂志中的那些食谱。

我的丈夫是来自爪哇岛的伯拉纳干华人，他多数时间都是吃他在家时已经习惯的印尼食物，这些食物大部分由西爪哇省的人所食用的菜肴组成，偶尔也会有一些中国食物。然而，随着时间的推移，更多与全球化进程相一致的食物得以被提供。因此，我的孩子们除了印尼菜和中国菜以外，对荷兰菜、意大利菜、法国菜甚至日本菜都非常熟悉。在他们各自的家庭里，菜单中包含着来自世界各地的食物，甚至包括犹太食物，因为我的女儿嫁到了一个犹太家庭。

餐馆和其他就餐点的华人饮食

目前，从五星级餐厅到最朴素、最简单的手推车等就餐点，都有华人饮食供应。最早的就餐点很可能是那些招待早期定居者的地方，而定居者想要品尝他们在家时已经习惯的饭菜。后来，因为商业原因开设了一些餐馆，从饮食摊或者手推车开始，随着努力经营，他们就不得不寻找一块更大的地方，有时就发展成为一个有着许多分店的大型餐馆。大部分厨师来自上海，这些人在 1937 年日本入侵中国后，迁到了相对更加安全的地方。他们带来了诸如咕噜肉（*kuluyuk*，甜酸肉），以及在巴达维亚被叫作"*rujak Shanghai*（上海水果沙拉）"的鱿鱼沙拉之类的菜品。在巴达维亚，这些菜品在二战期间得以保留下来，并把日本人也算作他们顾客中的一员。而且，在二战中发财致富的那部分人，也很骄傲地把他们的家人带往一些知名餐馆。

二战结束后，餐馆生意又开始变得兴隆起来，盟军成为主要的顾客。根据 1950 年一本杂志的广告中可以看出，在雅加达的唐人街——班芝兰（Pancoran）地区，这样的餐馆不少于 6 家。它们都是高大的建筑，有的餐馆足有三层楼高，这些都是战前餐厅的进一步延续。

不久之后，由于一些经济和政治问题的存在，餐饮行业逐渐变得萧条。唐人街的大型餐馆消失不见了，同样由于道路的拓宽，只剩下了少数几个能够吃饭的地方，风格和服务也都很简单。其中一个得以保留下来的餐馆是一家名为 "Siauw A Tjiap" 的客家餐馆，这家餐馆早在 1923 年便已经建立。餐馆老板声称自己发明了用 *ku mak* 配制炸鳗鱼的食谱，而 *ku mak* 是由略带苦味的绿色蔬菜佐以红色发酵米制成；另一道有名的菜肴是用酱油膏文火炖制的鱼。现在，这家餐馆已经在雅加达的其他许多地方开设了分店。

新地方的餐馆开张了，既狭小又简单，其中一些是由完全缺乏餐馆经营经验的人所开。他们仅仅有着对烹饪的热爱，再就是挣钱养家的愿望。面馆就是这样一类地方，其中尤以"加查马达 77 号面馆（Bakmi Gajah Mada 77）"最为人们熟知，这个名字源自面馆老板原来的居住地址。Tjhai Sioe Tjhuang 先生是一个广东人，他和在印尼的大多数广东人一样，最初是个家具制造商。由于在日本占领时期失去了工作，为了能够给自己的家人提供更好的生活，他开过一家餐馆。战争结束后，他重新回归了自己的家具制造老本行，但是有顾客时，也会给顾客们提供面条。来此就餐的顾客们，都鼓励他去开一家面馆。1959 年，在经济状况变得愈加困难时，他在自己的家中开了一家面馆，放置了几张桌子和一些长凳，供前来就餐的顾客使用。由于缺少好的食材，他决定只做面条，并且在面条之上放一些清炒过的鸡肉。事实证明他获得了巨大成功，慢慢地，Tjhai 先生开设了新的分店，到 2009 年时，他已经在这个迅速发展的城市之中的不同地方拥有了 13 家分店。他还将送货服务作为一项特殊服务，提供给前来就餐的顾客。许多顾客都对这种面条的特殊味道有着美好的记忆。那些搬到其他国家的人，当他们回到雅加达时，总会特意到访一下这个地方。或者当他们的朋友出国去探访他们时，也会请求朋友顺便给他们带一些面条过去。为了使公众享用这种面条成为可能，加查马达面馆保留着清真风格，因此，不供应猪肉。他们在菜单上增添了更多的种类，但是他们坚持不供应猪肉，因为他们想招待所有的人，并不想将某些宗教团体排除在外。

黄鸿坚（Oei Hong Kian）是一个牙科医生，他讲述了自己20世纪50年代在雅加达，是怎样从一个客家朋友那里学习品尝佳肴的。他们到访的其中一个地方是一处很小的就餐点，只能通过一个由两根香蕉树干搭成的桥之后才能到达。在他们通过那条不得不穿过的河流之后，就到了那个叫红溪（Angke）的地方。黄先生还提到了一家报社的前任编辑所开的餐馆。在那家报社倒闭以后，这位编辑开了一家餐馆，可以提供非常好的佐以蚝油的蟹（黄鸿坚，2001：224-231）。

另外一个案例是Yun Nyan海鲜餐馆，1950年，这家餐馆开在了雅加达港口——丹戎不碌（Tanjung Priok）的贫民窟里面。朱（Chu）先生是来到印尼的第二代广东人，当他还是个孩子时，就与父亲一起来到了印尼，父亲是修理船舶的技术工，这些船从勿里洞岛（Belitung）上的一家锡矿公司往外运输锡矿石。二战结束后，他搬到了雅加达，在雅加达的港口做着同样的船舶修理工作，突然他在那里发现了很多可以捕获的生鲜小虾。于是，他决定开一个小吃摊儿，专门售卖用小虾和对虾制作的菜肴。他制作的这种普通蒸虾变得如此受欢迎，以至于他很快拥有了来自整个爪哇岛的顾客。食用蒸虾所蘸的辣椒酱也变得非常有名。他并不知道消息是怎么传出去的，但是在他的顾客当中却有很多高级官员，比如银行家、外交官和将军。因为他的小吃摊儿比较小，这些人也需要等待，直到餐桌被收拾干净为止。1976年，政府下达了一道法令，需要腾空这片土地，而这家餐馆也必须搬走。因此，他们在东爪哇省地区又建了一家新餐馆，这家餐馆至今依然存在。通过对这家餐馆创建者的女儿朱女士的一次采访（2007 年 6 月 23 日）得知，朱先生的孩子们又在郊区至少开了 3 家分店，并且他的一个孙子很快要在一家奢华的大型商场中开设第三家餐馆。

没有汤的勿里洞面（*Mie Belitung*）（欧杨春梅摄于 2010 年 6 月）

其他一些受欢迎的地方就属路边摊儿了，这些地方通常是在下午 5 点左右商店关门时开张营业。此外，那些商店老板也会在人行道上开一些小餐馆，或者雇用其他人来进行烹饪制作。最常见的食物就是海鲜美食，这些美食在那些前去看电影的人群中非常受欢迎，他们会在进电影院之前先享用点东西，有时候是在看完电影之后前来购买。

想要吃到更多的外来美食，你就必须要去一些特别的地方。蛇肉会在一些隐秘的餐馆中有所供应，这些地方通常被称作"King Cobra(眼镜王蛇)"。至于猴肉和狗肉，就要到一家名为"Lokasari"

的游乐园中的摊点上去吃了。唐人街一带还会供应乌龟肉和青蛙腿（*swike*）。然而，中国人并不是唯一供应外来食物的人群，巴塔克人（Bataks）也喜欢供应狗肉，正如来自万鸦老的人一样，而且万鸦老人还喜食蝙蝠。

因此，在20世纪70年代，餐馆中的环境都比较普通，并没有精致的内饰和服务。但是供应的食物想必都是很好的，因为人们需要排队等待就餐。食物之所以美味可口，很可能是因为它们符合印尼人的口味。在20世纪80年代初，餐饮业又重新开始复苏。首先是在一些豪华的酒店中，这些酒店的建造初衷是为迎合商务人员和游客的，后来就是在一些高层建筑里面，而这些高层建筑也开始被用作办公楼。这些餐馆还能够提供卡拉OK设备。从20世纪80年代后期开始，餐馆中已经可以提供港式点心午餐了。这些点心在那些喜欢和朋友一起分享午餐的女性中间非常受欢迎，有时候她们也会使用卡拉OK设备。戴维（Dewi）夫人专门开了一个制作点心的地方，来特意迎合中餐馆的需要。由于没有时间自己做菜，有些餐厅宁愿从她那里预订食物。现在，她的丈夫负责管理那个"工厂"，由于制作的这些点心很受欢迎，他们的顾客与日俱增。

1965年开始，中国、印尼两国的外交关系降至冰点，直到1992年关系才得以恢复，同时贸易关系也随之恢复正常。除了商品贸易以外，很多新餐馆陆续开张，供应着中国大陆和台湾的高档菜肴。拉面馆的出现是一种创新，在这里，顾客能够看到厨师们通过拉伸和折叠面团来制作面条的整个过程。有时候，这种吸引力会成为人们邀请朋友外出就餐的理由之一。

一些非常别致的餐馆中会供应混合风格的食物，它们有着国际高级料理的特质。餐馆的选择并不局限于中国南方食物，比如粤菜、海南菜、潮汕菜或者客家菜。那里也有很多四川、上海和北京餐馆，在唐人街上甚至还有一家湖南餐馆，这些餐馆中供应着各式各样的汤。除了非常豪华的餐厅之外，还有那些来自台湾的特色粥店。

20世纪90年代也是人们移居公寓的时代，这就因此形成了不同的生活方式。厨房会保持得很干净，人们更喜欢外出就餐，或者把做好的食物带回家作为午餐和晚餐。在很多小型和中型餐馆里，我们可以看到这样的通知，说它们可以为居住在附近的顾客送餐到家。如今，餐饮业越来越繁荣，印尼人现在可以享受到来自世界各地的食物。那些提供印尼中餐的所谓娘惹餐馆也非常受欢迎。雅加达有三家十分知名的娘惹餐厅，分别是：Dapur Baba（"峇峇厨房"），Kedai Tiga Nyonya（"三女店"）和Mira Delima（"红石榴"）。这三家餐馆都供应更适合印尼厨房特点的中国饮食，因而麻辣有加，但是它们每一家都拥有自己的特色菜。"峇峇厨房"供应着更具荷兰特色的菜肴，包括荷兰牛排、汤和沙拉。"三女店"则有着更地道的印尼中餐，包括黑果焖鸡（*ayam keluak*）、中爪哇省风格的炸鸡或烤鸡、西爪哇省风格的炸鱼或烤鱼，还有豆腐海鲜火锅。"红石榴"的老板提供更加精制的印尼中餐，她声称这是从她的婆婆那里继承而来的菜单，而菜单上最重要的一道菜便是酸汤排骨。她制作的鱼蛋糕和三宝垄风格的春卷都非常受欢迎。在所有这些餐馆中，都有很多种参巴酱可供顾客们选择。

结　语

华人饮食文化在印尼的影响是显而易见的，在印尼有华人定居的任何地方皆是如此。蔬菜、调味品和其他食材已经被当地人采纳，并被用来改善他们自己的食物。一些食物被当地印尼人接受，作为自己的食物添加进他们的日常菜单之中。土著印尼人喜欢辛辣的食物，当然，他们也有很多能够使自己的食物变得极具吸引力的食材。结果是现在的印尼华人饮食文化俨然成为一份融合菜单，既有中国菜风格，又有印尼本土饮食文化的味道。

许多新的中餐馆开张以及老餐馆的延续，都反映出人们对正宗中国饮食的偏爱，这些老餐馆已经通过开设新的分店扩大了它们的生意，而这些分店不仅开到了雅加达这样的大都市，而且也遍及印度尼西亚群岛的其他城市。

特别是对于印尼华人而言，所有家庭的饮食文化并不都是一致的。越是适应印尼文化，他们就越喜欢辛辣的印尼食物，而那些更倾向于中国文化的家庭，则喜欢更加正宗的中国食物。但是他们在家中都会使用中国的食材，比如酱油、酱油膏、豆腐、中国蔬菜，当然，还有各种各样的面条。

参考文献

Bondan Winarno. 2007. "Papi Tiong (Father Tiong)." *Kompas Cybermrdia*, 5 July.

Bosch, F. D. K. 1929. "De betekenis der reliefs van de IIIe en IVe gaanderij van Boroboedoer (The Meaning of the 3rd and 4th Gallery of the Borobudur)." *Oudheidkundig Verslag*, Bijlage C, pp. 179-244.

Cammerloher, H. 1931. "Wat de Boroboedoer den natuuronderzoeker leert（What the Nature Explorer Can Learn from the Borodur）." *De Tropische Natuur*, 20: 141–152.

Cheng, F. T（郑天锡）. 1955. *Musings of a Chinese Gourmet*. London: Hutchinson, Second Print.

Haan, F. de. 1935. *Oud-Batavia*. Bandoeng: A. C. Nix & Co.

Holleman, L. J. W., D. R. Koolhaas, and J. A. Nijholt. 1939. "The Composition of the Diet of the Chinese of Batavia." *Mededelingen van de Dienst van Gezondheid*, 28: 306–320.

Jones, Russell, gen. ed. 2008. *Loan-words in Indonesian and Malay*. Jakarta: KITLV-Yayasan Obor, Indonesian edition.

Lombard, Denys. 1996. *Nusa Jawa: Silang Budaya II, Jaringan Asia,* translation of *Le Carrefour Javanais II, les Reseaux Asiatiques.* Jakarta: Gramedia Pustaka Utama, in collaboration with Forum Jakarta-Paris and EFEO.

Oei, Hong Kian（黄鸿坚）. 2001. Dokter Gigi Soekarno（Soekarno's Dentist）. Jakarta: Intisari Mediatama. [This book is also available in Dutch（*Kind van het Land — Child of the Country*）and an English translation is forthcoming.]

Purcell, Victor. 1980. *The Chinese of Southeast Asia*. Kuala Lumpur: Oxford in Asia paperbacks.

Raadt, E. de. 1932. "De afbeeldingen op de Boroboedoer（The Reliefs of the Borobudur）." *De Tropische Natuur*, 21: 10.

Steinman, A. 1934. "De op de Boroboedoer afgebeelde plantenwereld（The Plants Represented on the Borobudur）." *Tijdschrift voor Indische Taal, Land en Volkenkunde*, 74: 581–612.

Sidharta, Myra（欧杨春梅）. 2008. "Soyfoods in Indonesia." In *The World of Soy*, ed. Christine M. Du Bois, Tan Chee-Beng, and Sidney

Mintz. Urbana and Chicago: University of Illinois Press, pp. 195–207.

Tjan Kwan Nio. 1992. "Kisah Hidupku." In *Le Moment "Sino-Malais" de la Literature Indonesienne*, ed. Claudine Salmon. Pairs: Cahiers d'Archipel 19.

Torck, Matthieu. 2007. "The Matter of Provisioning in Zheng He's Fleet: A Reconstructive Attempt." In *Chinese Diaspora Since Admiral Zheng He with Special Reference to Maritime Asia*, ed. Leo Suryadinata. Singapore: Singapore Chinese Heritage Centre, pp. 51–59.

Vorderman, A. G. 1886. "Catalogus van eenige Chieesche en Inlandsche voedingsmiddelen van Batavia (Catalogue of Some Chinese and Native Foodstuff) ." *Geneeskunding Tijdschrift van Nederlandsch Indie*, 25: 103–125.

第五章 华人饮食在菲律宾的涵化与本土化

□ 施吟青
（Carmelea Ang See）

引　言

　　不要在上海寻找"上海春卷（*lumpiang Shanghai*）"，也不要在广东寻找"广东面条（*pancit Canton*）"。

　　前往中国的菲律宾人通常都会听到这样的建议。部分不明所以的菲律宾游客有时会认为这两种在菲律宾最受欢迎的食物源自中国。实际上，这些都是中国食物如何在菲律宾发生改变和日趋本土化的典例，而且它们又反过来影响到了菲律宾的饮食。在某种程度上，菲律宾菜已经对中国饮食产生了影响，使其最终演变成为菲律宾本土化菜肴，如同上海春卷和中式面条一样。

　　在中国与菲律宾长达数世纪的沟通接触中，双向的跨文化交流就此产生，两种文化互相转换、彼此充实，其在食物上的影响最为显著。食物交换也成为一种社交场合。举个例子，在中国的春节期间，年糕（*tikoy*）被视作朋友、上下级、同事甚至银行经理与客户之间巩固关系的一份礼物，同时也成为对过去帮助过自己的人表示感谢的一种"谢意"。

　　"过去的200年间，在西方资本主义及殖民主义影响下，华人饮食文化开始在全球传播扩散。以福建、广东两省为主的成千上万的中国人离开中国南方地区，到达了东南亚、大洋洲、北美和南美地区，他们不仅为这些地方带去了中国的烹饪方法，同时也带去了新的食材。"（李亦园，2001：xii）在菲律宾，这种转换现象最明显的例子就是所供应的中式面条（菲律宾语称"*pancit*"）会呈现为不同形式和不同种类——Pancit Luglug，Pancit Canton，Pancit Bihon，Pancit Malabon，Pancit Habhab，等等，在很大程度上，与韩国、日本的拉面（Ramen）和新加坡、马来西亚的叻沙（Laksa）一样，已经发展成为其本土化的特色面食。

菲律宾餐桌上比较常见的一些新鲜时蔬都有自己的中文名称，比如 *pechay*（白菜），*sitaw*（丝豆或菜豆），*kuchay*（韭菜），*wansoy*（芫荽），*upo*（葫芦），*toge*（豆芽），*kinchay*（芹菜）；调味品，如 *hebi*（虾米），*kimchamchay*（金针菜），*ngo hiong*（五香），*toyo*（酱油）。这些食物已经成为菲律宾烹饪中必不可少的部分。这些食物名称都是福建南部地区的闽南方言（闽南话），而90% 的菲律宾当地华人（Tsinoys）都来自福建南部一带。

或许是因为早期的许多屠夫都是华人[①]，一些肉类及动物内脏，比如 *goto*（牛肚），*tito*（猪肚），*kamto*（锦肚），*paykot*（排骨），*kasim*（胛心），*kenchi*（腱子），也都保留了它们的中文名称。

陈志明（2001：106）注意到："食品加工及其特定文化的食物风味取决于历史传统和地方性经验，同样也取决于自身的本土化和全球化进程。"本章目的在于揭示这些"中式"食物及饮食文化，在与占据主流的菲律宾食物及饮食文化的互动中，是如何被转换的，又是如何实现本土化的。中国文化在与菲律宾当地文化的融

---

① 在菲律宾华人社区中流行着这样一句说法：早期移民带着"三把刀"——剪刀、菜刀和理发刀，抵达了菲律宾。这种说法意在强调一个事实，即早期华人为了谋生，从事过各行各业，而厨师和屠夫是使用菜刀的。

合过程中，产生了独一无二的菲式中餐。从这些食物与饮食文化的跨文化交流中，我们同样能够瞥见彼此间的跨文化交流以及转换进程。

简　史

早期交流

《宋书》中有公元 982 年中国商人抵达菲律宾海岸时的最早记录。几个世纪以来，中国商人携带贸易货物频繁抵达不同的岛屿，以换取当地特产。根据早期历史文献记载，这些商人会在一个港口逗留一到两个月左右，等待当地人携带本地货物与其进行交换（吴文焕，2003；Scott，1989）。这些早期航海家不仅是商人，也是文化掮客。人类学家奥特莱·拜耶（H. Otley Beyer，1979）曾经记载过有关早期中国商人向菲律宾人介绍中药草的故事。实际上，考古学证据已经表明，在中国到东南亚地区的早期狩猎者与采集者之间，已经发生了深远的食物及饮食文化交流。

殖民时期

在西班牙统治时期，中国人主要是以寄居者的身份抵达各个岛屿的，这与我们今天身居菲律宾的海外工人非常相似。他们需要在外面工作，寄钱回国养家。这些寄居者中的许多人最终都在菲律宾定居下来，与菲律宾人通婚，在此组建自己的家庭。烟草业的引入增加了西班牙殖民政府的收入，伴随而来的是售卖各种食物的小商贩，他们满足了工厂工人的用餐需求，即为饥饿的劳工提供既廉价又方便的食物。

此后不久，这同一批小商贩就有能力建立起属于他们自己的售卖场所。他们后来称之为"*panciteria*",这是当时"中餐馆"的常用名称。这个名称本身就体现出汉语与西班牙语的融合。第一个词"*pancit*"在塔加洛语（Tagalog）中通指面条,而后缀"*-eria*"则指代做完某件事情的地方,比如 *accessoria*（住所）,*panaderia*（制作面包的面包店）,等等。因此,*panciteria* 就意味着供应面条的地方。这里既提供普通的中式面条,也提供中国菜（*comida China*）,菜单中的西班牙语名称反而使得这些简单的中国饮食,显得更加具有"异国情调"。费尔南多（Fernando,1978）对此进行过如下描述:

> 在西班牙国王菲利普二世时期,一名公务人员的信中这样写道:"在八连（Parian）的唐人街,有很多生理人（Sangley,华人）和当地人前来光顾的餐馆;甚至我还听说西班牙人去得也很频繁。"如今,中餐馆的菜单上即便依然将全餐称作"中国菜",它们的菜名却由西班牙语写成。因此才有了这些流畅悦耳的菜名:Camaron Rebosado Dorado con Jamon（黄金蝴蝶虾）,Lapulapu con Salsa Agrio Dulce（糖醋石斑鱼）,以及 Sopa de Nido con Tiburon（鱼翅燕窝）。

美国统治时期被中国商人视为商业的黄金时代。便捷的美国食物——沙拉、汉堡、意大利面、火腿、培根和热狗,被介绍到菲律宾人的饮食爱好之中。然而,中国在食物上的影响力,仍然强有力地存在于菲律宾随处可见的便利店（sari-sari stores）中,甚至菲律宾群岛上最边远的地方也是如此。所以,人们能够从这些便利店中买到所需的任何东西,这些商店则是如今 24 小时营业的便利店的前身。

在西班牙统治期间即开始售卖食物的街边小贩们,带着他们的"便携式厨房",依然活跃在菲律宾的大街小巷。小贩们用一根长竹扁担挑起便携式厨房，一头担着一个大锡罐，其中盛放着锡碗、面条和调料；而另一头则担着一个稍小的锡罐，里面盛着高汤。将面条盛进锡碗里，在上面撒上调料，淋上高汤，瞧，一碗热腾腾的面就做好了（施吟青，2005）。

现代时期

在日本占领时期以及战后这段时期，菲律宾都处于饥饿和贫困交织的困境期。在这期间，身处饥饿之中的人们只能以简易的中国酱油、豆豉酱、地瓜粥和竹笋作为主食来渡过难关。在太平洋战争及随后的战后时代，人们进出中国都变得非常困难，这种情况直到20世纪60年代末至70年代中期才有所缓和。新一波的移民潮通常从中国南方地区经由香港，抵达菲律宾。这些人大多是身居菲律宾的中国商人的直系亲属，1949年中华人民共和国成立之后，这些商人要么在中国被限制出境，要么留在了香港。更多中餐馆、中药店，以及售卖烧包、烧卖和厦门春卷的食品便利店等，都如雨后春笋般冒了出来。由于战前中国影响的持久性，尤其是中国菜在菲律宾菜中的影响如此根深蒂固，以至于即便是现代以来的许多中国菜也都被认为是菲律宾菜，尽管它们起源于中国是不争的事实。

20世纪80年代见证了快餐机构的崛起，以及随之而来的中式快餐服务理念。它们能够在干净明亮的环境中供应方便快捷、物有所值的典型 panciteria 食物。在21世纪，具有菲式风格的华人饮食快速传播到周边的邻国，特别是对"菲律宾"食物饱含思乡之情的海外菲律宾人聚集的那些地方。无论是在菲律宾国内还是在海外举办一场菲式飨宴，没有最基本的中式面条和春卷都是不完整的，虽然很多人并没有意识到这两种食物都起源于中国，并且拥有自己的中文名称。

如今，在全球化的 21 世纪，伴随着 1978 年中国的市场经济改革和对外开放以来新移民的涌入，更多的食物及其种类被介绍给菲律宾消费者。例如，拉面和使用 XO 酱（由切碎的扇贝肉制成）变得盛行起来。诚如李亦园（2001：xii）在《中国饮食文化在亚洲的改变》（*Changing Chinese Foodways in Asia*）的前言中提到的那样："20 世纪下半叶，中国移民国外的新浪潮，进一步促使制作中国菜的新食材被介绍到世界各地。"无论手工拉面、水饺、虾饺和其他花式点心等新华人美食，是否能在菲律宾烹饪中找到合适的位置并变得本土化，从而被菲律宾人所接受，这都应该成为我们将来进一步研究的课题。就目前来说，至少在 20 世纪，那些已经被列入菲律宾菜单中的华人美食，所体现出来的创新与双向互动已经非常明显了。对于部分已经成为菲律宾主食的华人美食，我将在下文中进行详细描述和阐释。

华人饮食的本土化

费尔南德斯（Fernandez，2002：183）对菲律宾本土食物以及菲律宾菜发展过程中的外来影响做了如下描述：

菲律宾食物景观的基础是来自陆地、海洋和天空，并使用简单方法（或烤、或蒸、或煮）加以烹制的本地食物。这些食物包括 *sinigang*——将鱼肉、畜肉或者禽肉与蔬菜一起炖制的酸汤；*laing*——椰奶中的芋头叶；*pinais*——包在香蕉叶中蒸熟的河虾和青椰肉；*pinakbet*——在鱼酱或者虾酱里蒸过的什锦蔬菜；此外，还有 *kinilaw*——抹上醋的海鲜。这些当地食物受到外来影响，最终发展成为现在人们所熟知的菲律宾菜。最早进入的外来影响，是由中国商人带来的中国饮食，据历史学家考证，从公元 10 世纪起中国商人无疑在菲律宾一直从事贸易活动，而这一行为完全有可能早至公元9世纪（根据陶器及其他货物所提供的证据）。稍后，西班牙—墨西哥的饮食传统传入菲律宾，接着美国通过两波殖民浪潮（1571—1898年、1899—1947年）也带来了自己的影响。

现在我将具体描述几种来自中国烹饪的食物。

米　饭

米饭是菲律宾人的主食，人们的早餐、午餐、晚餐都要吃米饭。菲律宾人即便可以少吃蔬菜或者肉类，但绝对不能不吃米饭。在这一点上，菲律宾人和中国人都是一致的。实际上，闽南话中许多与米饭相关产品的词汇都成为基本的菲律宾语词汇，如下：

Am	饮［米汤］	（rice broth）
Biko	米糕	（rice cake）
Bilao	米篓	（round flat woven trays）
Bilu-bilo	米糯	（rice balls）
Bithay	米筛	（rice sieve）

菲律宾语中用来表示农具的词汇，同样也来自于闽南话：

Lithaw	犁头	（plow head）
Lipya	犁耙	（back furrow）
Puthaw	斧头	（axe）

春　卷

中国人的饮食方式具有显著的灵活性和适应性特征。一道由各种混合食材烹制而成的菜肴，要综合考虑这些食材的外观与色香味，而不能只考虑其中某一个"特殊"方面。菜肴的内容变化取决于能否获得食材，但是这些变化并不意味着这道菜的整体质量和期待值会有所下降。这种特殊演变，在菲律宾人与华人间的互动和跨文化交流中表现得分外明显。在这个过程中，华人美食已经从最初的福建菜或广东菜，演变为符合菲律宾饮食口味的菲律宾化菜肴，其中春卷和中式面条就是这种演变带来的两个最典型的例子。这两道菜在菲律宾全国各地都有，但每一个省份或是每一个地区都有其制作特色。烹饪专家兼美食评论家多琳·费尔南德斯（Dorren Fernandez）博士（已故），曾对中国饮食在菲律宾本地菜中表现出来的本土化感到十分惊讶。

春卷"lumpia"这个词汇来自于闽南话词汇"lun bnia（润饼）"。福建春卷（更确切地说是厦门春卷）非常有名，漫长的寒冬过后，为庆祝春天的到来吃春卷，不仅是一种饮食活动，而且这本身也是一种仪式行为。准备食材（耗时一天以上）和吃春卷都属于家庭内部事务，甚至小孩子们也被叫来帮忙。高汤（通常是鸡汤）是前一天就准备好的，鸡肉被撕成条状，新鲜蔬菜也被切成薄片。由于切菜手法需要保证蔬菜的原汁原味，所以切菜时要注意不同的蔬菜使用不同的刀具。在汤中煮熟的蔬菜与其他食材一起被放入一个大盘子中，诸如碎花生、好苔（ho-ti[①]）、芫荽以及碎大蒜之类。新鲜生菜叶被仔细地摆放在由米粉制成的薄薄的春卷皮边上。将生菜叶放在米皮之上，再把煮熟的各种食材堆在生菜叶上，撒上新鲜的调味料，然后将整张面皮卷起来，接下来人们就可以准备仔细品尝做好的春卷了。春卷一般以食用生春卷为佳，但吃剩下的也可以用来制作油炸春卷，如果想要的话还可以多放一些食材进去。

即使在菲律宾，春卷也有各式各样的吃法：生春卷或者油炸春卷，肉馅春卷或者素馅春卷。生春卷（lumpiang sariwa）通常

[①] 这种食材是由切碎的海带和炸脆米粉制作而成的。就像菲律宾语中的许多闽南话词汇一样，它看起来和汉字没有任何相同点。了解好苔的菲律宾人在点春卷时，通常只是把它称作"酥海带"。在调查中，一些上了年纪的访谈对象建议将 ho-ti 的汉字写作"好苔"。

包着豆芽、胡萝卜、白菜丝、洋葱、大蒜、芹菜、豆干（*tokwa*），以及煮好的猪肉糜或者鸡丝。制作上的变化无非在于春卷中也能包一些煮好的虾或者碎花生。而油炸春卷（*lumpiang prito*）则更加多样，可以包裹任何东西，也可以只包豆芽和胡萝卜丝，然后再进行油炸。为了使其变得更为丰富，通常还会加上土豆。当然，还有更精致或者更特别（及更昂贵）的春卷形式，这些春卷会包裹更多的蔬菜和肉，甚或像蟹肉之类的海鲜。而仅仅包着豆芽和胡萝卜的油炸春卷，在街边的小吃摊上随处可见。

生春卷

菲式春卷（*lumpiang ubod*）包着炒好的"椰子心"以及大蒜、猪肉和虾。而一种最受欢迎同时也最常见的春卷——上海春卷，则会包裹猪肉糜和切碎的胡萝卜、土豆、洋葱。所有的食材在被包进窄小的米皮之前，都要和鸡蛋以及少量米粉一起搅拌均匀。不像那些只包着蔬菜的春卷，它们由于自身尺寸较大（长度约 6 英寸[①]，直径约 2 英寸）的原因，被当作正餐；而上海春卷的直径仅仅为 0.5 英寸，长度为 2 英寸，因而通常作为配菜食用。

大部分的油炸蔬菜春卷都要蘸着醋吃（有的人还要就着大蒜和本地辣椒），而食用上海春卷时，则需要蘸着番茄酱或者一种以番茄为主制成的甜酱。其实，任何一种烧烤类或者油炸类食物都要配上自己特有的蘸酱。在大部分菲律宾餐桌上都提供酱油、醋和鱼酱，这表示用餐者可以根据自己的喜好随意调配食物的味道，而不对食物的味道进行微调的进餐则非常少见。这种蘸酱的爱好已经融入菲律宾人的春卷食用方式之中。

春卷从中国福建用于庆祝的一种仪式性食物，演变成为一道简单的素餐，然后再次成为复杂多样化的特色饮食，这主要归功于人们对多种食材的使用。豆芽是市场上最便宜的蔬菜之一，菲律宾语称之为"toge（发 toh-geh 音）"，而闽南话则称其为"daogge"，这充分证明了这个词语来源于中国。只需花一点点钱，一家人就能够做好油炸春卷，就着米饭美美地吃上一顿。一个家庭或者一家餐馆对所供应"特色春卷"中其他食材的增减把控，通常来源于厨师的突发奇想。

通过更近距离地观察春卷现象，我们基本能够推断出这无疑是一种穷人的食物。毕竟，食物和饮食文化并非从经济阶层的上层开始发生变化的，而是由底层逐渐向上慢慢改变的。随着春卷制作变得越来越精致，供应它的餐厅也是如此。举例来说，马尼拉（Manila）的帕特林（Pat-lin）餐厅拒绝提供配有蘸酱的厦门生春卷，因为餐厅老板想让顾客明白不配蘸酱的春卷才是最美味的，而

---

① 英寸（inch）是至今仍在使用的计量单位，1 英寸 ≈ 2.54 厘米。——译者注

有些商场的店铺中也只售卖帕特林春卷。Diao Eng Chay 餐厅是马尼拉人购买春卷的另一个快餐店。

烧包与烧卖

在菲律宾，一天的饮食并不是被简单地分为早餐、中餐和晚餐，在一日三餐之间还有两次点心时间（*merienda*，西班牙语，翻译过来好比办公室的咖啡时间）。点心时间不单单是为了坚持到饭点所吃的简式小点心，它几乎就是一种人们聚在一起分享食物，同时也分享彼此人生故事的基本惯例。因此，为点心时间准备的食物不仅应该丰富多样，而且更是一种创建和维护友谊的饮食享受。仅仅靠一些苏打饼或者曲奇饼干是无法满足需求的。

在点心成为菲律宾菜代名词之前的很长一段时间里，烧包和烧卖是常见的"派对"食物，特别是在学校和办公室职能部门中。这两个塔加洛语词汇同样也来自闽南话中有关烧包、烧卖这些点心食物的词汇，尽管烧包和烧卖起源于广东。这两种食物已经发展成为"7-ELEVEn 便利店"，以及中餐厅、菲律宾餐厅中的常见小吃，而且全天候供应。

烧包和烧卖是既可以和朋友一起享用的两种食物，甚至又可以在前往办公室的公共交通工具上被当作快捷早餐。因为它们在家中制作起来不太容易，所以也就变成了"特色"食物。餐馆和商店为了拥有"最佳"口味的烧包或者烧卖而竞争不止。对于烧包来说，多加肉和（或）其他食材，会让这道小吃的味道更加令人满意。

烧包最开始只有两种——*bola bola*（看起来像汉堡肉饼的猪肉糜馅）和 *asado*（切碎的猪肉馅）。现如今，特色烧包主要包括：里面有半个咸鸭蛋的 *bola bola* 烧包，或是其中有一大片香菇的 *asado* 烧包，又或是填满鸡肉而不是猪肉的烧包，此外还有很多素菜烧包，包括油炸素烧包。

传统的烧卖以猪肉馅为主。然而，自从 20 世纪 90 年代以来，特别是随着点心的流行，特色烧卖店开始出现。现在的烧卖种类包括纯素食烧卖、蟹柳烧卖、鹌鹑蛋烧卖、培根烧卖、火腿肠烧卖或者鸡肉烧卖。为了延续菲律宾人爱吃蘸酱的一贯喜好，烧卖通常也会配着酱油和菲律宾柠檬汁（calamansi）食用。20 世纪 90 年代还出现了新的烧卖吃法：把蒜蓉辣椒酱加入酱油和菲律宾柠檬汁的混合体中，配置成一种新式蘸酱，然后食用烧卖时就着吃。

中式面条

另外一种穷人的食物即中式面条，现如今已经成为菲律宾的主食。一种解释认为，pancit 一词来源于闽南话词汇"便食（pian-sit）"，字面意思就是快餐或者便于准备的食物。这可以回溯到前文已经讨论过的"便携式厨房"，工人们能够从街边小贩那里得到一份新鲜出炉的便食。另外一种解释认为，pancit 代表着闽南话中的"扁食（pian sit）"，指的是一种扁平的米粉，看起来像意大利扁面条（linguini）。但是这种扁食只在福建某些地区深受欢迎，并没有在菲律宾流行起来。从文化角度来看，当借用的词汇被频繁使用时才会产生外来语，就像 pechay 指代白菜，又比如 mami 的字面意思即"肉面"。既然 pian sit 并没有在菲律宾流行开来，那么该词汇就不可能进入菲律宾语之中，因此，将指代"便食"的该词汇作为 pancit 词源的这种解释，貌似会更为合理（施吟青，2005）。

无论 pancit 这个词汇源自何处，人们都普遍承认中式面条来自于中国。在过去，中式面条通常由面粉制作而成。但制作方法的变化也产生了一些特殊的名称，比如 pancit bihon（闽南话称之为

bihun，意为"米粉"）和 *pancit sotanghon*（冬粉）[①]，这些名称指出了各自使用面条的类型和烹饪方法。

在食物本土化的过程当中，不同种类的中式面条现已成为不同地区的特产。这种本土化特征完全被"本地菜"吸收得如此彻底，以至于几乎菲律宾的每个地区都拥有了自己独特的中式面条。

费尔南德斯（2002：185）对不同种类的中式面条进行了如下描述：

> Pansit Malabon，是"渔乡"马拉翁（Malabon）的特产，面中通常包括虾、牡蛎和鱿鱼。Pansit Marilao，源自马里洛（Marilao），它位于吕宋岛（Luzon）中心水稻种植区内的布拉干省（Bulacan），米香松脆是其典型特征。**Pansit Guisado**（*guisado* 是西班牙语词汇，意为"煎炒"），由面条、土豆、洋葱、虾、蔬菜以及猪肉一起炒制而成。Pansit Luglog（*luglog* 为塔加洛语，意为"摇晃"），一种在热肉汤中搅动的面条，同时辅以虾酱调味。而在 Pansit Palabok（*palabok* 意指"增添味道或装饰"）中，要将切成薄片的熏鱼、鱿鱼、碎油渣以及切薄的猪皮等，撒在面条上。

另外一种在大多数菲律宾餐馆中都可以品尝到的中式面条就是广东面条，由鸡蛋面制作而成。近年来，一个很广泛的现象就是广东方便面的创新，众多方便面公司都推出了各种各样的口味——麻辣味、菲律宾柠檬味、甜辣味，此外还有蔬菜味、牛肉味或是鸡肉味方便面。

---

① 闽南话称 *pancit sotanghon* 为"冬粉"，而在普通话中叫作"粉丝"，英语通常翻译为 cellophane noodle。然而，菲律宾使用的闽南话词汇是"山东粉"，尽管它并非源自山东省。我从一些上了年纪的华人被访者口中了解到，在 20 世纪早期，一家名为"山东饭店"的餐馆推出了一种面食——冬粉，非常受欢迎，这很有可能就是"山东粉"这一称谓的由来。

广东面条

肉面、卤面、冬粉、面线和肉羹

虽然上面这些所有类型的面条和中式面条都被制作成了"干面",但是也有非常受菲律宾人欢迎的汤面,即肉面(*mami*)、卤面(*lomi*)、冬粉(*sotanghon*)、面线(*misua*)和肉羹(*maki*)。每个人都知道面条来源于中国,然而,每个人也都承认这五种食物确实属于菲律宾。

Mami 源自 *ba-mi*(肉面),也就是猪肉面。肉面的名声和知名度,通常要归功于一个人——Ma Mon Luk,他是广东的一名教师,立志在结婚前必须"成就一番事业"。就这样,他开始沿街叫卖鸡汤面。Ma Mon Luk 将用肥美土鸡制作的鸡汤,盛放在一个金属容器中,在其底部用燃烧的炭火不断地加热,而面条和餐具则放在另外一个大篮子里。他将两个容器分别悬于一根竹扁担的两头,自己担在肩上兜售鸡汤面。到了晚年,当 Ma Mon Luk 走路时,还是一个肩膀高,一个肩膀低(费尔南多,1978)。

叫卖肉面的小贩们最近采用了一种新形式，他们将盛放肉汤和食材的两个容器分别放在自行车两侧的挎斗中。人们在街角处就可以看到，这些骑着自行车的小贩正在向劳动工人兜售热乎乎的肉面。

就广东面条而言，肉面在方便面行业中有着更加悠久的历史。家里制作的或者餐馆供应的肉面，都不约而同地在面条中加入了肉和蔬菜。人们总想找到各个餐馆之中最好吃的肉面，尽管当他们仔细观察时就会发现，仅有的不同之处只在于食材的比例不一样而已。所有的肉面都由鸡蛋面、肉和蔬菜制作而成。

卤面更像是一种炖得浓稠并佐以酱油的肉汤。将宽厚的面条、肉和蔬菜放在一起制作；为了使其更加黏稠，还要在汤中加入一些面粉。出锅前的最后一分钟，再打一个生鸡蛋进去加以搅拌，卤面就做好了。这个名字本身也表明了它的制作过程，闽南话中的 lo（卤）意为慢火煨炖，而 mi（面）指的就是面条。

冬粉可以用各种各样的方式制作而成：可以像中式面条一样做成干面，或者在普通鸡汤里加点配料做成汤面。由绿豆制成的细面条煮过之后，会变得光泽透亮。菲律宾华人一般把冬粉做成汤羹，通常会在其中加入蔬菜以及鸡肉或者海鲜，其中有一道深受喜爱的美食即是香辣蟹冬粉。本土化的菲律宾冬粉更加精致，因为它们需要在特殊的场合被消费。按照菲律宾的一般惯例，这种面条已经被本土化为 "pancit sotanghon"：将面条浸泡在水里直到它们变得光泽透亮，然后和大量蔬菜放在一起炒，出锅前再加一些肉进去，冬粉面就做好了。

面线或者细粉条是福建人中间最受欢迎的一种仪式性食物，是给那些第一次前来拜访的亲戚们吃的。在其他诸如订婚、庆生、结婚这些喜庆的场合，也会供应面线。菲律宾的家常做法是将面线加入传统的鸡汤之中，使其变得愈加丰盛。当然，作为一种面条，面线也可以被简单地炒制而成。

肉羹的做法是将猪肉裹上面糊，然后再放入滚烫的肉汤里。肉汤因为加入了木薯粉而变得浓稠，它可以是麻辣的，或者仅仅是咸味的。肉羹面（*maki-mi*）则是在浓稠的肉汤里加入面条制作而成的一种食物。不可否认的是，几个世纪以来，菲律宾人的口味和文化都已经渗透到廉价的面条之中。这些面条类食物被认为是节日和派对上的主食，同时也经常被视作一份带回家送给妻儿的完美礼物。

豆制品

黄豆和豆制品并不是菲律宾群岛上的本土产品。就像在东南亚的其他地区一样，黄豆是由中国人带进菲律宾的，因此依然带来了它的闽南话词汇——*utao*（黄豆）。所有以黄豆为基础的"菲式"食物都保留了它们的闽南话名称，从最软到最硬的豆制品都有，包括 *taho*（豆花），*tofu*（豆腐），*tokwa*（豆干），*tausi*（豆豉）和 *toyo*（豆油）。

由于盛传菲律宾人极其喜好甜食，所以人们在食用豆花时，往往会溶入 5~10 毫升左右的红糖以及木薯粉圆。人们可以看到卖豆花的小贩，总是在肩上用竹扁担挑着两个金属容器。扁担一头的容器中盛放着素豆花，另外一头是有三个隔间的加盖桶，里面分别放着液态糖、小木薯粉圆或者西米，还有钱。装着塑料杯子的塑料袋，通常也会系在扁担的一头。

无论人们饥饿与否，一天当中的任何时间都可以吃豆花，而它通常被视作一种小吃。但是，大多数人会选择在早晨把它当作早餐食用，这个时候豆花刚刚出锅，还热气腾腾的。随着日头渐长，想要看见前来购买豆花的消费者变得越来越难，因为人们一般都喜欢吃热豆花，但是下午时分由于天气太热就无法再食用了。

在最近几次去中国的旅行中，我经常在自助餐厅和小型餐馆中发现炸好或者蒸好就吃的豆干。如果将这种豆干给菲律宾人食用，他会认为这样的烹饪方式以及制作方式确实是让人感到遗憾的。一如既往地，吃豆干必须要有调料——酱料！结果就产生了 *tokwa baboy*（豆干和猪肉），它在酱油和一点点醋里烹制而成，是一道风靡全国的菲律宾菜。这种小菜适合做中餐或晚餐，当然也可以被当作 *pulutan*（伴着啤酒吃的任何食物或菜肴）。

豆油或者酱油在菲律宾是相当常见的调味品，走进任何一家菲律宾餐馆，餐桌上不一定有盐巴和胡椒调味瓶，但必定会有豆油和醋瓶！菲律宾人喜欢或油炸、或烧烤的食物——海鲜或肉，因此，豆油是一种基本蘸酱。

好 饼

春卷和中式面条在 100 多年时间里不断演变的同时，最近的 20 世纪现象中包含着一种令全世界的菲律宾人对其口味垂涎三尺的小糕点。*Hopia* 是塔加洛语词汇，它来源于闽南话中的 *ho-bnia*（好饼，字面意思为好饼干）。许多出国的菲律宾人通常都会把好饼带给即将在国外相见的亲人们。在中国福建，好饼的"近亲"看起来仍然和 100 年前的样子非常相似——柔滑的面皮里包着绿豆沙馅。菲律宾的好饼在东南亚地区的"近亲"，是马来西亚的豆沙饼（Tau Sar Pia）。

在 20 世纪初期，当好饼第一次传到菲律宾时，它还只是一种由豆类和面粉制成的简单糕点。就像豆花一样，流动的小商贩会在一根扁担的两头挑着两个装得满满的扁平托盘（bilao），把好饼当作小吃兜售。

在奎阿坡区（Quiapo），即马尼拉的一个区，兜售的早期菲律宾好饼，都是由绿豆沙与面粉或者红豆沙与面粉制作而成的。它们被放在一个大的托盘（扁圆的平织托盘）上，售价从50分到1比索①不等。如果豆沙比面粉多，那就意味着点心的质量要高一级，卖价当然也就越高。说来也奇怪，这些点心当时却被称为日本好饼（Hopiang Hapon），也许是因为它薄薄的外皮看起来很像日本纸（papel de hapon）吧。

与老一辈华人进行的谈话揭示出了这个问题的答案。之所以命名为日本好饼，是因为老一代的好饼制作者用日本面皮取代了中国面皮。由于这样做出来的好饼存放更佳，同时相较于薄薄的中国面皮，也更容易制作，所以它成为一种更为理想化的产品。制作好饼所需的材料非常便宜，用一个简单的金属桶当作烤箱就足够了。

对于菲律宾人，尤其是大都市中的菲律宾人而言，好饼只是一种普通小吃。尽管随着时间流逝，它的知名度被更新的食物取代了，机器生产出来的小吃，不仅外观看起来更加吸引人，而且确实更加卫生。直到1985年，一位深感绝望的好饼制作者在偶然间发现了一个食谱秘方，这才推动着他的产品逐渐成为好饼界的"明星"。在1985年之前，"Eng Bee Tin 好饼"的销量一直急速下滑。据第三代传人蔡先生（Gerie Chua）介绍，主要的问题源自产品自身。他们的好饼又硬又干，即便是朝着一堵墙扔过去，它的形状依旧保持着原样。原料的浓稠度不会被改变，因为这些点心必须足够结实，

---

① 比索（peso）是菲律宾的货币单位之一，1元人民币 ≈ 7.22 比索。该货币单位主要是由前西班牙殖民地国家所使用，许多国家因为通货膨胀等原因，已经弃之不用，但在菲律宾，比索仍是重要的法定货币。——译者注

才能在它们被运往外省时，一个叠在另一个上面层层堆放起来。这些几乎像岩石一样硬的饼子被放在篮子深处，街头小贩将其悬挂在扁担上沿街叫卖，或者通过火车和轮船运往国外。

蔡先生前往当地超市，向销售人员询问销售得最好的冰淇淋口味是哪一种，他得到了"ube（紫山药味）"的回复。在那个时候，唯一流行紫山药味的常见食物就只有冰淇淋了。一种名为 halaya 的当地点心就是用紫山药和糖一起制作的，然而制作这种点心的过程极其冗长乏味（包括数小时不停地搅动黏性极强的紫山药糊，这似乎需要钢筋铁骨才能坚持下来），因此，它通常被当作家中的自制产品出售。在菲律宾北部制作的其他紫山药制品都是果酱和牛奶糖。

紫山药制品符合人们传统意义上的期望，因为它们现在已经非常稀少。菲律宾人喜欢紫山药的味道，通常认为它是一种需要慢慢享用的特殊食物，唯恐将其吃光。考虑到这个文化因素，也就不难理解为什么蔡先生能够将他日渐惨淡的家族产业发展到每天 5000 包的销售量。他尝试了各种不同的办法将紫山药块茎磨碎以后加入好饼之中，接着又尝试了各种方法让好饼的质地变得像奶油般柔滑。最终面市的产品是一层薄皮下裹着又甜又柔滑的馅。

目前，Eng Bee Tin 好饼每天的销售量竟达到了惊人的 4000~5000 包，这还仅仅是两种口味——杧果味（含有绿豆）和紫山药口味，其余 10 种口味加起来的销售量也在平均每天 3000 包左右。除了那些数据之外，年糕（通常只在农历新年期间吃的甜米糕）和蔡先生的创新产品——无糖年糕（玉米味、草莓味和紫山药味）的全年销售额也很可观。

蔡先生希望他的点心成为纯天然的产品，但是，不添加防腐剂的好饼，保质期只有两天左右。为了绕开并解决这个潜在的问题，特别是面对现在产品已经远销世界的情况，Eng Bee Tin 通过糖的使用才成功使产品保质期得以维持在 4 天以上。从商业角度来看，这个决定给那些传统的甜食爱好者——菲律宾顾客帮了一个大忙，因此，这也不断提高了 Eng Bee Tin 相较于其他同类行业的品牌知名度。

在 2006 年，蔡先生为他的好饼添加了菲律宾人喜欢的其他口味，这些口味的使用也增加了好饼的特色，而其口味的来源更偏向西班牙和美国，而非菲律宾。现在的好饼已经有了紫山药牛奶味（*ube-pastillas*）、紫山药奶酪味（*ube-queso*）、紫山药菠萝味（*ube-langka*）以及巧克力花生味（*choco-peanut*）等众多口味。

结　　语

通过与菲律宾几个世纪以来的文化互动与文化交流，华人饮食文化已经悄然渗入菲律宾的饮食当中。正像华人饮食已经影响和提高了菲律宾菜肴一样，它反过来也受到了菲律宾口味和饮食文化的影响而改变，在菲律宾本土背景下发展成为独特的饮食。

这种经历与在华人移居的世界其他地区所发生的事件非常类似。正如陈志明（2001：135）所写的那样："分布于世界各地的华人饮食传统的改变，是中国文化适应当地环境的结果，这其中也包括对当地生态以及自然资源的利用。与当地食物资源（食材等）和食品备制非中式文化准则的接触，结果导致了文化借用和文化创新。"

这一转换过程的轻松展开，显示出菲律宾文化自身的多功能性和灵活性。多年以来，菲律宾主流社会的复杂性，包括早期深受阿拉伯商人、印度商人和中国商人的贸易影响，后期则深受来自西班牙和美国殖民侵占经历的影响，都为跨文化交流与转换的平稳进行提供了充足的空间。这种双向互换交流得以反映在菲律宾生活中的方方面面，但尤以饮食最为特别，因为在经年累月的浸润之下，中国的影响已经成为菲律宾民族文化织锦上至关重要的绣线。

参考文献 □

Ang See, Teresita（洪玉华）. 2005. *Tsinoy: The Story of the Chinese in the Philippines*. Manila: Kaisa Para sa Kaunlaran, Inc.

Beyer, H. Otley. 1979. "The Philippines before Magellan." In *Reading in Philippine Prehistory*, ed. Mauro Garcia. Manila: The Filipiniana Book Guild, pp. 8–34.

Fernandez, Doreen G. 2002. "Chinese Food in the Philippines: Indigenization and Transformation." In *The Globalization of Chinese Food*, ed. David Y. H. Wu and Sidney C. H. Cheung. London: Routledge Curzon, pp. 183–189.

Fernando, Gilda Cordero. 1978. "The Mami King." In *Filipino Heritage: The Making of a Nation*, Vol. 10. Manila: Lahing Pilipino Publishing Inc., pp. 2592–2595.

Go Bon Juan（吴文焕）. 2005. "Ma'I in Chinese Records — Mindoro or Ba'i？ An Examination of a Historical Puzzle." *Philippine Studies*, 53（1）: 119–138.

Li Yih-yuan（李亦园）. 2001. "Foreword." In *Changing Chinese Foodways in Asia*, ed. David Y. H. Wu and Tan Chee-Beng. Hong Kong: The Chinese University Press, pp. vii–xiii.

Scott, William Henry. 1989. *Filipinos in China before 1500*. Manila: De

La Salle University.

Tan Chee-Beng（陈志明）. 2001. "Food and Ethnicity with Reference to the Chinese in Malaysia." In *Changing Chinese Foodways in Asia*, ed. David Y. H. Wu and Tan Chee-Beng. Hong Kong: The Chinese University Press, pp. 125–160.

网站：

http://www.dimsumndumplings.com.ph/.
http://www.engbeetin.com/products/.

第六章 曼德勒的华人饮食：族群互动、地方化与身份认同

□ 段 颖
（Duan Ying）

俗话讲"民以食为天"，这说明食物在人类的生活中占据着首要地位。华人饮食文化是中华文明的重要组成部分，历史悠久（参见 Anderson，1988；张光直，1977）。不同地区的华人饮食反映出当地居民对于本地生态环境、经济环境以及社会文化环境的适应。它们呈现出不同地区中的华人认同与文化多样性，反映出全球化—地方化进程，以及变迁的世界之中的文化延续和转型（Goody，1988：161-171；陈志明，2001；吴燕和、张展鸿，2002）。

本章[①]将主要探讨缅甸曼德勒（Mandalay）的华人饮食文化。通过食物与饮食方式，我们能够看到华人的文化认同、社会互动以及他们融入当地社会的情况。此外，我会就曼德勒中餐馆扮演的新角色以及具有的象征意义进行分析。2006 年 8 月至 2007 年 7 月，我在曼德勒进行人类学田野调查，而上述讨论正是基于这段时间所收集的资料而展开的。

① 本研究得到中国博士后科学基金资助项目（项目编号：20100480812）支持。感谢王丹宁博士审阅这篇文章，同时，也特别感谢陈志明教授给出的建议和鼓励。

曼德勒：一个历史悠久的多元族群城市

曼德勒，现为曼德勒省的省会，也是缅甸的第二大城市。位于缅甸的地理中心、伊洛瓦底江（Irrawaddy River）东岸，市中心面积约为 25 平方英里①。整个城市的设计犹如一个棋盘，街道交叉成直角。作为缅甸王朝最后的都城，曼德勒曾是英国殖民战争之前缅甸的政治、经济和宗教中心。这里拥有诸多与缅甸皇室相关的历史遗迹。然而不幸的是，在第二次世界大战中，除了皇宫的城墙和城楼以外，几乎所有的建筑物都被毁坏殆尽。曼德勒皇宫内的现有建筑，都是 1989 年以后，军政府根据宫殿的原初状态修复而成。这座皇宫依然被视为曼德勒的著名地标和旅游景点，许多政府机关和知名餐馆都坐落在皇宫周围。

作为上、下缅甸的交通枢纽，曼德勒成为诸如布料、木材、大米以及各种货物原料的物资集散中心。此外，主要航空公司负责运营从其他各大城市飞往曼德勒的航线，这就使得曼德勒因其优越的地理位置和便利的交通设施，而成为一个人力和资本高度流动的繁忙都市。

曼德勒的城市人口大约 100 万，②主要由缅族（Burmese）、掸族（Shan）、傈僳族、华人、印度人以及其他少数民族构成。其中，华人的比例占到 10%，他们要么是 19 世纪以来就生活在曼德勒的早期移民后裔，要么是缅甸独立以后，来自中国大陆或上缅甸山地边境地区的新移民。曼德勒的华人根据祖籍的不同，分为 4 个次族群。根据 2005 年各同乡会（云南同乡会、福建同乡会、广东同乡

---

① 英里（mile）曾是一种通用于英国及其前殖民地与英联邦国家的非正式标准化单位长度。就目前官方而言，它仅应用于美国、利比里亚和缅甸等少数国家。1 英里 ≈ 1.609 千米。——译者注

② http://mandalay.china-consulate.org/chn/mbly/mandalay/t214249.htm.

会、多省籍同乡会）的在册人数统计，曼德勒 4.52 万华人之中，云南人占 44.4%，福建人占 22.1%，广东人占 8.8%，而其他省份的华人仅占 2.7%。[①]

家庭与餐厅饮食

不同地区的华人有着各具特色的饮食，这不仅仅在餐馆的食物上体现出来，也反映在家里制作的食物中。然而，就曼德勒的华人而言，在与其他族群的互动中，他们的家常菜已经较为地方化。例如，曼德勒华人中数量占多数的云南籍华人，至今仍然在他们的饮食中保持着云南风格，如酸菜炒肉、干焙土豆丝一类菜肴，都是普通的家常菜。使用最多的肉类是猪肉，其次才是鸡肉、鱼肉和牛肉。几乎在每一个云南人家庭中，我们都可以看到云南火腿和腌菜这两种司空见惯的食品，有些家庭会从中缅边境进口云南火腿。云南饮食中的传统风味是辣和酸。在曼德勒，当地的云南籍华人将酸味视作云南饮食的主要风味之一。同东南亚地区的其他华人群体相类似，曼德勒的云南籍华人用柠檬代替食醋，来作为酸味的原料。在云南人家庭中，用红辣椒、生姜、酸角和蔬菜制作而成的酸辣汤，可谓再普通不过的家常菜。许多人认为这种汤是云南人的传统饮食。但是，在自己的家乡云南，我却从来没有见过这种风格的酸辣汤。当曼德勒的朋友邀请我去一家缅甸餐馆用餐时，我发现该餐馆供应的正是被称作酸辣汤的那种汤。唯一的不同在于，这里的汤是免费供应的，汤中没有红辣椒。很显然，在曼德勒生活的云南人已经创造出一种具有当地特色的云南饮食，它将当地风味与他们自身的饮食

---

① 4.52 万这一数字是指那些在各自的同乡会实名登记过的人数。华人的实际人数要高于这个数字，因为有些人并未在同乡会进行实名登记，或是不知道怎样操作。

传统融合在一起。

在曼德勒，广东人是第三大华人分支，他们同样有属于自己的地方饮食。然而，他们的家常菜却没有遵循传统广东菜的做法。除了从广东餐馆购买的叉烧和烧鹅以外，在大部分广东人家庭中，我没有看到知名的广式美食。曼德勒当地的广东人几乎没有正餐前喝汤（herbal soup）的习惯。在这里，广东人制作家常菜的风格同云南人差不多，只不过不放红辣椒罢了。可是，很多福建人并不制作传统的福建菜，这是因为他们比其他的华人次族群更能够被涵化。年轻一代特别容易受到缅甸文化的影响，与中国饮食相比，他们更喜欢缅甸饮食。实际上，包括来自四川、上海、浙江、江苏、湖南、湖北以及其他地区这些人数较少的群体在内，当地所有的华人都非常习惯云南饮食，因为云南人在当地华人群体中人数是最多的。

我们应该注意到，家庭饮食所体现出的区域性并不意味着曼德勒的华人饮食就简单而缺少变化。事实上，他们基于自己的喜好而选择各种各样的烹饪传统，也可能在家中制作缅族、印度和掸族的食物。在曼德勒，大多数中国商人通常会雇用一些缅族、掸族或来自上缅甸的华人为家庭佣工。女主人会训练他们学习制作中国饮食，但是，他们也会向雇主的家庭推荐缅甸或印度饮食。同时，受周围朋友和家庭雇工的影响，大部分华人妇女也都能够制作缅甸菜。除此之外，不同族群的人喜欢携带自己的午餐，在工作场所与其他人一起分享。因此，他们有了更多的机会去品尝不同的食物，分享做菜经验以及不同的食谱。

曼德勒有不少于100家的餐馆，包括中餐馆、缅甸餐馆、印度餐馆、泰国餐馆、穆斯林餐馆和西餐馆，其中大部分是中餐馆，其次是缅甸餐馆。除了东方屋（Oriental House）、曼德勒山酒店（Mandalay Hill Hotel）和金鸭酒店（Golden Duck）这类豪华酒店以外，这里的餐馆看起来都很普通。印度餐馆、穆斯林餐馆大多坐落在印度人社区以及穆斯林社区附近一带。为了品尝诸如印度饼（nan）、酸奶酪和泰国冬阴功（Tom Yum Goong）汤（一种泰式酸辣虾汤）一类饮食，当地华人偶尔会去泰国餐馆和印度餐馆吃早餐、晚餐。非穆斯林华人通常是不会去穆斯林中餐馆用餐的，除非他们想去品尝云南风味的"正宗"牛肉。至于西餐，曼德勒的多数茶馆都提供咖啡、奶茶，以及曲奇、三明治、吐司等各种点心。高档酒店会提供正式的西式晚餐，但这对于普通大众而言非常昂贵（每餐约为20美元①）。

多数中餐馆都是云南人开的，常见菜品包括辣子鸡、酸辣汤、酸菜炒肉、酸菜鱼、黄焖鸡。大部分餐馆都有自己的"特色"，即招牌菜。例如，在来自滇西的腾冲人经营的云南餐馆中，用猪耳朵制作的大薄片，即被誉为最具特色的地方菜。腾冲人经常到这家餐馆用餐，以解乡愁。其他中餐馆由广东人和福建人经营，他们供应各自的特色菜，像广东餐馆中的叉烧和烧鹅，福建餐馆中的福建面线。相较于云南餐馆，广东餐馆和福建餐馆数量要少得多，部分原因在于1967年6月缅甸爆发反华暴乱之后，许多广东人、福建人返回中国或迁往其他国家。

尽管中餐馆基于地区差异而显示出自身的独特性，但每个餐馆的菜单内容却颇具多样化、灵活性。例如，广东餐馆也为云南顾客供应酸辣风味的菜品，而云南餐馆则为那些不能吃辣的顾客提供少量或者没有辣椒的菜品。在曼德勒，几乎所有的中餐馆都会有烩菜，

---

① 1美元=1250缅币。

乃融合地方差异创制而成。

当地华人也经常去缅甸餐馆就餐，由于地方化的原因，缅甸饮食已经成为他们的日常食物。缅甸菜与中餐大不一样，准备一餐要花费两个多小时，像大蒜、香茅草、西红柿以及其他香料这些食材的准备通常要花费很长时间，因而多数食物需要用香料提前炖好。缅甸烹饪中最重要的调味品是咖喱，一顿寻常的晚餐包括咖喱猪肉（或者咖喱鸡肉、咖喱虾、咖喱羊肉）[①]、炖土豆、腌制虾酱和一些像甘蓝、黄瓜类的新鲜时蔬，还会有一种特制酱，它是由切碎的西红柿和红辣椒制作而成，专为人们食用生蔬而准备。和缅甸人一样，当地华人使用叉子和勺子，甚至直接用手食用缅甸餐。当然，缅甸餐馆中是不提供筷子的。然而，曼德勒的多数华人依旧喜欢吃中餐，即便缅甸饮食在他们的日常生活中也很普遍。缅甸饮食中有太多的凉菜，而这与中国的饮食习惯恰恰相反。

庆典与仪式中的食物及其社会意义

在曼德勒，无论是创新性，还是地方适应性，华人饮食的多样性在婚宴上体现得更加淋漓尽致。我在曼德勒进行田野调查期间，参加过 10 多场婚宴。有趣的是，几乎所有婚宴提供的都是相同的菜单，无论新婚夫妇是云南人、广东人、福建人还是来自其他地区的华人。在缅甸人和华人通婚的情况下，通常在中午举行一场缅式茶会，接着在晚上举行一场中式宴会。通常情况下，菜单会包括大拼盘（由烤肉、炸腰果和虾仁组成）、糯米鸡、酸辣海参、炒白果、白灼虾、红烧猪肘、酸菜豆花汤、炒时蔬，等等。这样的菜单是为了满足不同华人群体的各种口味，因而会有广东烤肉、福建酸辣海

---

① 几乎所有的缅甸餐馆都不供应牛肉，因为大部分缅甸人都是佛教徒。

参以及与云南人紧密相关的酸菜豆花汤。采用源自不同地区的各种食材、食用酸辣食物，不仅反映了当地华人的地方化与适应性，而且反映了华人次族群之间的交往与互动。

此外，华人婚宴是一个体现地位和关系的社交场合。人们乐于讨论参加婚宴的人数、供应的菜品以及所使用的昂贵食材。[①]婚宴犹如一个透镜，能够窥视人们的社会资本以及社会关系。值得注意的是，华人婚宴已经成为缅甸人与华人之间的敏感话题。华人婚宴上的极尽奢侈足以引起当地缅甸人的嫉妒，甚至导致族群之间的紧张关系加剧。一般来说，目前一桌精心制作的婚宴菜肴，花费大约在 6 万~8 万缅币（48~64 美元），而这大概相当于一个曼德勒本地上班族一个月的工资。与此相反，在一场缅甸婚礼的茶会上，一桌饮品和点心的花费通常不会超过 2 万~3 万缅币（16~24 美元）。通常情况下，一场华人婚宴至少也要摆 50 桌。然而，尽管每一个地方华人同乡会都在努力提倡节俭，以免引起缅甸人不必要的嫉妒，但要杜绝华人婚礼的奢华之风，却极为困难。大多数的当地华人认为，举办一场婚礼是人一生中最重要的事情，他们也并不在意婚礼有多奢侈。另外，华人婚礼还涉及礼物的交换，而这也反映出当地华人之间的社会关系。一个家庭如果不举办一场符合自身社会地位的婚宴，其行为将会被视为违背礼仪规范，会招致亲朋好友们

---

① 结婚旺季一般从缅甸屠妖节（Thidingyut Festival of Lights，又称万灯节）之后的 10 月初开始，到中国春节前后结束。根据小乘佛教（Theravada Buddhism）的规定，在守夏节（Buddhist Lent）期间举行婚礼是不能被接受的。守夏节开始于农历八月下弦月的第一天，涵盖雨季的很大一部分，持续 3 个月之久。守夏节这一习俗可以追溯到古印度佛教早期，那时的圣人、乞丐和先贤都要在每年 3 个月的雨期内禁足安居。这段时间他们避免不必要的外出，因为此时作物才刚长出来，他们担心可能会不小心踩到这些幼小的秧苗。因此，释迦牟尼告诫他的追随者们也应该遵循这样的古代习俗（Maung，2000：61-63）。直到现在，大多数缅甸佛教徒都会遵守这一习俗，这段时间内禁止举行公共活动（比如婚礼）；为了入乡随俗，尊重当地风俗习惯，当地的华人也要这样做。

的嘲笑。

在曼德勒云南同乡会举办的一场婚宴（段颖摄于 2007 年 2 月）

正如我们所看到的那样，曼德勒的华人饮食是多种多样的。除华人穆斯林以外，当地多数华人日常饮食消费中并不存在族群分界问题或是宗教禁忌问题。一般来说，大部分的当地华人都吃酸辣食物，这在一定程度上是因为他们深受数量占优的云南人和缅甸人生活环境的影响。但是，我们如果注意岁时节气中的食物，就会发现那种场面与日常饮食场面明显有别。供奉神灵和祖先的食物反映出每一个华人次族群各自的身份认同。现在我将以当地广东人在清明节供奉的食物为例，来说明曼德勒的华人身份认同与地方化问题。

"清明"一词的原意是这个节气内的天气将清洁、明净。在 4 月份来临的清明节将持续一周时间，在华人文化中，这是缅怀祖先的日子。华人通常会为祖先扫墓，并为祖先和本地的神灵虔诚地供奉祭品。同时，与中国的宗族所扮演的角色一样，每一个地方华人同乡会都会在墓地和同乡会总部各组织一场公共祭拜仪式。2007年4月5日，我受邀参加了广东同乡会举行的清明节祭拜仪式。

祭拜仪式前几天，广东同乡会的成员们早已准备好各种供品，比如纸钱、香、苹果、西瓜、香蕉、包子、鸡蛋等。为了保持食物的新鲜，由全鸡、炸鱼以及烤全猪组成的所谓"三牲"，会在仪式当天清晨准备妥当。鸡和鱼由广东同乡会自己准备，而烤全猪则要从当地的广东餐馆中订购。早上9点，当我到达广东同乡会所在的仁济古庙时，同乡会秘书朱先生告诉我，由于烤全猪还没有准备好，所以大家都必须等一等。广东同乡会会长谭先生则告诉我："烤全猪对于广东人而言，都是传统的象征，不可或缺，没有烤全猪，这场公共祭拜仪式不能开始。"

在曼德勒广东同乡会举办的清明祭拜仪式（段颖摄于 2007 年 4 月）

大约半个小时后，餐馆服务员运来了新鲜的烤全猪，并将它摆放在办公室的桌子上。接着，所有人出发前往距离市区约10

千米的广东公墓。我们在早上10点钟左右赶到那里。一部分成员开始把供品摆到大伯公总坟前面的供桌上，另外一部分成员则在清扫墓地。广东同乡会的前任会长彭先生介绍说，大伯公是来曼德勒的第一个广东人。他死后被供奉为本地神，保护着在曼德勒生活的所有广东人。就这样，在曼德勒，大伯公就成为所有广东人共同信奉的祖先。供品首先就要献祭给他。供桌之上摆放着两排供品，正对着公墓的墓碑。第一排供品紧靠墓碑，从左向右依次摆放，分别是5个包子、1块发糕（一种广式米糕）、1个柚子、1只蒸鸡、1个西瓜以及3双筷子，每一双筷子旁边都要放置1个小酒杯；第二排供品包括香蕉、5个苹果、5个煮鸡蛋、炸鱼和一些蛋糕。每一种供品都要放置在一个盘子里面。在第一排与第二排供品之间，还摆放有1瓶酒、3瓶汽水。

等到成员将所有供品摆放完毕，祭拜仪式开始。广东同乡会秘书担任整个仪式的司仪，在他的主持下，同乡会的现任会长、前任会长、秘书长以及管理委员会的其他成员按照职位等级依次给祖先进香、烧纸钱、奠酒，祈求祖先庇佑在曼德勒的所有广东人。此后，他们携带着供品前往万安墓地，祭拜安葬于此的所有没有子嗣的广东人。他们将供品摆放到万安坟前的地面上，同时清扫墓地。这些供品分三排摆放。第一排有3双筷子，每一双筷子旁边都摆着1个小杯酒。除这三杯酒以外，还有1盘香烟和3瓶汽水摆放在3个酒杯后面。第二排从左向右依次摆放着1块发糕、5个苹果、5个包子、炸鱼、1只蒸鸡、5个煮鸡蛋以及2片面包。第三排的供品则由5个包子、1个西瓜和一些香蕉组成，也是按照从左向右的次序排列着。整个仪式过程与之前祭拜大伯公的仪式相类似。唯一的不同之处在于，同乡会的领导人都在祈祷这些孤魂野鬼不要去伤害活人。仪式过后，他们将发糕撕碎，并抛撒在墓地的周围。这种行为被视作将供品分给孤魂野鬼享用。

在墓地的凉亭中稍事休息以后，谭先生将负责墓地事宜的同乡会相关领导人召集到一起，共同商讨有关墓地管理的问题。不久以后，他们启程返回仁济古庙。成员们开始在同乡会前面摆放好一张圆桌作为祭坛。烤全猪、蒸鸡和炸鱼被安置在一个很大的长方形盘子中，它们作为"三牲"摆放在祭坛的正中间位置。正对着祭坛，第一排是插有两炷香的香炉。第二排摆放 3 杯酒，每一杯酒旁边摆 1 双筷子。第三排供品则是摆放在大盘子中的"三牲"。盘子右边摆放着 5 个苹果、5 个包子和 1 个西瓜。而盘子的左边，摆放着 1 块发糕、5 个包子、香蕉和几片面包。同乡会的领导人举行了相似的祭拜仪式，而这些仪式在墓地中都已经举行过。在谭先生象征性地切烤全猪以后，所有的仪式宣告结束。接下来，同乡会的成员们将烤全猪切成片，然后再分成许多小份，所有参加祭拜仪式的人都会享有其中的一份。通常情况下，他们会把这些分到的烤全猪连同其他供品一起带回家。他们告诉我，这些食物能够庇佑他们的家庭和子孙后代。

广东同乡会的秘书告诉我，只要"三牲"俱全，再有一个香炉、几个酒杯、几双筷子，供品有多大变化没有关系；因为这些构成了祭拜仪式中最基本的供品。在日常生活中，曼德勒的华人可能会使用叉子和勺子，有时候甚至直接用手拿着吃，他们可能也会喝威士忌、朗姆酒以及从欧洲、新加坡进口的其他酒。然而，在清明节期间，筷子和中国白酒必须用来做供品，这种做法表现出对祖先的尊敬以及对过去的缅怀、留恋。因此，祭拜仪式强化了华人的文化传统与身份认同。"三牲"作为最基本也是最重要的供品，被摆放在正中间的位置。而诸如水果、糕点等其他供品，就可以随意摆放了。有趣的是，由于曼德勒当地的信仰，烤全猪并没有出现在公墓举行的祭拜仪式中。广东同乡会的前任会长朱先生这样解释道：

> 事实上，以前我们会带烤全猪在墓地祭拜。但是，前几年在祭拜仪式过后，在曼德勒的几个广东人意外丧生。我们前往缅甸的一处佛寺，询问那里的高僧为什么会有这样不幸的事情发生。那位高僧告诉我们，你们将烤全猪作为供品，这与本地特殊的山神信仰相互冲突，因为他（山神）不吃猪肉。为了避免此类不幸事件的再次发生，我们决定不再将烤全猪带进墓地里面，而仅仅是在广东同乡会祭祀。

毫无疑问，墓地里面不供奉烤全猪，乃华人整合入当地社会的一种标识。同时，地方次族群食物的使用也反映出华人文化的特色，强化了次族群认同。由于祭拜日程安排重叠，无法参加不同地区同乡会在清明节期间举办的所有祭拜仪式，但我也得到了来自一些福建籍、云南籍报道人关于供品的相似描述。他们使用当地独特的食物作为供品来祭拜祖先，比如，就福建人而言，他们用面线、海鲜和糕点；至于云南人，他们则使用稀豆粉。这也适用于华人其他传统节日，如农历新年和中元节。在供奉场景中的食物，既能连接过去与现在，又成为新老代际之间的纽带。

餐馆、品位与公共空间

曼德勒的中餐馆可分为三类，即高档的知名餐馆、寻常可见的普通餐馆以及小贩们经营的摊位。知名餐馆的大多数经营者都是第二代或者第三代华人，他们已经在曼德勒生活了很长一段时间。这些餐馆时间久远而且十分出名，都被冠以"老字号"之称。他们的生意很好，很多餐馆经营者都不再参与日常管理工作，而是主要依赖所聘请的经理，他们可能还要经营其他的生意。普通餐馆的经营者多来自周边其他的邦，比如说掸邦（Shan State）。他们移居到曼德勒也不过是在 10 年或 20 年前。对他们而言，经营一家餐馆是一个非常不错的选择，因为收入稳定、可观。然而，许多经营者打算等积累充足的资金以后，改行从事其他的生意，毕竟经营餐馆是一份非常辛苦的工作。大部分的小贩都来自边境地区或者山区，而他们的多数人仍然没有合法身份。通常情况下，他们会选择在当地市场以及夜市上售卖小吃来维持生计，比如说煮汤圆、炒面、炒米粉、炸薯条以及炸香肠。当资金充足时，他们可能会着手经营一家小吃店，或者接手一家普通的餐馆。

在曼德勒，手头宽裕的华人通常会去东方屋（Oriental House）吃早茶，这是一家非常高档的中餐馆。早餐的菜单上有 20 多种点心，像烧卖、蒸虾饺、叉烧包、各种馅儿的汤圆、凤爪等。我有一次去东方屋吃早茶，虽然点心的口味不错，但比不上我在香港吃到的点心。我点了 5 种点心、1 壶茶，总共花费 3000 缅币（2.4 美元），几乎相当于上班族一天的工资收入。在曼德勒的郊区，会有少数几家高档的餐馆坐落在皇家湖（royal lake）周围。我与 5 位朋友一起到那里的皇家餐馆（Royal Restaurant）吃晚饭，一共消费了 38000 缅币（30.4 美元）。菜的口味很好，但是并不值这么高的价位。但是餐馆的内部装修和周围景色高雅别致、漂亮迷人。正如布迪厄（Bourdieu）所言，一个人消费的奢华食物越多，他的品位就越倾向于审美和形式（Bourdieu，1984：196-197）。我问经理，为什么人们愿意选择在如此高档的地方进行消费？他告诉我，这里的消费者大多都是华商和缅甸的高级官员。他们通常会在用餐期间谈生意。相较于价格，他们更关注环境和服务。因此，在这里的高档餐馆中用餐就会意味着一些不同之处，华人在这些餐馆中的消费并不仅仅在于品尝美食，还意在展示自己的身份地位、优越感和权力。

在曼德勒，除了正餐以外，在茶馆中喝咖啡、奶茶和果汁也很流行。缅甸的多数人都有喝下午茶的习惯，这可能是英国殖民时代的遗产。有一天，一位华人朋友问我是否品尝过老缅茶，一种缅式奶茶。他带我去了一家茶馆。对我而言，老缅茶与我在香港茶餐厅喝过的奶茶极其相似。唯一的不同在于，缅甸女服务员会在稍后奉上一杯免费的绿茶，便于顾客在茶馆中继续聊天。茶馆提供各种甜品，比如曲奇、布丁、印度薄饼、椰子果冻以及香蕉蛋糕等。这里的饮品和甜品价格相对比较便宜，一杯咖啡或一杯奶茶只需要300缅币（0.24 美元）。茶馆已然成为一个公共空间，不同的人群聚集于此，一边喝茶聊天，一边交流信息。通常在下班以后，朋友、同事、邻居和亲戚都会到茶馆中打发空闲时间。在当时，茶馆有一个潜在规则，那就是人们不会随便谈论昂山素季（Aung San Suu Kyi）和政治问题，尽管如此，关于军事独裁的谣言还是经常从这里出现并传播开来（Tosa，2005：156-157）。人们都知道在茶馆内有许多政府和军方的高级官员和密探，他们在这里密切关注着公众舆论。这样，当人们批评军事专制时，通常会使用一些只有自己朋友圈的成员才能理解的隐喻。近来，这类公共空间已经延伸到了华人火锅店，人们在那里也许会花上两个多小时来吃东西，喝啤酒，就如同在茶馆中一样。人们聚集在那里讨论许多话题，诸如新闻、文学、政府计划、宗教、彩票、谣言、民俗、传说等。茶馆和华人火锅店已成为一种表达文化政治诉求的社会空间。

如果我们将高档餐馆与茶馆中的情景进行比较，就会发现前者比较正式，人们举止端庄儒雅又一丝不苟，而后者并不正式，人们灵活多变却又显聒噪吵闹。这就表明食物消费的不同方式表达着生活的不同意义。在曼德勒，虽然在饮食和饮食文化上并没有族群和宗教的边界划分，但是，到哪里吃以及吃什么都会受到社会阶层、经济地位和权力关系的影响制约。在某种程度上，人们能够根据食物的消费，与其他人区分开来。因此，在两个存在明显不同的场合中，这些可资对照的场景和言辞，既体现出处于不同经济与权力关系中的不同阶层的人们的社会生活，又表明了当代缅甸社会中存在的不平衡与两极分化。

结　语

总的来说，本章阐明了曼德勒的华人饮食及其多样性，同时探究了人、环境和文化三者是如何被有意义地整合在一起。我们的饮食文化与自身的身份、日常生活紧密联系在一起（参见 Mintz，1986：187-214）。曼德勒的饮食文化告诉我们关于当地华人的大量信息，包括地方化、整合性、族群认同、社会关系、经济、权力等。我们也已看到，食物作为历史记忆和集体表述的象征符号，在全年的祭拜仪式中扮演着重要角色。祭拜仪式中使用的地方性食物，增强了华人次族群的文化意识和身份认同。同时，特定的饮食场所，尤其是茶馆和火锅店，已经成为华人的聚集地，他们可以在这里交流信息，践行文化政治，分享关于在这个军事专政的国家中，人们命运如何的观点。

参考文献

Anderson, E. N. 1988. *The Food of China*. New Haven: Yale University Press.

Anderson, E. N. and Marja L. Anderson. 1977. "Modern China: South." In *Food in Chinese Culture: Anthropological and Historical Perspectives*, ed. K. C. Chang. New Haven and London: Yale University Press, pp. 317–383.

Bourdieu, Pierre. 1984. *Distinction: A Social Critique of the Judgement of Taste,* translated by Richard Nice. London: Routledge & K. Paul.

Chang K. C（张光直）. 1977. *Food in Chinese Culture: Anthropological and Historical Perspectives*. Haven and London: Yale University Press.

Goody, Jack. 1998. *Food and Love: A Cultural History of East and West*. London, New York: Verso.

Maung, Kyaa Nyo. 2000. *Presenting Myanmar*. Yangon: Today Publishing House.

Mintz, Sidney W. 1986. *Sweetness and Power: The Place of Sugar in Modern History*. New York: Penguin Books.

Mintz, Sidney W. 2002. "Foreword: Food for Thought." In *The Globalization of Chinese Food*, ed. David Y. H. Wu and Sidney C. H. Cheung. Honolulu: University of Hawaii Press, pp. xii–xx.

Tan Chee-Beng（陈志明）. 2001. "Food and Ethnicity with Reference to the Chinese in Malaysia." In *Changing Chinese Foodways in Asia*, ed. David Y. H. Wu and Tan Chee-Beng. Hong Kong: The Chinese University Press, pp. 125–160.

Tosa, Keiko. 2005. "The Chicken and the Scorpion: Rumor,

Counternarratives, and the Political Uses of Buddhism." In *Burma at the Turn of 21st Century*, ed. Monique Skidmore. Honolulu: University of Hawaii Press, pp. 154-174.

Wu Y. H.（吴燕和）and Sidney C. H. Cheung（张展鸿）. 2002. "The Globalization of Chinese Food and Cuisine: Makers and Breakers of Cultural Barriers." In *The Globalization of Chinese Food*, ed. David Y. H. Wu and Sidney C. H. Cheung. Honolulu: University of Hawaii Press, pp. 1-19.

□ 陈玉华

（Chan Yuk Wah）

第七章 卷粉和肠粉：探寻"蒸卷粉"的身份

引　言

　　从 2000 年开始，直到 2003 年结束在越南生活的这段时间里，越南的卷粉（*banh cuon*）已然成为我最喜爱的早点。作为一名土生土长吃着肠粉（*cheung fan*）长大的香港人，我发现卷粉勾起了自己对于童年往事的许多回忆。在越南吃卷粉的经历，有助于治愈我的乡愁。对我而言，卷粉看起来就如同另一种形式的肠粉一般。在这之后，我对卷粉的起源问题变得愈发好奇，并且开始推测卷粉可能实际上源自中国，而且卷粉可能就是越南版的肠粉。那么，卷粉是从中国引进来的一种食物吗？它是肠粉在越南地方化的结果吗？随着对这两种自己最喜爱的小吃身份的调查研究变得越来越认真，我也展开了一些研究工作，希望相较于所谓的"中国文化认同"，自己能够对广东文化和越南文化的身份认同一探究竟。我开始记录下自己吃卷粉和肠粉的经历，观察卷粉在越南的制作方法，同时也在观察肠粉在香港、广州和澳门的制作方法。此外，还要与那些制作和食用卷粉、肠粉的人们进行交流。

　　本章试图通过卷粉和肠粉这两种小吃，来调查研究越南文化和广东文化的身份认同之间的关系。没有人会去反驳这样一个事实，即大部分的越南文化都能够反映出它们植根于中国文化。为了理清越南文化中的中国元素，许多研究越南问题的专家学者都在试图强调越南的地方传统和它自身所具备的东南亚特征。然而，这导致了一种想像中"统一的"中国文化的产生，同时也忽视了中国境内与越南传统具有相似性的许多地方传统。

就饮食文化而言，越南的饮食方式和中国饮食方式有许多相同的特点，其中与中国东南地区的饮食方式尤为相近。但是，由于中国和越南属于两个相互独立的国家，所以人们倾向于依照国家边界来划定文化边界。在探寻卷粉和肠粉起源的过程中，我也意识到了像前面这样划定文化边界的问题。我认为肠粉和卷粉是同一类型食物的两种地方传统，即都是所谓"蒸粉"，而不是将肠粉认定为中国食物，将卷粉认定为越南食物。本章将力图重新划定越南与中国广东地区的文化界限，重新追溯历史上的"越"①，也即广东文化和越南文化的起源地；两种文化都具有显著的稻作经济特点，而且两地的人们在将稻米做成美食方面都是专家。

食物、身份认同、记忆与传统

尽管饮食与饮食文化往往承担着自称传统的那一部分，但是通常对文化而言，饮食文化从来都不是静止的，而是不断变化的。拉奥（Rao，1986）通过对印度境内移民的研究，发现他们的饮食风格和饮食行为一直都在发生变化，而他将这些变化称为"饮食文化动态（gastrodynamics）"。传统的饮食人类学热衷于探索食物及食物禁忌所包含的隐喻意义（Levi-Strauss，1969；Douglas，

---

① "越"指的是中国南部地区和越南北部地区的古代文化与民族。它在汉语拼音中读作"*Yue*"，在耶鲁粤语拼音中读作"*yuht*"，在越南语中读作"*Veit*"。

1970）。然而，当代新兴的文学人类学对于食物的研究，大都转向细察食物及其身份认同之间的关系（Scholliers，2001；吴燕和、张展鸿，2002；Waston、Caldwell，2005；Gabbacia，1998），以及这种关系在全球化进程中的变化（吴燕和、陈志明，2001；Phillips，2006；Waston，1997；Roberts，2002；Mintz、Du Bois，2002）。

食物同样也被用来维持国家和意识形态的秩序。阿帕杜莱（Appadurai，2008）将当代印度食谱视作城市中产阶级的阶级书写，有系统地把印度不同地区及民族的饮食文化罗列于印度饮食当中。艾莉森（Allison，2008）揭示了日本母亲为孩子们所准备的便当（lunchbox 或者 *obento*）是如何传递出深层意识形态意义的。日本母亲通过为孩子们准备便当以及训练他们在幼儿园吃完便当盒中的所有食物，有助于灌输国家的权威性和纪律性（Allison，2008）。

尽管食物在塑造公民个人的文化、民族以及国家身份认同中扮演着举足轻重的角色，但它同时也易于打破和超越文化的界限，正如沃森和考德威尔（Watson and Caldwell，2005：5）所注意到的那样："当所有手段都没用时，人们总是会谈论食物。"陈志明同样断言，食物在民族关系中有着非同寻常的意义：尽管人们可能会在民族问题上发生争吵，但是其他民族的食物通常也会被接受或者享用，这是没有任何问题的，只要这些食物美味可口（参见本书"导论"部分）。

食物与身份认同之间的关系，同样与食物记忆紧密相关。我们所吃的食物以及对于这些食物的记忆，决定着我们是谁。人类学家已经通过大量的笔墨来叙述食物所引起的怀旧。霍尔兹曼（Holtzman，2006）对食物记忆进行了分类，即感官身体记忆、民族和国家身份认同、海外移民的饮食文化、社会变迁和性别关系标识，以及宗教仪式中的食物。萨顿（Sutton，2001）在自己有关记忆和食物的著作中认为，食物所带来的感官享受，使其成为一种强有力的记忆媒介。食物的口感和味道很容易勾起人们对于过往经历的回忆，尤其是身体上的一些经历。"身体记忆"是康纳顿（Connerton，1989）和勒普顿（Lupton，1996）详尽阐述过的主题。托马斯（Thomas，2004）同样指出，最容易唤起海外移民思乡情绪的就是家乡食物。

食物是口感、香味和味道的具体化体验。它能够非常容易地将我们带回到某些情形、某些事件以及童年记忆之中。因此，没有什么比我们的饮食方式更能接近这种"具体化"的文化认同。口感、香味和味道能够激发身体的味觉和嗅觉，进而能够唤醒身体和精神的其他记忆。

本章仔细考察了"蒸粉"这种食物的两种形式，一种是来自越南的卷粉，而另外一种即是来自广东的肠粉。通过对"蒸粉"历史及其制作与食用记忆的研究，本章试图重新思考这两种食物以及越南文化、中国文化之间的界限所在。

卷粉与肠粉是"蒸卷粉"的兄弟吗？

越南人开始食用卷粉究竟始于何时，现在已无人知晓。一些越南人告诉我，在 19 世纪下半叶，他们的曾祖父母们也是常常吃卷粉的。那也就意味着，作为早餐的卷粉至少已经有 150 年的历史了。

卷粉是一种蒸粉，它是用米粉糊在平铺一层棉布的蒸笼上制作而成的。先将米粉糊均匀地舀在棉布上，然后盖上蒸笼盖，这样才能确保凝固成一整张白米皮。等到米粉蒸好以后，卷粉制作者徒手

胡志明市（Ho Chi Minh City）的一位女性正在制作蒸粉［杨迪生（Duong Rach Sanh）摄于 2011 年 5 月 16 日］

或者借助于一个竹片把薄薄的米皮取出来，将其放在一张涂抹过油的平面之上。接下来，她会在米皮之上撒上肉末和切碎的香菇，最后将其卷起来。[1] 人们食用卷粉时，以腌制好的越南香肠和越南香草作为配菜，蘸着蒜醋或鱼露吃。

　　在中国粤语地区[2]，与卷粉相对应的是肠粉（*cheung fan*）或者猪肠粉（*jyu cheung fan*）。"*cheung*"的字面意思是"肠"，而"*fan*"的字面意思则是"米制粉条"。"肠粉"的称谓源自其卷状外形，因为米皮被包成一个卷，看起来就像猪肠的形状一样。"猪肠粉"的称谓就更加明显了，因为"*jyu*"是粤语中"猪"的意思。虽然猪肠粉主要指的是普通肠粉，但是肠粉又分为用不同馅料制作的许多

---

[1]　在越南，我只遇见过女性制作卷粉，从来没有看到过男性制作卷粉。

[2]　所谓"粤语地区"指的是当地居民讲粤语的地区，包括广东的大部分地区、澳门和香港。

一盘蒸粉（杨迪生摄于 2011 年 5 月 16 日）

种类，这些馅料包括虾仁、叉烧、牛肉。关于肠粉的历史，还没有一个详细的官方记载。烹饪类书籍普遍认为自 20 世纪 30 年代开始，肠粉就已经成为广东的一道流行小吃，欧阳甫中（2007：134）写道：

> 蒸肠粉是广州的一款著名小吃。
>
> 肠粉，又称卷粉、猪肠粉（因形似猪肠，广州人也称之为拉肠），抗日战争时期由泮塘荷仙馆创制，现小食店、茶楼、酒家、宾馆均有供应，其中以广州文昌路的"银记"肠粉最负盛名。该店于新中国成立初期由吴银经营，她得名师传授，专营豉油皇牛肉肠粉，以薄、韧、香、滑著称。①

如今，银记肠粉店在广州已经发展成为连锁餐馆，分别由不同的合作者经营着。唯独位于文昌路上那家最早的店铺仍归吴银家族所有，并由她的女儿管理经营。中外游客同样都会涌入这家店中，

---

① 本段中出现的人名、店名以及街道名称，均采用耶鲁粤语拼音的拼写方法。

以便能够品尝到最传统的肠粉。

在另一本烹饪书中，作者许陈粉玉（1998）认为，猪肠粉实际上是 20 世纪 30 年代的流动小贩们所制作出来的一种街边小吃。但是到了后来，猪肠粉渐渐地出现在了餐馆里面，名气变得越来越大，也增加了一些新式品种，比如鲜虾肠粉、牛肉肠粉和叉烧肠粉（许陈粉玉，1998：前言）。

和卷粉一样，肠粉也是将米粉糊蒸成一张米皮制作而成。其传统的制作方法是先在蒸笼里平铺一块湿棉布，接下来，厨师需要将米粉糊在棉布上摊开，然后盖上蒸笼盖，蒸 3~5 分钟。待米粉糊变成米皮形状时，将其与棉布一同取出，倒扣在桌面上。厨师再将棉布从米皮上拉扯下来，从而使二者分离开（参见许陈粉玉，1998：26）。正是由于这个"拉扯"的过程，广州当地人才为其取了个别名——"拉肠"。如今，只有为数不多的肠粉店仍然在使用这种传统的方法，而许多肠粉店都已经开始使用现代化的蒸笼，因为这种蒸笼并不需要用湿棉布来制作米皮。

相较于卷粉，肠粉的米皮厚一些，也更大一些。香港一位经验丰富的肠粉制作者说，如果米皮过薄，那就很难将棉布扯下来。但无论是卷粉还是肠粉，都需要卷上馅料。肠粉在尺寸上稍大些，所以可以卷上大块些的肉，而卷粉就卷一些切碎的肉和香菇。薄一些的卷粉皮在食用前，需要蘸一种由醋、鱼露、蒜末和碎萝卜混合而成的酱料，而肠粉只蘸着酱油吃。

虽然肠粉和猪肠粉都是知名的早餐食物，但在香港和广州的一些茶馆里，它还是一道非常流行的点心。很多广州人同样喜欢晚上在肠粉店拿它做夜宵，而卷粉则主要是作为早餐食物。

中国卷粉？越南肠粉？

由于了解到越南人是如何在整个越南历史进程中，将中国文化并入他们自己的文化之中，同时也认识到中国有着许多复杂又精妙的烹饪文化，我之前猜想卷粉原本可能来自中国。我向香港友人介绍卷粉时，常常将它称为"越南肠粉"。我咨询过许多上了年纪的卷粉制作者："卷粉是中国肠粉的复制品吗？它是从广州或是广西传入的吗？"从民族优越感的视角看，我和其他人一样都会理所当然地认为，但凡在越南看起来像中国的东西，它就极有可能来自中国。

直到我开始领会到越南人在制作米类小吃时竟能做到如此精巧——他们光是米制糕点和饺子的种类之多就足以令人惊叹，我才想到另一种可能性。在越南，蒸粉作为一种小吃有着悠久的历史。当我听到知情者讲，卷粉第一次出现要追溯到19世纪中期，但我所找到的证据都认为肠粉也只有100多年的历史而已。广东商人同越南人做生意已经有好几百年的历史了。因此，极有可能是广东商人将这种小吃带到了广州，然后当地人对它进行了一些稍微不同的改造，变成了猪肠粉，然后再是肠粉。中国版的卷粉变成了一种较厚、较硬的米粉卷。

这个关于肠粉起源的新版本有可能让很多中国人感到不愉快，他们可能会发现自己确实很难接受这种观点：肠粉这种非常受欢迎的（满载着乡愁的）本地小吃可能来自国外。当我将"卷粉源自越南还是中国"这样一个问题抛给一位经验丰富的卷粉制作者时，这位在20世纪60年代就跟随越南籍的母亲学会如何制作卷粉的中越混血妇女这样回答我：

没有任何一本书会讨论这个问题。这都是从老一辈人那里传承下来的东西，也都是靠着这里的人们的制作技能逐渐发展起来的，既包括越南人，也包括中国人。

我在比较这两种小吃的方式上存在一个问题，那就是我区分越南文化和中国文化所使用的方法。我想当然地认为，来自今天我们称为"中国"不同地方的东西就属于"中国文化"范畴；而那些在越南国界以内的东西，自然属于"越南文化"范畴。试图在如今的国界范围内区分中国文化与越南文化是很有问题的，因为预先假定了这样一个前提，即两种文化分属于特定国家领土范围内。

中国化的越南文化与越南本地传统

在品尝过不同地方的卷粉和肠粉，并且尝试重新阐释这两种食物的历史之后，我开始怀疑是否真的存在关于这种食物起源的一个正式答案。与其将它们视作两种不同的食物，分属于两种不同的文化，倒不如将它们看成同一种食物本地化的不同变体。

人们普遍认可的是，越南文化的中国化已经有很长一段时间了。今天越南北部的一些地区被中国直接统治已经有 1000 多年的历史（公元前 111 年—公元 939 年）。在公元 939 年，一个叫吴权（Ngo Quyen）的越南将军击败中国军队，拓土称王。许多历史学家将此视为中国统治在越南的结束和越南独立建国的开始。① 然而，领土的独立并没有阻碍越南继续接受中国的文化模式。在接下来的几百年中，越南完全笼罩在中国的文化影响之下，也引进了中国的朝廷礼仪、朝廷意识形态以及儒家传统。伍德赛德（Woodside，1971：7）

---

① 越南学者以及西方学者倾向于将这个时间看作越南成为一个独立国家的开始，但一些中国学者的观点则有所不同。

已经指出："在今天这些完全被视作中国组成部分的地方，中国文化还未得到明确的强化之前，越南人就已经有数百年的中国化历史了。"例如，越南的精英阶层吸收儒家贵族文化和宗族制度要比广东本地人早得多。科大卫（David Faure，1996）曾论述过广州人的"涵化"过程。他指出，直到明代，广州的宗族才开始适应帝制中国（imperial China）的这个规模更大的儒家文化系统。

尽管许多学者都承认越南文化的中国化程度之深，但是他们还是付出了很大努力要使越南文化摆脱中国文化的束缚，意在将越南从中国的"遮蔽"下"解放"出来。而这主要是想通过强化越南的本土传统，并从所谓的东南亚特色中识别出越南文化。正如伍德赛德（1971：1）所言："越南文化研究的特征之一就在于能够将越南历史和社会的中国特色或中越特色，从东南亚特色中区分出来。"例如，一些人认为越南文化遵循着一般的东南亚传统，认可妇女拥有更高的社会地位（O'Harrow，1995）。另外一些人则强调，越南文化其实具有混合文化的属性，它借鉴了占婆人（Chams）和高棉人（Khmers）的文化因子（Wolters，1999：22）。喃字与喃字文学的本地传统，同样也被用来阐明越南文化的特殊性（Nguyen，1987）。①

但是，关于越南文化特殊性的这种讨论方式是存在问题的，因为它预先假定了一种静态的、统一的中国文化，而这与越南文化形成了鲜明的对照。正如埃文斯（Evans，2002）所说的那样："欲赋予越南一种不同于中国的、具有特殊性的本地文化，这种努力就不可避免地为之设定了一个相反的目标——一种静态的、统一的

① 喃字（Chu nom，南字）在11世纪左右出现在越南，当时是作为一种地方的或者通俗的书写系统。它利用汉字组合来创造新的文字。喃字被用于私人的文件、契约以及合同中，同样也被用于通俗文学如诗词歌赋里面，这种情况一直持续到20世纪初（Nguyen，1987：22）。

中国文化……混合化的越南与预先假定的单一化的'中国'分别位于两个相互对立的位置上，这种情况变得越来越难以令人信服。"（2002：154）

中国的本地传统

这种讨论越南文化特殊性的方式还忽略了一个事实，那就是中国的许多地方同样拥有非常特殊的本地传统。在中国地理位置非常靠南的广东省，至今仍然保留着许多本地传统，尤其是在饮食习惯上，这与中国中部和北方地区有着明显的差别。研究中国文化和宗教，就要不断努力地探究中国不同地区的本地传统差异，如此，重新考察"中国文化"才有可能实现。其实，这些努力在学者们假定的一种统一的中国文化这一传统学术层面上，已经有所体现（例如，参见刘涛涛与Faure，1996）。通过对中国西南地区珙县苗族的考察，泰普（Tapp，1996）认为，他们所特有的民族观念以及本地文化，都与汉族文化迥异（1996）。程美宝（1996）通过考察地方粤语文学作品和歌词，同样提到了广东文化的独特之处。

那种将"东南亚"特色嵌入越南文化之中的观点，同样预先假定了这种特色不存在于中国国界范围内。事实上，纵观历史，中国那些毗邻东南亚大陆的地区或者沿海区域（这些地区通过航海获得了更多联系），都一直保持着彼此文化的共享。例如，地处中国西南地区的云南省是个多民族聚居地，这些民族一直与那些东南亚地区的民族共同生活在一起。他们不但共享祖先流传下来的传统，而且有着极其相似的生活方式（参见范洪贵，1999；张友隽，1999）。更进一步讲，所谓"东南亚"究竟意味着什么呢？在"东南亚"这个术语出现以后，埃莫森（Emmerson，1984）对其建构意涵做了非常详尽的阐述。埃莫森认为，"东南亚"应当被视作通过一系列外交政策、历史事件以及世界政治所建构起来的产物，而并不代表一个统一的同质实体。

对我来说，关于文化的这种观点存在着一个严重的问题，那就是倾向于将文化界限与地理学上的国家界限等同起来，仿佛文化在边界关卡那里就停滞不前了。既然这样，假如国家界限发生了变化，那么文化边界是不是也应该跟着变化呢？从以前在越南的生活经历中，我非常惊讶地意识到，无论是越南的专家学者还是外行，他们所声称的那些明显是越南特色的习惯，在我看来同样都极具"中国特色"。我在粤文化的熏陶下长大，父母都是潮州①人，所以每当亲自体验越南本地的饮食文化时，我格外有一种家的感觉。举个例子，虽然鱼露（*nuoc man* 或者 fish sauce）的使用被视为一种典型而

河内正在出售的越南米线和年糕（杨迪生摄于 2011 年 5 月 16 日）

---

① 潮州是广东省的一部分。在学术文献中，它常常以 "Teochiu" 的形式出现。

普遍存在的越南传统，但在我小时候，母亲在家制作每道菜时几乎都会使用鱼露。而在福建福州，人们使用更多的调味品也是鱼露而不是酱油（Simoons，1991：349；Anderson，1988：143、164）。在中国东南地区，发酵鱼制品同样有着非常悠久的历史（Simoons，1991：349）。另外一种典型的越南调味品——虾酱，也深受生活在地理位置非常靠南地区的中国人欢迎，包括香港的沿海居民都会生产和食用虾酱。

越文化区的重建

为了在所谓的中国文化与越南文化之间建立起更加精确的文化比较点，我们首先需要排除这种依照国家界限划定文化界限的僵化观点。我们需要将中国的范围"缩小"，以便于更准确地得知接下来该比较什么。在中国，存在着众多不同的文化分区。就饮食文化来说，西蒙斯（Simoons，1991：45）将中国的饮食划分为四大区域类型，即北方地区、东部地区、西部地区以及南方地区。与北方地区不同的是，东部地区在中国的稻米经济和文化中扮演着主要角色。北方人以小麦为主食，而南方人则以大米为主食（Simoons，1991：65-67）。小麦可以加工成为形式各样的面条和小麦糕点，大米则可以做成米饭和各种粉和米线食用。因此，汉语中有这样一句俗语："北方人以面食为主，南方人以米食为主（即'南米北面'）。"[1]在越南，也有相似的俗语："中国人吃面条，越南人吃粉。"[2]这句俗语也强调了这样一个事实，即中国主要吃用小麦加工成的面条，而

---

[1] 在汉语中，这句俗语读作"北方人以面食为主，南方人以米食为主"。一种简单化版本为"南米北面"。一个制作小吃的师傅称"中国北方的小吃主要是面条和面团，而中国南方则是由大米衍生出来的各种小吃比较流行"（参见许陈粉玉，1988：前言）。还有一些人说，直到宋朝的时候，广东才开始吃小麦制作的食物（韩伯泉，1990：45）。

[2] 这句俗语在越南语中读作"*nguoi tau an mi，nguoi Viet Nam an pho*"。

越南人主要吃用大米加工成的粉。实际上，越南人是将他们自己与中国人进行对比，在某种程度上就类似于中国南方人将自己和北方人进行对比。从这个意义上讲，越南人与中国南方人属于"同一种"文化（相比较于中国北方人的文化而言），因为他们都生活在水稻种植区。

除了主要是稻米文化之外，越南与中国南方地区在历史上同属于"越文化（*Yueh / Viet* culture）"范畴。实际上，包括浙江、福建、广东、广西部分地区在内的中国南方，曾经都是"百越的土地"。然而，如今这些地区的文化也很少再被称作越文化。诚如西蒙斯指出的那样，"极少有文献记载会提及越人对粤菜可能做出的贡献，或者更确切地说，越人对粤菜进化史这个更加普遍性的问题做出的可能性贡献"（1991：54）。他同样指出，在唐宋时期，粤菜还不被视为一种特色菜，故文献记载对此不屑一提。即便是到了明朝，极具特色的粤菜烹饪风格看来依然没有引起足够的重视。越族的土地距离中原是如此遥远，越文化又被视为如此野蛮，因此并没有引起中原王朝的注意，这也就是为什么历史文献中对此缺载的原因所在。

时至今日，粤文化已经在很大程度上被视作中国文化大家庭中不可或缺的一员。粤菜无疑已经成为中国饮食文化的一个重要组成部分，也没有人将其归入越文化范畴，历史上的越文化曾一度涵盖中国南方的大部分地区以及越南北方的部分地区。随着这种越文化起源论逐渐被淡化，越南（饮食）文化方得以从广东（饮食）文化中分离出来，两者正式进入越南和中国两个国家轨道之中。通过将 *Viet*（越南）和 *Yueh*（广东）两种越文化推回越南和中国的地理边界范围内，我们总能人为划定一条属于两种文化间的（国家）边界，而事实上，两者具有许多相似性，而且共享着同一文化源泉。

结语：稻米经济与文化中的蒸卷粉

文化的交流并没有在国家的边境上终止。由于广东人和越南人的本地饮食文化主要都是具有相似气候条件的稻米文化，所以两种文化同样存在着诸多相似之处。当我将那种依据国家边界来区分两种文化的错误观念揭示出来，并重新划定文化区之后，我开始认识到，卷粉和肠粉这两种我最喜爱的早点，它们并非只是普及于两个国家的不同食品，而是同是稻米经济和文化中产生的一种食品的两个版本。再争论究竟是谁首先"发明"了蒸卷粉，无论是广东人还是越南人，都已显得无关紧要。毕竟，这两种文化在制作米粉、米线以及卷粉方面都堪称"行家里手"。

广东人和越南人都有可能是米粉卷的首创者。他们共享着越文化传统，而且在食用大米和制作大米食品方面都是专家。与此同时，他们还发明了适应当地习惯和需求的饮食文化。本研究对广东地区和越南地区这两种相似的小吃进行了针对性探讨，并且对那种将文化边界与国家边界联系在一起的惯性思维方式进行了重新审视。文章意在呼吁当我们开始比较中国和越南两国间的文化习俗时，应当将中国这个庞大范围"缩小"再做仔细分析。

参考文献 ⃞ ┈┈┈┈┈┈┈┈┈┈┈┈┈┈┈┈┈┈┈

Anderson, Eugene E. 1988. *The Food of China*. New Haven: Yale University Press.

Allison, Anne. 2008. "Japanese Mothers and Obentos: The Lunchbox as Ideological State Apparatus." In *Food and Culture: A Reader*

(2nd ed.) , ed. Carole Counihan and Penny Van Esterik. New York: Routledge, pp. 221-239.

Appadurai, Arjun. 2008. "How to Make a National Cuisine: Cookbooks in Contemporary India." In *Food and Culture: A Reader* (2nd ed.) , ed. Carole Counihan and Penny Van Esterik. New York: Routledge, pp. 289-307.

Chang K. F. (张光直), ed. 1977. *Food in Chinese Culture: Anthrological and Historical Perspectives*. New Haven: Yale University Press.

Ching May-bo (程美宝). 1996. "Literary, Ethnic or Territorial? Definitions of Guangdong Culture in the Late Qing and the Early Republic." In *Unity and Diversity: Local Cultures and Identities in China*, ed. Tao Tao Liu and David Faure. Hong Kong: Hong Kong University Press, pp. 51-66.

Connerton, P. 1989. *How Societies Remember*. Cambridge: Cambridge University Press.

Douglas, Mary. 1970. *Purity and Danger: An Analysis of Concepts of Pollution and Taboo*. Harmondworth: Penguin.

Douglas, Mary, ed. 1984. *Food in the Social Order: Studies of Food and Festivities in Three American Communities*. New York: Russell Sage Foundation.

Emmerson, Donald. 1984. "'Southeast Asia': What Is in a Name?" *Journal of Southeast Asian Studies*, 15 (1) : 1-21.

Evans, Grant. 1995. "Between the Global and the Local There are Regions, Culture Areas, and National States: A Review Article." *Journal of Southeast Asian Studies*, 33 (1) : 147-162.

Fan Honggui (范洪贵). 1999. *Yuenan minzu yu minzu wenti* 越南民族与民族问题 (*The Vietnamese Nationality and Ethnic Issues of the*

Vietnamese ）. Guangxi: Guangxi People' s Publishers.

Faure, David. 1996. "Becoming Cantonese, the Ming Dynasty Transition." In *Unity and Diversity: Local Cultures and Identities in China*, ed. Tao Tao Liu and David Faure. Hong Kong: Hong Kong University Press, pp. 37-50.

Gabbacia, D. 1998. *We Are What We Eat: Ethnic Food and the Making of Americans*. Cambridge, M.A.: Harvard University Press.

Goodman D. and M. Watts, eds. 1997. *Globalizing Food: Agrarian Questions and Global Restructuring*. London: Routledge.

Han Boquan（韩伯泉）. 1990. *Yuecai wanhuatong* 粤菜万花筒（*A Kaleidoscope of Cantonese Cuisine*）. Hong Kong: Zhonghua Press.

Holtzman, Jon D. 2006. "Food and Memory." *Annual Review of Anthropology*, 35: 361-378.

Lévi-Strauss, Claude. 1969. *The Raw and the Cooked*（translated by John and Doreen Weightman）. New York: Harper & Row.

Li Bihua（李碧华）. 1988. *Bai kaishui* 白开水（*Boiled Water*）. Hong Kong: Hong Kong Weekly Press Ltd.

Lupton, Deborah. 1996. *Food, the Body and the Self*. Thousand Oaks, Calif.: Sage Publications.

Mintz, Sidney W. 1985. *Sweetness and Power: The Place of Sugar in Modern History*. New York: Penguin.

Nguyen Dinh Hoa（阮廷华）. 1987. "Vietnamese Creativity in Borrowing Foreign Elements." In *Borrowing and Adaptation in Vietnamese Culture*, ed. Truong Buu Lam. Honolulu: Southeast Asian Program, Centre of Asian and Pacific Studies, University of Hawaii at Manoa, pp. 22-44.

O' Harrow, Stephen. 1995. "Vietnamese Women and Confucianism: Creating Spaces from Patriarchy." In *"Male" and "Female" in Developing Southeast Asia*, ed. Wazir Jahan Karim. Oxford: Berg Publishers, pp. 161–180.

Ouyang Fuzhong (欧阳甫中). 2007. *Guangdong cai* 广东菜 (*Cantonese Cuisine*) . Hong Kong: Wan Li Books.

Phillips, Lynne. 2006. "Food and Globalization." *Annual Review of Anthropology*, 35: 37–57.

Rao, M. S. A. 1986. "Conservatism and Change in Food Habits among the Migrants in India: A Study in Gastrodynamics." In *Food, Society, and Culture: Aspects in Southeast Asian Food Systems*, ed. R. S. Khare and M. S. A. Rao. Durham, North Carolina: Carolina Academic Press, pp. 121–140.

Roberts, J. A. G. 2002. *China to Chinatown: Chinese Food in the West*. London: Reaktion.

Scholliers, Peter, ed. 2001. *Food, Drink and Identity: Cooking, Eating and Drinking in Europe Since the Middle Ages*. Oxford: Berg.

Simoons, Frederick J. 1991. *Food in China: A Cultural and Historical Inquiry*. Boca Raton: CRC Press.

Sutton, David E. 2001. *Remembrance of Repasts: An Anthropology of Food and Memory*. New York: Berg.

Tapp, Nicholas. 1996. "The Kings Who Could Fly without Their Heads: 'Local' Culture in China and the Case of the Hmong." In *Unity and Diversity: Local Cultures and Identities in China*, ed. Tao Tao Liu and David Faure. Hong Kong: Hong Kong University Press, pp. 83–98.

Thomas, Mandy. 2004. "Transitions in Taste in Vietnam and the Diaspora." *Australian Journal of Anthropology*, 15 (1) : 54–67.

Watson James, ed. 1997. *Golden Arches East: McDonald's in East Asia*. Stanford, C.A.: Stanford University Press.

Watson, James L. and Melissa L. Caldwell, eds. 2005a. *The Cultural Politics of Food and Eating: A Reader*. Malden, M.A.: Blackwell.

Watson, James L. and Melissa L. Caldwell. 2005b. "Introduction." In *The Cultural Politics of Food and Eating: A Reader*, ed. James L. Watson and Melissa L. Caldwell. Malden, M.A.: Blackwell, pp. 83–98.

Wolters, O. W. 1999. *History, Culture and Region in Southeast Asian Perspectives* (Revised edition). New York: Cornell Southeast Asian Program.

Woodside, Alexander. 1971. *Vietnam and the Chinese Model: A Comparative Study of Nguyen and Ching Civil Government in the First Half of the Nineteenth Century*. Cambridge: Harvard University Press.

Wu, David (吴燕和) and Tan Chee-Beng (陈志明), eds. 2001. *Changing Chinese Foodways in Asia*. Hong Kong: The Chinese University Press.

Wu, David (吴燕和) and Sidney C. H. Cheung (张展鸿), eds. 2002. *The Globalization of Chinese Food*. Honolulu: University of Hawaii Press.

Xu Chen Fenyu (许陈粉玉). 1998. *Xianggang tese xiaochi* 香港特色小吃 (*Distinctive Snacks of Hong Kong*). Hong Kong: Wan Li Books.

Zhang Youjun (张友隽), ed. 1999. *Bianjing shang de zuqun* 边境上的族群 (*Ethnic Groups at the Borders*). Guangxi: Guangxi Peoples' Publishing.

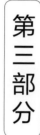

第三部分

东南亚周边地区的
华人饮食文化

第八章 跨国菜肴：拉斯维加斯的东南亚华人饮食

□ **包洁敏**
（Jiemin Bao）

在短短不到 15 年的时间里，拉斯维加斯就已经从一个"金钱可购万物，唯独不得美食"的"餐饮荒漠"，转变成为拥有世界上顶级餐厅的城市之一（Apple，1998：F1，F6）。在美食评论家海蒂·里内拉（Heidi Rinella）对几个餐厅集聚街区的描述中可以看到，当地用餐场景的多样性引起了她的注意：

> 我在一家越南餐厅的停车场前停了下来，脑海中一直在思考着街对面的那家印度餐厅。如果我在此处停车，步行过去的话，无疑就会经过另外两家印度餐厅，一家埃塞俄比亚餐厅，一家巴西餐厅，一家现代化的西班牙餐厅，一家日本餐厅，一家中餐厅，一家加勒比风格的餐厅以及数家意大利餐厅，更勿论少数几家风格迥异的美式餐厅了。（2007：40）

这种场景布置可被解读为拉斯维加斯餐厅文化的标志所在。一些餐厅会提供异域美食，另外一些会提供地方珍馐，其他一些则会供应"慰藉食物（comfort food）"，而且绝对物有所值。人们可以选择在中餐厅、日本餐厅、韩国餐厅或是印度餐厅中用餐，当然也可以选择到包括泰国、越南、老挝和菲律宾在内的所有东南亚餐厅里面进餐。

在拉斯维加斯大都会区（Metropolitan Area），像墨西哥餐馆或者印度餐馆一样，东南亚餐厅通常也会被视作"民族餐厅"，而他们的食物则被视为"民族食物"。这些东南亚饮食只有在跨越边界时，才会被视为民族食物。譬如，法国饮食就很少被认为是民族食物，而是被视作具有小资情调的饮食。一方面，这些东南亚餐厅确实承载有民族性印记和极具特色的文化特征；但是另一方面，将它们冠以"民族餐厅"的称呼，却又再现和强化了这种民族划分，而这一举措也常常被消极施用于移民身上。从这段关于食物的论述中可以反映出，小到拉斯维加斯，大到整个美国，将阶层划分嵌入饮食表现中的现状所在。而且，将这类所谓民族食物与"正宗性"这一概念联系起来的做法，对其后民族主题餐厅的投入运营产生了深远的影响。通过对正宗性的强调，一种饮食能够在时空范围内获得恒久性。在此，我特别指出的是，我们尤其需要关注厨师的创造性，而非菜肴的源起问题。

为了挑战关于民族食物的分类和正宗性的概念，我将拉斯维加斯的东南亚华人饮食和泰式中餐均视为"跨国菜肴（transnational cuisine）"。在传播到美国之前，东南亚菜系就深受阿拉伯菜、中国菜、印度菜、法国菜抑或西班牙菜诸多菜肴的影响。[①] 因而，饮食文化可以充当"去领域化（deterritorialization）"与"再领域化（reterritorialization）"的标志。换言之，饮食文化可以迁离出某一个地方，而接着又可以在其他地方生根发芽。例如，通过中国商人和移民，源于中国广东和福建的春卷及面条，被带往东南亚地区并在那里扎下了根，在后来，它们就被改造成为越南春卷、菲律宾

---

① 对于饮食文化，我指的是不同人群与不同地区的饮食实践，这不仅仅是他们的饮食，还有与其制作、供应以及消费密切相关的整个历史、行为与观念的复合体。参见 http://www.georgiafoodways.org/［电子文档］［2008 年 9 月 28 日访问］。

薄饼（*lumpia*）和泰式粿条（*kway teow*）。① 与此同时，饮食文化又是"区域和地方的强有力标识"（Avieli，2005：283）。它们充分体现出当地饮食的味道、食材和风格。可以说，"去领域化"和"再领域化"的过程是错综复杂的（Indaand Rosaldo，2002：12）。

接下来，我将着重分析本土饮食文化是如何塑造移民所带来的烹饪技术的，同时，这些新兴的融合菜又是怎样反过来重塑本土饮食文化的。因此，理清移民与饮食之间的关系就显得至关重要。移民对于全球化的贡献，不仅表现在他们提供了劳动力方面，还体现在他们对烹饪的迁移、适应、再造与转化诸方面。

华人饮食在东南亚地区的"再领域化"

近几个世纪以来，前往东南亚地区经商或工作的华人，带去了他们自己的烹饪技术。他们这些人大多经营着大排档，或者开办餐厅，又或者成为沿街售卖各种菜肴和小吃的小贩，因为这些工作没有高深的语言技能要求，也不需要投入太多资金。华人移民带去了风靡东南亚地区的诸如面条一类的新式饮食，以及像煸炒这样的新烹饪技能。豆豉、豆腐、豆芽，也已被融入各种各样的本地菜肴之中（Ho，1995：10；Hutton，2004：12-13）。一种中式食材——酱油，已经在逐渐重塑东南亚的菜肴，其中，鱼露已经成为主要的咸味调料。

在东南亚地区，华人移民的迁移路线强化了中国菜的分布范围，直到 20 世纪中期，这些路线还都是沿着地域、家族谱系或者方言来组织进行的。例如，潮州人倾向于往泰国、老挝和柬埔寨

---

① 对于一道菜，会有多种不同的英语拼写方式，我所选取的都是人们使用最为频繁的一种。

移民；福建人则更喜欢前往马来西亚、新加坡、印尼和菲律宾等国家；而海南人、客家人和广东人会散布在东南亚地区各个地方。他们带往东南亚的食物，通常都能够反映出自己家乡的饮食，而这些食物会因为当地的经济和生态状况，位置近河或近海，降水量等诸多因素的不同而产生巨大的变化。虽然广州人和潮州人都居住在广东省，但是彼此讲着不同的语言，在烹饪方面也存在着显著的不同。

尽管中国的烹饪文化由与众不同的地域风味、风格和菜品所组成，但是那些在某些特定东南亚国家中占据主导地位的中国方言或者区域群体的菜肴，通常会被当地人称为"中国菜"。此外，某一种菜的方言名称经常也会进入当地的词汇之中。潮州话中的术语"*kway teow*（一种河粉）"就成为马来西亚人、新加坡人、柬埔寨人、老挝人和泰国人日常用语的重要组成部分。客家语词汇"*lumpia*"，也已被印度尼西亚语和塔加洛语（Tagalog）借鉴吸收了（Yap，1980：101-102）。

久而久之，这些食物就成为当地饮食的重要组成部分。在泰国、老挝和柬埔寨，粿条已经成为最受欢迎的美食，人们早、中、晚三餐都会食用它，或者直接将其作为小吃。薄饼（中式春卷）和中式面条（*pancit*，炒面）则风靡菲律宾。不同的城镇和地区都形成了带有它们自身独特风格的炒面，譬如马拉翁（Malabon）炒面、马里劳（Marilao）炒面以及卢克班（Lucban）肉蔬面（*pancit habhab*）（Fernandez，2003：61）。由身居马来亚（现在的马来西亚与菲律宾）的海南人发明的海南鸡饭，先是在整个东南亚地区传播，而后被引入中国。[①]鸡肉要在加有各种香料的鸡汤中蒸煮，使其变得极其细嫩、滑润（Vinningand Crippen，1999：87）。米饭

---

① 我要特别感谢陈志明先生提供这条重要信息。

通常也是柔软而富有光泽，而且还不粘牙。

　　粿条、春卷和海南鸡饭，同样也做好了地方化转变的准备。在泰国、老挝和柬埔寨，粿条中通常会添加一些酸橙、红辣椒、发酵鱼露以及棕榈糖。越南因其自身是一个盛产大米的国家，所以越南人在制作春卷时，会用大米取代面粉来做皮子。越南春卷中使用了当地的香草，而且品尝起来要比中式春卷偏甜一些。海南鸡饭同样也是使用当地的食材制作而成。换言之，东南亚地区的华人饮食是在不断地变化的，时刻处于一种再制作、再改进和"再领域化"的过程之中。

　　东南亚地区的中国菜通过本地人和移民充满激情的尝试，在持续不断地发生着变化。娘惹（Nyonya）菜就是这方面的一个绝佳案例。它是由当地的峇峇（Baba）华人发明的，他们最早的中国祖辈们迎娶了马来地区或者东南亚其他地方的女性为妻（陈志明，1983：59-60）；娘惹菜通过选择性地结合特色食材与烹饪技能，创作出了一道兼有中国菜与马来菜特点的融合菜肴（Hutton，2004：14；Hyman，1993：114；Vinning and Crippen，1999：121）。"娘惹"专指峇峇女性，而"峇峇"这个术语则指峇峇族群或者其中的男性（陈志明，1983：58）。虽然马来西亚是一个伊斯兰国家，但是峇峇和娘惹都会食用参巴（sambal）辣椒酱做的猪肉（陈志明，1983：63）。

　　当东南亚人和东南亚华人移民到美国以后，他们也将东南亚华人饮食带了过去。[①] 从 20 世纪 70 年代开始，拉斯维加斯的东南亚移民和难民数量开始显著增加，大量的菲律宾餐厅、印尼餐厅、马来西亚餐厅、泰国餐厅和越南餐厅涌现出来。时至今日，拉斯维加

---

　　① 我选取"东南亚华人饮食"这个术语，就是希望能够反映出这些饮食与人们的定居地及其祖先所在国之间的联系。

斯已经有超过50家的泰国餐厅，还有至少27家越南餐厅，6家菲律宾餐厅，6家印尼餐厅，2家马来餐厅以及1家老挝餐厅。[①] 可见，拉斯维加斯的泰国餐厅数量比其他东南亚餐厅的总和加起来还要多。这些餐厅中的大多数，都是由那些从东南亚地区移民而来的华人开设并经营的。那些将中国南方地区与东南亚地区的美味及食材结合起来的东南亚华人饮食，要与典型的美国华人饮食区别开来，后者最早是由台山地区的广东人带来的，后来又被来自台湾、香港和中国大陆地区的华人陆续带到美国。

在强调拉斯维加斯的东南亚饮食之前，我将首先讨论拉斯维加斯的赌场饮食文化，它已经从过去的廉价的敞开吃的自助餐转化为今日包括东南亚菜肴在内的多品种的饮食。

拉斯维加斯的赌场饮食文化

2007年，拉斯维加斯大都会区就拥有着386家酒店，其中包括全国15家最大酒店中的14家，有超过100家的赌场酒店，132947个酒店房间，超过780家的全方位服务餐厅，同时，它们还款待了创纪录的39196761位客人，其中外国客人占到了12%。[②]

① 在针对餐厅所展开的调查中，我的信息获取主要是通过网络平台、电话簿以及个人访问来实现。许多夫妻餐厅（Mom and Pop restaurants）并未在电话簿中列出，也未打网络广告。随着新餐厅的开张以及旧餐厅的停业，餐厅的电话号码也在不断发生着变动。因此，这些数据资料仅供用来参考。

② "2002 Economic Census," Accommodation and Foodservices, Las Vegas–Paradise, NV Metropolitan Statistical Area, Geographic Area Series, http://www.census.gov/econ/census02/data/metro2/M2982072.HTM［电子文档］［2008年3月19日访问］。"Historical Las Vegas Visitor Statistics（1970–2007）," Las Vegas Convention and Visitors Authority, http://www.lvcva.com/press/statistics–facts/index.jsp［电子文档］［2008年3月19日访问］。"About Clark County," Public Communications, http://www.co.clark.nv.us/ Public_communications/ About_clark_county.htm［电子文档］［2008年3月30日访问］。"Tao Las Vegas Restaurant & Nightclub Repeats as the Highest–Grossing Restaurant in the U.S.," 15 Apr. 2008, Restaurants and Institutions Magazine, http://www.rimag.com/archives/2008/04b/sr–top100–ranking.asp［电子文档］［2008年4月15日访问］。

各种"异域"跨国菜肴得以被供应；尤其是自助餐厅，它以固定价格提供给顾客极为丰富的美食以及多种多样的选择余地。餐厅和自助餐厅，已经成为地方化与全球化相遇的场所。而餐厅和自助餐厅中的用餐者，既有来自国内外的旅游者，也有当地人。当地人还能享受到"早鸟特餐（early bird specials）"，他们只需支付很少的钱，尤其是在淡季的周末。赌客、旅游者以及本地人都可以通过加入玩家俱乐部和赚取积分，来免费用餐或者享用折扣餐，而且在自助餐厅中，如果双人同去，则享受一人免单的待遇。

这座城市的第一家自助餐厅——"牛仔自助（Buckaroo Buffet）"——于1946年在E1 Rancho正式营业，它的策略是避免饥饿的赌客们早早地离开赌场。[①] 因此，其他餐厅也纷纷效仿。便宜的自助餐厅变得随处可见。1992年是个具有标志性意义的转折点，沃尔夫冈·帕克（Wolfgang Puck）在拉斯维加斯经营了膳朵餐厅（Spago），并在第一年就获得了将近1200万美元的收入（Apple，1998：F1）。[后来，帕克被誉为烹饪梦想家，并入选了拉斯维加斯的游戏名人堂（Gaming Hall of Fame）。[②]] 由于深受巨大市场需求和惊人利润的驱使，一些最具声望的世界名厨，如法国的艾伦·杜卡斯（Alain Ducasse）、乔尔·侯布匈（Joel Rubuchon），美国的艾梅里尔·拉加西（Emeril Lagasse）、查理·帕尔默（Charlie Palmer）、布拉德利·奥格登（Bradley Ogden），日本的松久信幸（Nobu Matsuhisa），还有其他一些名厨，都选择在拉斯维加斯开办餐厅，这完全改变了当地的餐饮景

---

① 参见 "Fifty Years of Dining on the Las Vegas Strip," UNLV Center for Gaming Research, http://gaming.unlv.edu/dining/early.html［电子文档］［2008年3月25日访问］。

② 参见 "Gaming Hall of Fame," UNLV School of Gaming, http://gaming.unlv.edu/hof/index.html［电子文档］［2008年4月20日访问］。

观。① 如今，拉斯维加斯坐拥美国最高水平的前 100 强非连锁餐厅中的 24 家，仅次于纽约的 32 家。②

目前，对于拉斯维加斯的博彩业而言，餐饮服务行业不再是赔本买卖，反而能够赚取高额利润。根据赌场顾问约翰·恩戈尔（John Engor）的说法，现在赌场的总收入中，有 15%~20% 或许都来自于餐饮服务行业的经营所得（Levin，2006）。随着越来越多的旅游者前往拉斯维加斯寻求高档的食物，百乐宫酒店（Bellagio）、巴黎酒店、梦幻金殿大酒店（Mirage）、威尼斯人酒店以及其他酒店中的自助餐厅，也都日益趋向高档化。这种重数量而不重质量的廉价饮食营销策略，已经在向强调优质饮食方面转变。

为了满足数量显著增多的来自亚洲和东南亚地区的旅游者和美籍亚裔顾客的需求，一些赌场推出亚洲和东南亚饮食，将其作为这种新潮流的组成部分。中餐馆"道（Tao）"——永利酒店（Wynn）下属的一家于 2005 开业的"泛亚洲（Pan-Asian）"融合餐厅与夜总会，"由于深受中国、日本、泰国和韩国菜肴诸多优势和特色的影响，而广受赞誉"，还被评选为美国 2006—2007 年度最佳上座餐厅。③"道"已经成为那些富有的、具有冒险精神的食客们的必访之所。一些跨国菜肴，诸如日本的寿司、中国的炒面和点心、韩国的泡菜、越南的春卷，都出现在了许多酒店自助餐厅的菜单上，尤其是沿拉斯维加斯大道（the Strip）一带。2005 年，百乐宫自助

① 这其中有很大一部分餐厅都已经被载入介绍拉斯维加斯名厨现象的文章中。而创作时间最早，同时也是最有预见性的一篇文章是由阿普尔（Apple）所写，即 "In Las Vegas, Top Restaurant are the Hot New Game"，第 F1、F6 页。

② "Tao Las Vegas Restaurant & Nightclub Repeats as the Highest-Grossing Restaurant in the U.S.," 15 Apr. 2008, Restaurants and Institutions Magazine，http://www.rimag.com/archives/2008/04b/sr-top100-ranking.asp［电子文档］［2008 年 4 月 15 日访问］。

③ "Tao Las Vegas Restaurant & Nightclub Repeats as the Highest-Grossing Restaurant in the U.S.," 15 Apr. 2008, Restaurants and Institutions Magazine，http://www.rimag.com/archives/2008/04b/sr-top100-ranking.asp［电子文档］［2008 年 4 月 15 日访问］。

餐厅吸引了超过 150 万的顾客，他们都甘愿为了品尝诸如茄汁豆腐沙拉和"（科尼什）游戏鸡 [（Cornish）game hen]"一类的美食，而支付高达 34.95 美元的价格（Jones，2005）。许多自助餐厅的顾客都抱着一种冒险精神与享乐态度，来尝试这些新美食。对于他们中的一些人来说，尝试陌生美食几乎就像是在品尝不同文化风味。

自从 2004 年以来，拉斯维加斯大约 80% 的大赌客、嗜赌者或者"巨富豪客"，都来自于亚洲地区（Rivlin，2007；Will，2008）。永利酒店、百乐宫酒店、威尼斯人酒店以及米高梅大酒店（MGM Ground），均投入了巨额资金来吸引或留住这些酷爱赌博的亚洲豪客。赌场甚至雇用了风水师，让他们在酒店装饰的设计和布局上提供建议（Friess，2007：A14）。2007 年，为了准备特制的春节年夜饭，永利酒店专门进口了一批价格极其昂贵的鲍鱼一类的海鲜和燕窝（Friess，2007：A14）。2008 年 2 月，为了庆祝春节，米高梅大酒店远赴中国，将整个钓鱼台国宾馆（Diaoyutai State Guest House）的烹饪团队（包括餐具）包机请到拉斯维加斯，举办了包含特供点心、午餐、晚餐在内为期长达一周的饮食盛宴。① 于是，这些备受追捧的消费者还在拉斯维加斯的时候，既可以在一个相对熟悉的文化背景中享用自己喜爱的饮食，又能够赌博玩乐。

百乐宫酒店旗下的面食店就是一个很好的例子，可以说明诸多赌场是如何以亚洲饮食为整体营销策略重要一环作为特色的。这个传说是这样的，为了留住一位非常爱吃面条的亚洲嗜赌者继续在百乐宫酒店中赌博，赌场专门修建了这家面食店。虽然故事本身可能存伪，但其中体现出的精神用意却是真实的。这家餐厅提供一系列具有亚洲风格的面食和菜肴，包括普通话中所言的面条、甜辣

① "中国珍珠餐厅（Pearl Chinese Restaurant）"网站，http://www.mgmgrand.com/dining/pearl-chinese-restaurant-diaoyutai.aspx [电子文档][2008 年 5 月 1 日访问]。

面、泰式炒河粉（*pad Thai*）、槟城炒粿条、港式鸡蛋面、新加坡咖喱米粉面以及日式烧乌冬面（*yaki udon*）。它同时也供应一些怀旧的菜肴，像娘惹咖喱面，这就是一道融合了中国和马来食材的美食。在把东南亚华人饮食作为目标方面，这家餐厅将食物与回忆、处所联系起来所进行的尝试是十分明确的。事实上，包括百乐宫酒店、永利酒店、梦幻金殿大酒店、曼德勒海湾酒店（Mandalay Bay）和威尼斯人酒店在内的所有这些高档酒店中的赌场，如今都以在食物供应中拥有一家专供面食的餐厅作为自身特色。一家亚洲主题餐厅下的帕拉佐餐厅（Palazzo）也在供应面食和点心。① 与此同时，那些相对便宜但种类丰富的自助餐厅，依然能够吸引大量顾客。例如，1998 年，在接待量多达日均 1.2 万人次的马戏团（Circus Circus）自助餐厅中，也会包含有一小部分中国菜肴（Apple, 1998：F1）。此外，在某种程度上讲，赌场的自助餐厅也影响到了拉斯维加斯东南亚餐厅的运营模式。

拉斯维加斯东南亚华人饮食的"再领域化"

东南亚餐厅通常都开在远离拉斯维加斯大道的地方，它们更加突出强调自身的烹饪技术和风格，意在通过强调正宗性、特色鲜明的风味和应季食材来吸引富于冒险精神的食客（Whitely，1999：1E）。东南亚餐厅通过强调自身食物正宗性的方式，从策略上来满足食客们对于民族食物的期待。同时，他们也会提供一系列超越民族界线的食物，来吸引当地的顾客与旅游者。这些看似矛盾的举措，或许可以做这样一种解读，即这是他们在与赌场饮食文化融合

① "玉面点心餐厅（Jade Noodle Dim Sum Restaurant）" 在线菜单，http://www. palazzolasvegas.com/jade.aspx［电子文档］［2008 年 3 月 17 日访问］。

的过程中对于"正宗性"这一概念所玩弄的权术。马来西亚沙嗲格（Satay Malaysian Grille）餐厅自称为"拉斯维加斯正宗马来西亚菜"的供应者。然而，它的食谱中却包含了一系列在亚洲为人们所熟知的菜肴：泰式炒河粉、印度飞饼（roti canai）、菲律宾薄饼、新加坡炒米线、马来西亚素咖喱、福建炒面（一种马来西亚中式虾面）以及广东肉汁炒粉，还有中式甜酱鱼。① 相似的是，被美食评论家乔纳森·古尔德（Jonathan Gold）誉为"北美地区最棒泰国餐厅"的暹罗莲花酒店（Lotus of Siam）（2000：58），也提供日本味噌汤（miso soup）、越南奶油虾、泰式咖喱（Panang）② 鱼、四川鱼香茄子、新加坡面以及越南米线。该餐厅厨师采用中西合璧的形式，创造性地制作了一道名为"蟹肉奶酪馄饨（crab cheese wonton）"的菜肴，这道菜是将奶油干酪与蟹肉、洋葱混合在一起制成的。这家餐厅同样将便宜的自助午餐作为特色来吸引顾客。同样地，泰国餐厅（Thai Place）也使用美国食材来制作"夏威夷咖喱"，另外还有泰式红咖喱、绿咖喱和黄咖喱。其他的泰国餐厅、菲律宾餐厅、老挝餐厅和越南餐厅也采取这种手段，来迎合那些来自不同背景下的顾客。

在拉斯维加斯，我们在马来西亚沙嗲格和槟城餐厅（Penang Restaurant）里都能够找到海南鸡饭。然而，前者为了满足那些习惯吃炸鸡顾客的要求，便将海南鸡放在油中进行了酥炸处理。在槟城餐厅里，如今被标榜为"健康蔬菜"美食的娘惹豆腐（Tofu nyonya），同样也在其他赌场餐厅中有所供应。包裹着各种不同馅

---

① "马来西亚沙嗲格"网站，http://www.sataygrille.com/Staff.php［电子文档］［2008年2月10日访问］。

② 泰式咖喱酱非常受欢迎，它经常被用来给河鱼、海鲜、猪肉、牛肉、鸡肉以及各种蔬菜进行调味。

料的薄饼，几乎在每一家菲律宾餐厅里都有供应。不同风格的粿条不仅出现在餐厅里，而且在泰国或老挝的佛教寺庙中也能见到。从不同程度上讲，前述所有这些餐厅都是根据当地的期望，对它们的食材和口味进行了针对性改良。一位美籍泰国人向我解释道，这就同一些全球连锁餐厅一样，它们根据需求适时调整自己的菜肴，正如在泰国开办的肯德基店，就推出了"泰式鸡翅"。

在一项针对达拉斯（Dallas）大都会区泰国餐厅的正宗性与饮食旅游关系的观察研究中，珍妮·莫尔茨（Jennie Molz）指出，泰国餐厅从空间布局到特色菜肴风味，明显都是受顾客的品位形塑而成。不过，莫尔茨更倾向于仅仅侧重这一方面——泰国餐厅受到当地人影响的方式，如"迎合他们的顾客对于一次正宗饮食体验的渴求"（Molz，2005：6），而非审视泰国餐厅是如何积极地将泰国饮食介绍给当地人的方式。在莫尔茨所呈现给我们的泰国餐馆中，似乎它们有着两种不同的正宗性风格，真实的一种存在于它们自身，另外一种则是刻意应对美国顾客的：

> 泰国餐厅所表现的是美国人观念中的泰国文化，而不是在展示真正的泰国文化……餐厅的拥有者与设计者正在构建一种关于正宗性的新定义，这一定义是基于美国人观念中的泰国文化预期，而不是出于一种纯粹的泰国视角。（Molz，2005：60，62）

然而，莫尔茨并没有表述清楚，究竟什么是"真正的泰国文化"，或者什么是"纯粹的泰国视角"。泰国的饮食文化实际上是在不断变动的。每一代人都在不断地创造并再创造着属于他们的菜肴。即便是在同一代人中，彼此也会存在不同的饮食口味。一位泰籍海南人曾经告诉我，他更喜欢美国的泰国菜肴，因为那家泰国餐厅的老板跟他一样，已经移民美国 30 多年了，他们的饮食口味更加相像。而他认为故乡曼谷（Bangkok）的泰国菜中，"添加了太多的新鲜香料"。他的经历提醒我们，无论是在美国，还是在泰国，饮食无时无刻不在发生着变化。因此，同对民族食物的划分一样，在了解和研究跨国饮食时，正宗性概念不能作为一种有效的分析工具。

拉斯维加斯泰式中国菜的创造与再创造

美国的主流话语将泰国菜视为民族食物，而与之相对的是，泰国则主张泰国饮食是世界饮食的重要组成部分。2006 年，时任泰国外交部长的甘达提·素帕蒙空（Kantathi Suphamongkhon）曾指出："我们曾一度以亚洲盖饭而闻名。现在，人们会把我们称作'世界厨房'。"[①] 根据甘达提的说法，世界范围内分布有超过 9000 家泰国餐厅，其中，在美国就有近 4000 家。

甘达提和莫尔茨分别代表了两种不同的话语。前者因为泰国菜变得日益国际化，能为泰国国境以外的人们提供饮食而倍感自豪；后者则特别强调与民族食物相关的正宗性，以及美国顾客对于泰国餐厅的影响。尽管二者存在差异，但是他们却有一个能够达成共识的地方：应该将泰国菜的异质性（heterogeneity）降到最低。如果仔细观察，我们就会发现，不仅仅菜肴是丰富多样的，甚至连厨房用具的使用都是视情况而定的，更不用说相同饮食在不同地区的称呼、食材和口味方面表现出来的巨大差别了。

---

① 甘达提·素帕蒙空博士阁下的"讲话"，2006 年 6 月 12 日。所引内容来自 2006 年 6 月 12 日泰国外交部长在纽约炮台公园（Battery Park）举行的一次泰国盛大招待会上的演讲，http://www.mfa.go.th/web/1839.php?id=17061［电子文档］［2008 年 1 月 4 日访问］。

温迪·赫顿（Wendy Hutton）将泰国烹饪与地域的关系很好地总结为："泰国菜或许是东南亚地区变化最多的一个菜系，从北部地区普遍偏酸辣的饮食，经过相对贫困的东北部地区那种简单却给人印象深刻的菜肴，直到南部地区丰富的椰奶菜肴，以及首都地区所见的精致皇家菜肴，涵盖范围极广。"（2004：13）在拉斯维加斯，泰国餐馆中的菜肴同样也是变化多样的。一些餐厅以它们具有北部或者东北部风格的饮食而著称，这些菜肴深受老挝菜的影响，故而其中通常会包含有糯米以及酸橙口味的菜肴；另外一些餐厅因具有中部地区风格的饮食而闻名，它们是受到了最为美国人所熟知的中国南方烹饪文化的影响；还有一些餐厅，则因为供应泰国南部地区风格的饮食而被人们所知晓，它们一般会提供许多咖喱菜肴，所以广受来自亚洲地区的穆斯林群体的欢迎。因此，泰国菜能够反映出民族、地区与宗教之间存在的这些差异。

尽管佛教寺庙在美籍泰国人口中是最有影响力的机构，但是，在美国的任何一座特定的都市、城镇或者村庄里面，泰国餐厅的出现通常都要早于佛教寺庙。1973年，拉斯维加斯的第一家泰国餐厅在唐人街正式营业，但是直到1986年，第一座泰国佛教寺庙才修建完成。然而，佛教寺庙的修建需要大量的人力和财力支持。餐厅经营者在寺庙修建过程中的资金筹备、慈善募捐、定期供养僧侣和邀请僧侣举行仪式方面，经常都会扮演极其重要的领导者角色。因此，泰国餐厅对佛教寺庙的建造、供养和维护方面，都发挥着至关重要的作用。

在过去的35年间，拉斯维加斯的第一家泰国餐厅一直都是生意兴隆。它在餐厅的菜单上以及大门外面，同时使用了三种不同语言来展示餐厅名称——"泰国潮州餐馆（Thai Teochiu Restaurant）"

（中文）、"泰国功夫中餐馆（Kungfu Thai & Chinese Restaurant）"（英语）以及"泰国功夫餐馆（Thai Kungfu Restaurant）"（泰语）。餐厅的中文名称强调了它源自潮州地区，这就明显能够与唐人街上的其他餐厅区别开来。而"功夫"这个称呼则被用来向美国观众暗示它的中国元素。一家餐厅拥有多个名称，充分体现了餐厅经营者的跨国实践。

拉斯维加斯一家用中文、英文和泰文命名的泰国中餐馆（包洁敏拍摄）

餐厅经营者以及／或者厨师的营销手段存在着不同的表现形式，它们会成为餐厅经营成败的决定性因素。阿尔奇餐厅（Archi's Thai）于2002年开业，在不到六年的时间里，已经开了三家分店。在阿尔奇餐厅的菜单封面正中央，以超大的粗体字印刷着该餐厅的标志——"100% 正宗泰国菜"。然而，阿尔奇餐厅同样也提供一些泰式风格的中国菜，如蒙古菜、炒面、鸡蛋卷和脆皮豆腐。餐厅老板向我解释说，他发现中国菜普遍"味道太清淡"，总体来说缺少调味料。因此，他"添加了更多的调味料进去"，以使得这些菜肴更加具有"泰国风格"。此外，他反复强调，烹饪是需要创造性、热情和想象力的一门"艺术"。例如，他就为蒙古菜额外备制了辣椒与干虾酱。除了给中式炒面添加不同种类的酱汁以外，他还通过将面高悬于炉灶装置上轻微烘烤，来赋予它一种烟熏风味。对于他而言，"正宗性"就意味着通过改变一道菜的食材，或者使用不同的烹饪器具，又或者运用不同的烹饪技能，来使其具有"绝佳的香气与口味"。他还尝试将酸味、甜味、咸味、奶油味、辣味这五种"泰国风味"加入中国菜肴里面，在它们的混合过程中达到五种风味的平衡。他并没有将"正宗性"设想为一种纯粹的东西，反而是更加强调创造这道菜肴的厨师所具备的烹饪技能，而非菜肴本身源自何地的问题。泰式中国菜并没有随着时间停滞不前，或者被其所谓的起源问题所束缚，而是被烹饪它的厨师重新赋予了活力。

相较之下，"泰国功夫餐馆"中也供应有许多潮州菜，如蕹菜（ong choy，空心菜）、猪肘、鸡丁、菌汤以及其他菜肴。但是，真正让我感到吃惊的却是种类丰富的面条，还有泰国华人以及泰国人知道在某种特定盘子中，应该盛何种形状及类型的面条的熟悉程度；大多数本地食客都没有意识到，根据盘子选择与之相搭配的面条，这其中还存在着非常微妙的差异。粿条就是由清甜微咸的宽米线制作而成。它可以添加蚝油、鱼露、大蒜、辣椒来进行调味，并且要与包括叉烧、牛肉、鸡肉在内的各种肉类搭配在一起食用。宽米线可以被用来制作粿条，而面条则被用来制作乌冬面和炒面。这家餐厅同时还提供泰式炒河粉和干炒河粉（pad si eiw）。"pad"在泰语中意为"炒"，"si eiw"是潮州话，用来指称"酱油"。虽然这两道菜都是炒制而成，但是它们的食材是不同的，口味自然也存在差异。泰式炒河粉中的米线，是先用餐厅的特质酱料进行清炒，而后与豆芽、青葱以及肉一起翻炒，最后再撒上花生碎，才制作完成。干炒河粉所使用的米线会更宽一些，而且要以蚝油酱或者偏甜味的老抽来调味。当然，它通常是与西兰花（甘蓝菜）和肉一起炒的。

一道看似"简单的"面食，其复杂程度却进一步向人们证实，在一个新环境里进行饮食的再创造过程中，面食是如何实现重命名的，又是如何与当地食材结合起来的。在这方面，泰式海鲜汤面（*Khanom chin*）就是一个很好的例子。在泰语中，"*khanom*"指的是"甜品"；"*chin*"指的是"中国"或者"中国人"。但是，将这两个词组合在一起，就变成了一道米线美食的名字。泰式海鲜汤面是由具有典型中国风格、截面呈圆形的细软米线制成，通常会与新鲜香料、生鲜蔬菜、风味酱汁或者汤羹一起进行烹饪制作。泰国北部地区风格的酱汁叫作"*nam ngiu*"（"*nam*"指水），里面一般会有西红柿；中部地区风格的酱汁"*nam ya*"就比北部地区风格的要甜很多，而且通常会加入部分咖喱；东北部地区风格的酱汁，或被称为"*namya pa*"（"*pa*"指森林），则普遍被认为具有乡村风格；与之相反的是，南部地区风格的酱汁就要更加偏重甜辣一些。最早由中国移民带到泰国的潮州面食，现在已经加入了泰国不同地区的各种各样的口味，又被称作"中式点心"。如今，这种面在美国又被重新命名为"泰国细面"。让顾客大为赞赏的是，他们可以自主选择各种不同类型的面条，而不仅仅是那些整个被冠以"正宗中式面条"概念的面食。

任何一碗上乘的粿条或者泰式海鲜汤面，都应该是甜味、酸味、咸味和辛辣味各种口味完美组合的结果。不过，酸橙、红辣椒、发酵过的鱼露以及棕榈糖，这些被添加进由中国南方移民带到泰国的味道"偏清淡"面条中的调味料，却已经在拉斯维加斯被逐渐淡化了。这样的转变象征着一种跨国性转折：一道首次在泰国经过再创造的潮州面食，如今在美国又进行了第二次再创造。而且不仅仅是面条，几乎所有菜肴的口味都不再像以往那般辛辣了。泰国烹饪中一种最重要部分的调料——鱼露，有时候也会被悄然替换为盐或者酱油。添加的香料数量和种类也在不断减少。因为速溶咖喱的味道相对更加温和，烹饪时间也相对更短，所以一些厨师选择用速溶咖喱来替代新鲜咖喱。

这种多样性和复杂性同样也表现在餐具的使用方式上。在过去，大多数泰国人，尤其是北部与东北部地区的泰国人，都习惯使用手指来吃饭，其中一部分原因在于他们的主食为糯米。他们先用手指将糯米揉捏成耐嚼的小米团，然后将小米团浸入酱汁或盘子里蘸取而食，这些盘子里有细细研磨或者切碎的肉、鱼或蔬菜。（时至今日，在私人环境，尤其是在泰国的农村中，很多人依然保留着这种用手吃饭的习惯。）然而，由于那些受过西方教育的泰国精英们的提倡，新的餐桌礼仪由此推广开来，大多数泰国人开始逐渐改为使用叉子和勺子，对于那些在城市中生活的人们和年轻人而言，尤为如此。他们用右手执勺，左手执叉，叉子主要用来将食物堆放到勺子之中，然后方可食用。因为食物中的肉类通常都已经被切碎，所以他们很少使用刀子。有趣的是，当吃粿条和泰式海鲜汤面时，他们通常又会转换成使用筷子。如此一来，手指、叉子、勺子和筷子，就都成为泰国人日常生活中所使用的"餐具"。关键在于要视具体情况分清应当使用哪种类型的"合适餐具"。

在拉斯维加斯，为了使自身有区别于西方或者中国的饮食文化，泰国餐厅中通常只提供叉子和勺子。然而，有些欧美顾客也会要求提供筷子（包洁敏，2005：175；Molz，2005：56）。这或许能够反映出他们对于筷子和亚洲饮食文化之间的关系所做出的设想。因此，一些泰国餐厅不仅仅摆放着叉子和勺子，而且也提供有筷子。

这就使我们想起了一句泰国谚语："当你走进斜眼人的城堡，你自己也会变成斜眼（*khaomuang tariu, tong riuta tam*）。"然而，最近随着越来越多的美国顾客逐渐认识到，泰国的餐桌礼仪是与中国、日本、韩国和越南不同的，因此，很少有泰国餐厅再摆放筷子了。阿尔奇餐厅的老板认为，美国人如今对于泰国饮食的了解比五年前明显多了不少，因为他们中的大多数现在知道如何点餐了。泰国餐厅为人们介绍和熟悉泰国饮食文化提供了一个公共空间，许多美国人就是首先通过泰国菜而非佛教寺庙或者佛教艺术来了解泰国的。一位出生于美国的大学生曾经这样对我说："当人们知道我是泰国人以后，他们通常会首先询问我有关泰国饮食的问题。你知道的，因为这也是人们首先需要思考的问题。但我总是更愿意告诉他们，我会演奏（泰国）乐器，会跳舞，还到泰国的佛教寺庙中去（表演）。"如果没有泰国餐厅和那些厨师，美国人将会失去许多机会去想象泰国的饮食和文化究竟是怎样一种景象。

结　语

饮食文化将国与国、洲与洲联系在了一起。当我们把东南亚华人饮食视作一种跨国饮食时，我们就野心勃勃地将饮食与跨国移民及其流动性联系了起来；我们将饮食看成了适应的主题，变化的主题，创新再造的主题。我所提出的"跨国饮食"概念，是对"民族食物"的分类、"正宗性食物"的定义以及二者之间的关系做出的挑战，因为食物既不受族群限制，也不受国界限制。我同意雷蒙德·格鲁（Raymond Grew）的说法，"将饮食文化作为宏观历史变迁的组成部分，这样有助于我们将一时一地的饮食实践与全球变化理论联系起来"（1999：22）。

在拉斯维加斯，中国南方饮食经历了两次"去领域化/再领域化"的过程：第一次是在东南亚地区，第二次就是在美国。通过那些厨师对于饮食的创造和再创造努力，跨国饮食的精神面貌变得愈加清晰。食谱会根据当地条件和顾客口味做出灵活性的调整。在东南亚地区添加进中国南方菜肴中的调味料，但在美国却容易被减少或者加以改良。我们永远不要轻视那些餐厅的经营者、厨师和厨子，因为他们才是促进文化和饮食多样化的关键所在。

参考文献

Apple, R. W. 1998. "In Las Vegas, Top Restaurants are the Hot New Game." *New York Times*, 18 Feb. 1998, pp. F1, F6.

Avieli, Nier. 2005. "Roasted Pigs and Bao Dumplings: Festive Food and Imagined Transnational Identity in Chinese-Vietnamese Festivals." *Asia Pacific Viewpoint*, 46: 283.

Bao Jiemin（包洁敏）. 2005. *Marital Acts: Gender, Sexuality, and Identity among the Chinese Thai Diaspora*. Honolulu: University of Hawaii Press.

Fernandez, Doreen G. 2003. "Culture Ingested: Notes on the Indigenization of Philippine Food." *Gastronomica*, 3(1): 58-71.

Fimrite, Ron. 2000. "Eating Las Vegas." *Via Magazine: AAA Traveler's Companion*, Sept. 2000, pp. 1-3.http://www.viamagazine.com/top_stories/articles/eating_las_vega00.asp [Electronic Document][accessed 15 Apr. 2008].

Friess, Steve. 2007. "Las Vegas Adapts to Reap Chinese New Year Bounty." *New York Times*, 21 Feb. 2007, p. A14.

Gold, Jonathan. 2000. *Gourmet Magazine*, Aug. 2000, p. 58.

Grew, Raymond. 1999. "Food and Global History." In *Food and Global History*, ed. Raymond Grew. Boulder: Westview Press, pp. 1–29.

Ho, Alice Yen. 1995. *At the South-East Asian Table*. Kuala Lumpur: Oxford University Press.

Hutton, Wendy. 2004. *Green Mangoes and Lemon Grass: Southeast Asia's Best Recipes from Bangkok to Bali*. Singapore: Periplus Editions.

Hyman, Gwenda L. 1993. *Cuisines of Southeast Asia*. New York: John Wiley & Sons, Inc.

Inda, Jonathan and Renato Rosaldo. 2002. "Introduction: A World in Motion." In *The Anthropology of Globalization: A Reader*, ed. Jonathan Inda and Renato Rosaldo. Malden, M.A.: Blackwell, pp. 1–34.

Jones, Chris. 2006. "Las Vegas Buffets: Step up to the Plate. Longtime Tradition of Self-serve Restaurants Still Big Business for Casinos." *Las Vegas Review-Journal*, 5, Feb. 2006. http://www.reviewjournal.com/lvrj_home/2006/Feb-05-Sun-2006/business/5539048.html [Electronic Document][accessed 19 Apr. 2008].

Levin, Amelia. 2006. "Casino E & S: High Rollin." *Foodservice Equipment and Supplies Magazine*, 1 July 2006. http://www.fesmag.com/archives/2006/07/es [Electronic Document][accessed 15 Apr. 2008].

Molz, Jennie G. 2005. "Tasting an Imagined Thailand: Authenticity and Culinary Tourism in Thai Restaurants." In *Culinary Tourism*, ed. Lucy M. Long. Lexington: University Press of Kentucky, pp. 53–75.

Rinella, Heidi Knapp. 2007. "Las Vegas Offers World Tour of Cultural Cuisine." *Las Vegas Review-Journal*, 25 Mar. 2007, p.40. http://www.reviewjournal.com/bestoflv/2007/rinella.jsp [Electronic Document] [accessed 15 Apr. 2008].

Rivlin, Gary. 2007. "Las Vegas Caters to Asia's High Rollers." *New York Times*, 13 June 2007, Travel Section. http://travel.nytimes. com/2007/06/13/business/13vegas.html [Electronic Document] [accessed 11 Feb. 2008].

Tan Chee-Beng（陈志明）. 1983. "Acculturation and the Chinese in Melaka: The Expression of Baba Identity Today." In *The Chinese in Southeast Asia: Volume 2, Identity, Culture & Politics*, ed. L. A. Peter Gosling and Linda Lim. Singapore: Maruzen Asia, pp. 56–78.

Vinning, Grant and Kaye Crippen. 1999. *Asian Festivals and Customs: A Food Exporter's Guide*. Kingston, Australia: Asian Markets Research, Rural Industries Research and Development Corporation, Project No. AMR-3A, Publication No. 99/60. http://www.rirdc.gov.au/99comp/ glc1/htm [Electronic Document][accessed 31 July 2008].

Whitely, Joan. 1999. "In Search of Ethnic Cuisines." *Las Vegas Review-Journal*, 15, Sept. 1999, p. 1E.

Will, George. 2008. "He banks on high rollers." 2 Apr. 2008. http:// www.tampabay.com/opinion/columns/articles440993.ece [Electronic Document][accessed 3 Apr. 2008].

Yap, Gloria Chan. 1980. *Hokkien Chinese Borrowings in Tagalog*, Pacific Linguistics, Series B, No. 71. Research School of Pacific Studies. Canberra: The Australian National University.

第九章 海洋四重舞：嵌入澳式世界主义的"亚洲"烹饪

□ 珍·杜鲁兹

（Jean Duruz）

（廖耀祥）想出了这样一个方案，将四个小岛上的海鲜放置在空的白盘之中。这四种海鲜分别为：放在鳄梨（avocado）片上涂以芥末蛋黄酱（wasabi mayonnaise）的腌制锯盖鱼（snook，梭子鱼）碎鱼片，搭配着墨鱼汁面（squid-ink noodles）的薄薄的生乌贼片，抹有蒜泥蛋黄酱的清蒸章鱼须，以及用糯米做的香味对虾寿司。……结果是，这成了葛兰许餐厅（Grange）菜单上的恒久菜肴，不再从菜单上被移除。作为一种创新，它使各种味道和口感都达到了极佳的平衡状态……或许，它是澳大利亚菜肴中最了不起的一道菜了。（Downes，2002a：72—73）

当厨师廖耀祥（Cheong Liew）第一次提出"海洋四重舞（Four Dances of the Sea）"的概念时，他声名大振。那一年是 1995 年，地点在澳大利亚的阿德莱德。廖耀祥通过他富于传奇色彩的内迪餐厅（Neddy's，1975—1988 年），已经确立了自己因菜品革新所带来的名声 ["打开其他厨师通往亚洲可能性味蕾的第一人"（Ripe，1993：20）]。酒店管理学院（Regency Hotel School）大概算是澳大利亚具有引领作用的接待培训中心，廖耀祥在这里授课多年，其名声得到了进一步增强。现在，他将要担任阿德莱德希尔顿国际酒店葛兰许餐厅的厨师顾问（Downes，2002a：51，78-80）。同年，他与何翊萍（Liz Ho）合作完成的《我的美食》（*My Food*）一书正式出版。在序言中，阿德莱德食物史家芭芭拉·珊蒂诗（Barbara Santich）宣称"廖耀祥是一位烹饪魔术师，厨房里的魔法师"（1995：xiii）。

厨师廖耀祥（Tony Lewis 拍摄）

　　尽管廖耀祥的声誉地位，或许被认为是澳大利亚烹饪史上无与伦比的，但是本章的主要内容并不涉及对这段历史的追述，也不过多涉及对廖耀祥所做贡献的评价。相反，它意在提供一种在区域范围内改变食物和社会认同的不同"呈现"，即食物的嵌入与融合，并在此过程中保持着食物自身起源于中国的反响，而这需要对廖耀祥更为"家常化"的情感进行探索。从概念上看，部分论点聚焦于取消厨师（chef）与厨子（cook）这两种对立的原型角色之间的传统差异（Gunders，2009）——拥有着具有国际性眼光的专业训练与根植于他／她所在共同体惯习中富于经验性的家常饭之间的差别。而且，本章论据同样并不涉及将"中国饮食"确指为澳大利亚的一系列多样性与特殊性兼具的"族群"菜肴，尽管它们将得到持续不断的历史呈现。

相反地，这种交替的巡回选择在彼此之间探索出了一些灰色空间，那里是专业主义和移民家庭烹饪之间的界限所在，而这一界限在某种程度上也变得模糊不清……那里的食物能够反映出烹饪者和食客之间复杂、纠葛的历史。若以图示方法来描述这些空间，我们就将面对广东家庭中关于店屋（shophouse）、农场的早期记忆，与之相伴的记忆还包括邻近的一个马来村落（kampong），阿德莱德公园里的一张长桌，在阿德莱德中央市场的仔细寻觅，与这座城市唐人街上的厨师愉快共餐的机会。在这一过程中，通过多层次意义和所属位置，采用了一种叙事路径对其进行探索，而这种分析与身份认同、全球化、杂合性和世界主义诸问题都会发生摩擦（Highmore，2002：159）——这些问题塑造了现在澳大利亚中国（以及"亚洲"其他）饮食的"口味"，同时这些问题也会在此类"真实"空间的相互作用中，达成妥协。在本章结尾部分要达到的最终目的在于认识到，本研究将廖耀祥"根植于当地"并加以怀旧／想象实践的渐进性叙述，置于"新世界主义（new cosmopolitanism）"的讨论之下，在这之中，正是存在的不同之处而非"普遍主义（universalism）"发挥了关键作用（Werbner，2008）。

与 "亚洲" 澳大利亚饮食教父（Gastro-Father）相遇

然而，为了给这一 "他者" 的故事创建一种场景，我们有必要去理解声誉地位究竟如何成就了 "廖耀祥的故事"。无论故事本身神奇与否，廖耀祥这种独特烹饪 "风格" 的问世，竟然比谭荣辉（Ken Hom）和杰里迈亚·托尔（Jeremiah Tower）于 1980 年在加利福尼亚正式推出的 "中西合璧（East-meets-West）" 菜肴，足足早了五年（Ripe, 1993: 13）。而且，恰恰是这种 "风格" 证实了澳式烹饪想象的正式形成。根据唐斯（Downes）的说法（2002a: 79）：

> 内迪餐厅的出现，颠覆了澳大利亚人对于餐厅最佳食物的认识……当世界其他地方的饮食几乎完全忽视东南亚食材的存在时，当亚洲烹饪技术被认为只能在村落的泥坑中使用时，当人们可接受的餐厅食物至少在风格上被新式法国烹饪（nouvelle cuisine, 新式烹调）束缚时，它出现了。

从内迪餐厅的开业，到 "海洋四重舞" 梦想呈现在电脑前的那一刻，廖耀祥的荣誉便接踵而至。廖耀祥被誉为 "世界上最具有创新性的，又最敢于颠覆传统的厨师"（Scarpato, 2000: 47），同时也被誉为 "中西合璧饮食的教父" [《好好生活》（Good Living），2007: 3]；1984 年，他与菲利普·塞尔（Philip Searle）一起为 "首届澳大利亚饮食学研讨会（First Symposium of Australian Gastronomy）" 准备的宴会已经堪称 "澳大利亚烹饪史上最重要的一顿饭——这奇特怪异又满是异国情调的……（宴会）……点燃了澳大利亚的烹饪之火"（Downes, 2002b: 29）。1999 年，廖耀祥被美国的饮食杂志《美食与美酒》（Food and Wine）评为十大 "在世最热门厨师" 之一（引自 Downes, 2002a: 71）；同年，他又被授予了 "澳大利亚勋章（Medal of the Order of Australia）"，以表彰他为澳大利亚所做出的饮食贡献。

毋庸置疑，"海洋四重舞"已经成为有关"澳大利亚味觉亚洲化（Asianization）"（Ripe，1993：7-21）的更大叙事的重要组成部分。当然，在这个叙事中，还存在着文化的和历史的大量争论，它们也存在于其相对意义之中（Ripe，1993：11-13，72-74；Symons，1993：7-11，52-53）。然而，无论是其中哪种促成要素——移民、跨区域的旅行、食物生产的全球化、饮食媒体的出现，没有一个人会否认，某些颇具根本性的东西已经出现并改变着整个澳大利亚的饮食口味（Santich，1996：14）。甚至连《两位胖女士》（"Two Fat Ladies"，英国同名电视烹饪系列节目），也注意到了这一点。当克拉丽莎（Clarissa）准备了一块用姜汁、大蒜、葱、芫荽、红辣椒、椰奶、老抽和柠檬香草制作而成的牛肉时，詹尼弗（Jennifer）问道："这是什么？是哪个国家的食物？"克拉丽莎回答说："泰国的，当然它也是泛亚洲的（Pan-Asian）食物——现在这类东西在澳大利亚也会出现。"（《两位胖女士》，1997：第二集）当然，这也就引出了一个问题：关于红辣椒、椰奶、生姜、芫荽以及大蒜这些东南亚地区的传统香料和调味品混合物的味道，究竟是怎样成为"在澳大利亚也会出现的一类东西"呢？

虽然这仍然是一个有趣的问题（而且我已经在其他地方指出，它与叻沙有关，叻沙如今是一种"澳式"招牌菜）（Duruz，2007：195-197），但是在这里，我的兴趣点在于描绘出一种与以往不同的地理格局。因此，我不打算沿着一种用于记录澳大利亚烹饪形成年代的相对陈旧老套的路径继续前进——从早期白人定居时期具有自身英式基础但深受中国烹饪影响的菜肴（Shun Wah and Aitken，1999：11-19），到如今被称作"亚洲菜""现代菜""融合菜"等。另外，我不想为某一道"明星菜"建构所谓的"圣传（hagiography）"，甚至不愿像其他人大体上已经做过的那样，将富于冒险精神的世界性饮食批评为贪婪占有"异域"饮食（Hage，1997：118-120；Cook，Crang & Thorpe，1999：230-231；Probyn，2000：81-82；Heldke，2003）。相反地，本章意在着手处理我之前已经指出的问题，即如何从一个侧面切入来看待澳大利亚饮食文化与社会认同的变化问题。因为深受厨师廖耀祥的招牌菜——"海洋四重舞"的启发，所以我特别关注它的这种传记式反响，而不是那些策略和激动人心的工艺，本章将条分缕析地解开情感关系网中的一些线索，它们或许就"内嵌"在每天都与饮食打交道的某个厨师（甚至是某些国际连锁酒店的名厨）身上。在这里，我们借助于私人视角和微观视角的观察，或许能够探究"空间"作为贯穿"全球—地方"关系的意义，以及空间通过食物协调文化交流、相互性以及归属感的重要性。在这一过程中，我们还可能一瞥亚-澳（Asian-Australian）烹饪身份这种"新"混合形式，在这种形式中，至少在这种表述上，中国食物是牵涉其中的。

记忆之所：高街（High Street）上的小贩，靠近马来村落的农场

在烹饪中，廖耀祥还有一个寻求落叶归根的习惯。"海洋四重舞"在盘子中对"岛屿"的环形布置意指了这种回归，每一重都象征着某一个对廖耀祥的烹饪经历关键性的地方、人物或者时刻。服务员会指导你直接从面前的那部分开始小口品尝，然后沿着顺时针方向前进，继续享用其他的部分。这是为了能够品味到逐渐浓郁的香味（McCabe，2004：8）。香味最为浓烈的那重"岛屿"是五香

对虾糯米饭，是"对家乡的致敬"（Downes，2002a：72），对马来西亚的致敬，特别是指与童年、家庭以及成长相关的那些岁月。

"十字路口"的图景，充斥在廖耀祥的整个早年记忆之中。廖耀祥一家最初在店屋中经营鸡肉批发生意，后来，将其改建为一个广东餐厅，坐落于吉隆坡郊区繁华的伽兰·班达（Jalan Bandar，高街）商业区。店屋邻近一个巴士中心车站，还有一个有着大量小吃摊的市场（廖耀祥、何翊萍，1995：1-2）。"我最喜欢的就是那些卖印度红豆（kachang）的人所开的小吃摊，"廖耀祥说道，"他会售卖各式油炸果仁（kachang puteh）、烤白豆……以及各种各样的炸黄豆、炸扁豆，等等。""只要穿过那条小路，"他继续说道，"就是数不清的餐馆——马来餐馆、印度餐馆、华人餐馆，其中有提供最基本的桌椅，售卖类似于快餐食物的华人烧烤摊儿。"（1995：1）邻近的是福建的茶商和面馆，还有一家潮州餐厅，其中供应着一种用"鸭肉、鸡肉、下水、猪耳、猪肠、豆腐、泡菜诸种食材"熬制而成的粥（1995：1-2）。因此，在廖耀祥的记忆中，店屋不仅仅靠近一个交通枢纽（过去的这些巴士点能够通往马来亚地区的任何地方），还处于口味与种族的"十字路口"——在那里，相互邻近的不同族群与它们的烹饪一起，共同促使饮食文化跨越彼此的界线（假如文化和宗教规则允许这样的话）（陈志明，2001：146-148）。在20世纪50年代构成马来亚不同种族和饮食文化的混合空间中，对于一个来自广东家庭的孩子而言，从售卖印度红豆的人手中品尝到"炸黄豆、炸扁豆"，或者诸如"炸大虾以及南瓜黄金酥（Fried Pumpkin Patty）……（犹如）一个飞盘"（廖耀祥、何翊萍，1995：2）这类福建小吃的味道，并终身不忘，都是很有可能的。

小贩们整天在街上叫卖的惯习，进一步深层次地强化了关于跨文化饮食的这种叙事。他们的出现适时提醒了我们，跨界烹饪的情形同样会发生：

> 每天早上8点左右，卖早餐的小贩们就会准时达到。第一种食物诱惑，就是加有椰糖的米粉糕。接着，一位华人女性带着娘惹甜品（nonya sweets）出现了，然后，10点前后来的是卖叻沙的小贩。……到了中午时分，卖酿豆腐（yong tow fu）的小贩蹬着三轮车来了，车上还载着蔬菜和填满鱼肉的瓤豆腐（bean curd stuffed with fish farce）。
>
> 下午三四点的时候，卖啰喏（rojak）的小贩也加入这一场景之中，而卖汤羹的小贩会在5点时分到达，售卖红豆汤、花生羹、黑米粥以及芝麻糊，它们都需要和椰奶一起食用。（廖耀祥、何翊萍，1995：2）

尽管本章没有足够的篇幅来具体阐述每一道菜肴复杂却富有吸引力的历史，但是却有充分的迹象表明，这些都是关于全球移民（例如，来自中国的汤羹和瓤豆腐；还有啰喏，一种来自印尼的辣沙拉）、地方性适应（椰糖和椰奶无所不在的地方性呈现）（Holuigue，1999：146）以及烹饪融合与文化交流的故事。[在这里，叻沙表现为一个原型性例子。作为娘惹/峇峇烹饪中的一道传统美食，叻沙包含着许多中国食材，例如添加了马来香料和椰奶的米线。从历史视角看，这道美食是以中国商人与马六甲、槟城和新加坡组成的海峡殖民地中的马来女性通婚作为基础的，而（通婚）这种情况主要发生在18—19世纪（Brissenden，1996：185-186）。] 作为廖耀祥当时的童年记忆，它的色、香、味及其含义都给予我们新的关于"融合性"食物和"世界性"饮食的意义，更确切地说是将我们带回过去（Goldstein，2005：iv）。这些都具有怀旧意义，它们在（人、商品和文化）这种全球性移动的动态互动以及地方化产生的（时间、空间、味道与种族）意义中得以形成。当然如果有需要的话，这也是一种内在的提醒，即 21 世纪之前的人类全球性移动形成了全球化，此外，那种"本土世界主义（vernacular cosmopolitanism）"同样并不为"西方"所独享（Werbner，2008）。

在这种解释中，"融合"就变成了一种影响极深的内嵌现象，它承载着历史和记忆的痕迹。同时，它产生于永远都在不停变动的"十字路口"，显然，这非常容易发生变化。因此，这就使得烹饪文化不仅能够与过去的色、香、味产生共鸣，还可以引发现在以及未来想象中期待的那些（色、香、味）特征。例如，一种由莫瑞顿湾虾（Moreton Bay Bugs）（一种体型较小的海产甲壳纲动物）以及烤咸鱼制成的沙拉，被廖耀祥认为是"第一批澳大利亚融合菜肴（Oz fusion dishes）之一……我所制作的……在内迪餐厅"（廖耀祥，2006a：19），这既是对他的马来西亚传统表示敬意，又是向澳大利亚海岸及其给予的恩赐致敬。与此同时，廖耀祥还在圣诞火鸡中加入糯米、藏红花（saffron）和姜黄，唤起了他的回忆——"我的姑妈曾使用煤油灶来制作它"，同时还有童年味道的想象性参照。并且，这道食谱还被廖耀祥改进（他听取了一些关于本地食材和供应方面的建议），以呈现给《阿德莱德评论》（The Adelaide Review）上自己专栏的读者们。"我带给读者们的礼物，就是这份来自过去文化'十字路口'的怀旧食谱。"他如是宣称（2006b：22）。

当廖耀祥 14 岁的时候，他的家人以及其他四家亲戚都搬到了他们的农场中居住，但是，他们依旧经营着伽兰·班达高街上作为餐厅的那家店屋。家人们在此既可以养鸡，又能够在菜地里劳作，还能种植一些果树——阳桃、山竹、红毛丹果，也可种植甘蔗等作物，并进行鱼类养殖。廖耀祥将该农场描述为"对那些（家族中）曾差点饿死的老侨民而言，这无疑是一个天堂"。农场附近是一个马来村落。随着不断扩大的家族受邀参加村落庆典，廖耀祥的烹饪传记中如今又包括了村落节庆食物（1995；3-4）。这些节庆食物反映了20世纪60年代的村落生活与食物生产，特别是看到它就近在眼前时，廖耀祥便以热情洋溢的语言对其进行了如下一番描绘：

> 你看他们的食物风格……烹饪方法。我的意思是，他们的生活方式简直令人难以置信……一种田园牧歌般的生活方式，的确如此。他们喜欢生活在这样一个地方……在这里，一切事物都为他们而存在。这里总是有一条他们可以捕鱼的小河，院子里养着几只鸡……你是知道的，森林能够为他们提供大量的香草……（用以）制作自己的沙拉，还有水果——森林里的野果，那里总是会长有许多椰子树，所以，一切东西实际上都在他们力所能及的范围之内……他们经常只要去买一买米，而一切（别的）东西都已经提供好了……（因此，）他们为什么还要努力工作呢（笑声）？（廖耀祥：采访记录整理）

这些记忆很容易被当作对童年的怀旧而受到忽略，因为童年是这样一段时光：拥有更大的自由，无须承担太多的责任，广阔的探索空间，品尝食物时强烈的感官愉悦，还有和约20个年龄相仿的表亲们一起成长的那份陪伴。此外，马来村落本身就具有强烈的浪漫主义倾向，或许是因为那些追忆往昔的方式，渗透进了以"别墅读物（villa books）"而出名的写作风格之中（Falconer，2000：5）。在这些著作及其关于自我转化的记述中，西方人（通常是疲倦不堪的英国人或者美国人）都渴望回归一种，有关食物生产和社区关系"原汁原味的"生活方式。因此，他们逃离了像伦敦、洛杉矶或者旧金山这样的国际性都市，选择在托斯卡纳（Tuscany）购买一栋别墅，或者在一个拥有生机勃勃菜市场的迷人村落里，购买一套墨西哥住宅。通常情况下，除了写书和制作电影以维持自身回归土地的"原汁原味的"生活以外，他们的其他所有时间都在翻新自己老旧的农场住宅，并将他们的邻居雇为欢乐工人参与到这项事业中来，采摘橄榄，因本地化生产而欢欣不已，参加乡村节日，等等（Duruz, 2004）。

虽然如此，但与城市化的西方普遍更向往18世纪、19世纪的前工业化图景以及"农夫"状态的生活方式相比，马来村落却拥有一种更为确切、更加直接的关于消逝的历史（Symons, 2007：20-21；Gabaccia, 2002：177）。特别是新加坡的这种马来村落，几乎已经全部消失，而最近的情况依然没有改变。在马来西亚，1969年的种族冲突事件发生之后，为了促进全国各州工业的增长和就业机会的增加，以及消除贫困等计划，导致越来越多的年轻人涌入城市谋求工作，同时，人数不断增加的乡村女性也在工业区附近寻求就业机会（Andaya and Andaya, 2001：304）。与此同时，在新加坡，随着大量人口搬入国家出资建设的高层公寓楼——作为"向过度拥挤的市区、乡间和村落提供住所的全国性组屋政策（1963年策划）"（蔡明发，1995：228）的一部分，这也在人们的记忆中留下了一份遗憾。

这些遗憾常通过时代、空间、"社区"的消逝等措词体现出来（1995：228）。有趣的是，蔡明发（Chua Beng Huat）将这种怀旧情绪的回归视作对当下的一种批判策略：

> 对村落休闲生活的呼唤，并非渴望重返物资缺乏的村落。相反地，它指向了在物质条件改善的情况下，"生活会变成什

么样"的另外一种选择性建构。(1995: 238)

加桑·哈格(Ghassan Hage)在讨论澳大利亚的黎巴嫩移民时，也持有一种近乎相同的观点，这些移民对自己的祖国表现出了浓浓的思乡之情。"目标，"哈格说道，"并不是回去。抱着这种带来慰藉的心理暗示，是为了在面对澳大利亚的生活时能有一个更好的基础。"换言之，它是超越时空，为你带来关于"家"和"过去"的渴望性意义的一种形式。

那么，廖耀祥将他的广式家庭农场及其近邻马来村落的价值观带往阿德莱德了吗？阿德莱德诞生于19世纪30年代，由测绘局长威廉姆斯·莱特(William Light)上校所进行的"现代化"规划之下，并且成为英国殖民定居者社会中的一个雅致的城市中心(Whitelock，1985: 27-33，180)。当然，廖耀祥关于阿德莱德的描述有着很多上述的那种"心理暗示"(廖耀祥，2001: 6-7)，对始于20世纪70年代中期的"内迪餐厅之年(Neddy's years)"而言，尤为如此，当时这座城市被视作与激进政治以及饮食文化密切相关的"前沿"(Downes，2002a: 320)。当论及这座他所移居的城市时，廖耀祥说：

> 阿德莱德给予我一种变革性的空间……每天上午我们要去东区(East End)市场挑选自己需要的食材，然后转到中央市场(Central Market)去挑选鱼和肉，再接下来，我们就会返回餐厅并在黑板上写下午餐的菜单……(廖耀祥，2001: 6-7)
>
> 成为一名澳大利亚人，我感到很自豪，特别是在阿德莱德……这里的乡村太不可思议了。只需20分钟时间，你就可以到达海滩或是山顶的葡萄园。但是阿德莱德的美，还在于这里拥有丰富的食材。如果我想做印度菜、马来西亚菜、中国菜或是越南菜，我就可以去中央市场购买食材。而且，你会发现

那里是整个澳大利亚最好的食品大厅之一……这里的人们确实非常关心（烹饪），我认为这一点棒极了。（廖耀祥，2001：7）

曾经的农场和马来村落已经一去不复返了。在经历了 1969 年的那场暴乱之后（Andaya and Andaya，2001：298），廖耀祥和他的家人分散开来。他和自己的兄弟动身前往澳大利亚，分别去了墨尔本和阿德莱德。如今，在过了 40 年以后，他们全家人都生活在了阿德莱德——父母、廖耀祥的 9 个兄弟姐妹、爱人、孩子以及孙子孙女们（廖耀祥：采访记录整理）。为了下一代，也为了在一个新的地方重新开始，一家人又聚在了一起，这就像五家人生活在那个农场上的美好时光一样。此外，在廖耀祥对阿德莱德所做的描述中，还包括他关于店屋和马来村落的许多早年记忆，这足以引起人们的共鸣：我们再一次发现了"十字路口"、"融合菜"、乡间的新鲜果蔬以及"关心"自身食物的社区居民。尽管阿德莱德从来就不是一个马来村落（我们是否希望它是呢？），一种挥之不去的批判萦绕在被廖耀祥视作乌托邦的马来村落（*kamping*-as-utopia）想象之中："因此，他们为什么还要努力工作呢？"对"生活会变成什么样"的美好想象，甚至于在理想化的过去以及最令人满意的移居地之间不断萦回。

长长的桌子：在庭院内，在花园中

阿德莱德拥有地中海气候，这里以低层建筑为主，保留着绿地传统——公园用地和私人花园，显然，这些地方很适合户外用餐。当然，也会存在一些批评的声音，主要是针对城市中为了营建欧式"咖啡社会（café society）"腾出空间而渐增的尝试。迈克尔·西蒙斯（Michael Symons，2007：324）抱怨说，这些尝试仅仅转化为家具零乱地摆放在咖啡店外的人行道上，而咖啡依旧保持着糟糕的品质；苏珊·帕勒姆（Susan Parham，1990：219）则指出了汽车在当今阿德莱德所具有的支配性意义，同时"没有感情的建筑和道路设计"也减少了快乐的可能性。

然而，在内迪餐厅里，那种将"户外用餐（alfresco dining）"和世界性的烹饪想象合在一起的理念看起来获得成功了。内迪餐厅后面的庭院掩映在葡萄藤中，据说这些藤蔓"多节多瘤，差不多生长了一个世纪之久"（廖耀祥，1995：45），这座庭院通过新的身份认同与烹饪话语试验，为厨师"嵌入"个人身份认同，以及创造一种社区意识，提供了更为深远的空间：

> 内迪餐厅的庭院总是给予我们灵感。我们可以身处任何地方。我们想象着身处"梦幻之地"……庭院指引我们沿着"香料之路"，通往中东地区，通往希腊群岛，通往托斯卡纳、普罗旺斯（Provence）、新加坡、中国四川以及最后同样重要的澳大利亚后花园。……（庭院）取决于你的需要，它可以是都市化的（urbane），或者也可以是家庭式的（homely）——你可以在那里喂养母乳，或是参与政治，或者两者皆可。澳大利亚的青石装饰了墙面，使其产生了一种非常具有地方特色的感觉，同时食物也得以超越传统，从而供澳大利亚人享用。（1995：45）

内迪餐厅的庭院简单朴素，这尤其勾起了廖耀祥女儿吉娜（Gina）的回忆，她现在是葛兰许餐厅中的一名实习厨师："（在孩提时代，）我大部分时间都睡在餐厅里，剥豆荚，给土豆去皮，通常到处闲逛着；我还能回忆起我们在庭院中吃晚餐的情景，家人、朋友围着一张又大又长的桌子进餐，孩子们到处横冲直撞，不知疲倦地打着水仗。"（引自 Fleming，2008：14）有趣的是，廖耀祥本人也拥有在这种延伸出来的家庭厨房（家和餐厅）之中，"成长为"厨师的相似童年经历（廖耀祥，1995：2-3）。在他的祖母以及姑妈眼中，廖耀祥习得了诸多烹饪技能，例如，"准备酸面团面包（sour dough buns），清理收拾鱼翅，从莲子中移除嫩芽……制作辣椒酱，将大米磨成粉"。随着年龄的增长，他选择利用假期时间在家族餐厅中工作。很明显，这种模糊了家族与商业界线的典型小食品生意的趋势，还将在内迪餐厅的庭院中继续发生，在那里，家人、朋友、员工与餐厅老板之间的界线，某种程度上就变成了细细的一条。（"在庭院内的长桌上庆祝圣诞节——亲戚朋友们齐聚一堂，这对员工而言也是一个放松和享受……友谊的时刻。"）（廖耀祥，1995：46）在庭院内进餐的其他方面，也包含有关于家乡的心理暗示。与廖耀祥个人经历（属于一个带有乡村联系的广东家族生意——其包含着餐厅后面用来制作叉烧的生猪和本家族农场所提供的活鸡）一样，内迪餐厅（不合法地）通过在地下室饲养活鸡并"在（餐厅）后面"饲养活鸽的做法，来实现自身确保食物新鲜度的承诺（1995：46）。正如藤蔓成荫的庭院或许能够提供关于家庭和社区的微观一瞥那样，它同样也可以唤起思乡的图景和新鲜的、季节性的味道，以及在景观中显现出的"根基感"。

　　然而，廖耀祥描绘出了一幅富有想象力的地图，将庭院从其植根的"家庭式"当中解放出来，并移到"都市化"的方向上去。（"庭院指引我们沿着'香料之路'，通往中东地区……"）这些"梦幻之地"——仅仅是它们的名字就有了过多的意义，共同预示着逃离日常生活而进入"异域"的旅行，如希腊群岛、托斯卡纳、普罗旺斯……"梦幻之地"几乎成为一个关于神秘与奇迹的魔力领域。然而，与童话故事一样，它也能够确保回归到熟悉之域——这个国家

"城郊梦（suburban dream）"里神话般的后花园（Allon，2008：136）。当然，这样的"想象"看上去似乎过于充满幻想了，而且与那些在诗歌中被老生常谈的旅行目的地交织在一起。这种"想象"的结果或许也表现为政治上的含糊不清。因此，庭院"想象"或许代表了贪婪的世界性的消费者，表明了商品化的差异（Heldke，2003），而不是"20世纪70年代澳大利亚多元文化情境的（一种反映）"（廖耀祥，1995：46）。在这一点上，唤起庭院作为魂牵梦绕之地的期望是十分重要的（de Certeau，1984：108）。借助于庭院"家庭式—都市化（homely-urbane）"的张力关系，我认为廖耀祥的"梦幻之地"并不仅仅是一个跨越地域和物产的"自由消费主义（free-ranging consumerism）"空间，它当然也不缺乏固定点和交流时机。

例如，提及希腊群岛，能够让廖耀祥回忆起自己早年在阿德莱德的烹饪生涯，那时他在一家希腊餐厅工作并从主厨那里学会了很多东西，同时主厨也借给廖耀祥许多关于希腊饮食的书籍（廖耀祥，2001：5）。"海洋四重舞"的其中一重"舞蹈"（"抹有蒜泥蛋黄酱的清蒸章鱼须"）即是向这段时期和这位良师致敬，而进一步使用芥末酱与鳄梨的芝士腌制锯盖鱼片，则是向一位日本朋友兼同事致敬，他后来还为酒店管理学院中廖耀祥的学生们指导过鱼类腌制课程（Downes，2002a：72）。之后，流畅所学知识的来源变得多样起来——与同事交流经验，从书中学习知识，探索其他文化（"'谁是澳大利亚人？……他们是如何思考的？……他们在自己的厨房里都在做些什么？'这些依然能激发我的好奇心。"廖耀祥说道）（2001：5）。这些来源是在那些依靠个人记忆以及已有知识储备而获取的资源之外。

或许对廖耀祥而言，通过感官判断唤起对某些地方的回忆——借助于一种自我输送和移情的想象行为，是跨文化理解中最关键的路径之一：

> 我喜欢尽我所能去接近一种文化的气质，也喜欢将自己视作其中一员去尽情享受。例如，"俄式牛柳丝（beef stroganoff）"——我要确保在制作这道菜时，自己好像靠近了它的俄罗斯起源地。……除了酸奶油以外，其他每样东西都符合中国北方的煸炒风格。在你如何与那些菜品产生联系方面，都存在着相似之处。……如果我正在制作希腊菜肴，那么我所想象的自然是希腊群岛，我非常希望自己能够去到那里。当然，在我真要出发的时候，我是无法承担得起去那里的费用的……但是（在）用心完成的烹饪中……（你）却能够到达自己触手可及的地方……你将自己所有的感官判断都拉入其中，形成独特之处。……（廖耀祥，2001：7）

这种想象之旅的产物，不可能是那些传统菜肴一模一样的复制品。它们是想象的重释，与梦幻之地的精神和文化一致，而不是简单的复制尝试。而且，对于廖耀祥而言，发现结合点（例如煸炒的"相似性"）是必要的。同时，还要有创造"独特之处"的空间，即便是人们所熟知的菜品，例如海南鸡饭（2002 年，我在廖耀祥举办的一次宴会上品尝过。这道菜肴制作复杂，口感细腻，技术精湛，而且还有着小贩食品那种浓浓的怀旧之情）。

从被铭记的内迪餐厅的庭院开始，到它所参照的地方之一——澳大利亚后花园，只需要一小步。我认为，唐·邓斯坦（Don Dunstan）是第一位出版烹饪书籍的州长（State Premier），他声称烧烤和户外就餐的流行，是一种处理性别不平等的尝试："如果一个男人要去……（做饭），他喜欢将其与自己粗犷的户外理念联

系起来。父亲会被鼓励负责在户外生火……而且，他很乐意将一些排骨和腊肠放在炭火之上的一块铁丝网上……"（1976：36）

随着烧烤设备在精密性，同样还有（希望不会烧坏的）产品供应方面都有所强化，在澳大利亚，选择在自己的私家花园中进行集体户外烹饪以及就餐的传统一直持续下来，而且这种传统也被牢固地稳定在了它的文化图像（cultural iconography）之中（Duruz，1994：199）。可以将这样的一天想象为廖耀祥家族的"后院烧烤年度盛会"（廖耀祥，2007a：25）。对于廖耀祥的所有读者而言，他们的日常准备情况如何，都会成为一种令人兴奋的预测："我们清扫了砖块铺就的小路，将烧烤桌刷洗干净，修剪完草坪，然后在夏日温暖的夕阳中为家人和朋友准备烧烤。"（2007a：25）然而，当廖耀祥在描述宴会饮食的色、香、味时，空间感却是最容易被觉察到的。弥漫在空气中的是修剪下来的果树枝扔在火里散发出的气味，这些燃烧的木材分别来自橄榄树、梨树、苹果树、柿子树、李子树以及橘子树和葡萄藤等，它们都暗示着花园和乡下的季节消长变化。与此同时，余烬中还在烤着一只大龙虾，这是向大海致敬的一种仪式，特别是向南澳大利亚海岸致敬（即廖耀祥在他的第二重"舞蹈"中所表达的敬意——墨鱼汁面里的部分乌贼片）（廖耀祥，2007a：25；Downes，2002a：73）。

接下来是一系列菜品，它们被组合在一起，表明了一种时空的结合，烹饪多样化与个人喜好的混合。这其中就包括由"杧果、香蕉花、越南薄荷、红辣椒、黄瓜和西班牙洋葱"制作而成的沙拉，还有"原汁原味的意大利腊肠和超级大鹌鹑"，这些都是廖耀祥孩子们的最爱。菜单中比较有特色的食物还有成包的调味国王鱼（Kingfish），用鱼露、红糖和新鲜椰奶调味的绿豆面，所有这些都被香蕉叶包裹着，然后加以烤制。虽然这份食谱很容易让人回忆起其他用叶子包裹食物的准备形式［例如娘惹小吃乌打（otak-otak），甚至是希腊的多尔玛德斯（dolmades）］，廖耀祥通过鼓励读者使用无花果树、柿子树或者桑树的叶子（这些都是阿德莱德花园中的常见树种）替代香蕉叶，来为这些食物增添一些澳大利亚的特点。用五香粉盐调过味的烤乳猪腿，加上廖耀祥女儿爱丽丝（Alice）"用西红柿、烤红椒、黄瓜和西洋菜制成的美味沙拉"，一起完成了这次"盛宴"。（廖耀祥，2007a：25）

家庭后花园场合中的这种充满饥饿感的描述要点，并不仅仅在于庆祝廖耀祥的专门技能从庭院转移到了家庭花园之中。人们将非常期待那些在专业环境中富有创造性的厨师们，同样也能够把他们所掌握的技能用于家庭环境中，特别是为了扩大的家庭聚会的需要，准备大量的饭菜（meals-writ-large）。相反地，后花园成为一个能够引起自我怀旧联想的地方——或许是烹饪"原汁原味的意大利腊肠"时，运用了邓斯坦制作"排骨和腊肠"的方法，但是也受到了欧洲的影响；或许是传统的阿德莱德花园在历经一个成熟多产的夏日后，变得昏昏欲睡起来，但是葡萄藤和果树叶却暗示出了新的可能性。花园同样也在其他感官判断上提供了创造空间。虽然厨师无疑是烹饪事业中的领导者，但并不是唯一能够用味道、食材和烹饪方法进行烹饪试验的人；其他的家庭成员也形成了他们自己的"特色"菜肴。［亦可参见廖耀祥对于自家一次圣诞节聚会的描述（2006b：22）。］于是，在这些十分复杂的方法中，这个花园通过自身"家庭式—都市化"的张力以及自身的记忆与想象潜能（"中国猪肉和欧洲鹿肉的芳香，石墙内法国地方菜的浪漫以及澳大利亚大型红酒宴会的酒香"），对内迪餐厅早已远逝的庭院进行了发明再造（廖耀祥，1995：46）。在制作烤乳猪和"原汁原味的"意大利腊肠时，关于内迪餐厅和店铺后面的家庭叉烧的记忆，与对过去澳大利亚花园普鲁斯特式（Proustian-style）的记忆一起，萦绕在廖耀祥一家的"后院烧烤年度盛会"之中。对于廖耀祥来说，这些萦绕心头的东西，似乎又转过来重新证实了"烧烤"作为一种"城郊典礼（suburban ceremony）"所带来的愉悦，其中包含有"你身边家人和朋友所拥有的那份纯粹的幸福"（2007a：25）。

大熔炉，烹饪锅：相遇在市场，吃在唐人街

与所有的澳大利亚城市一样，阿德莱德最引人注目的是它的移民类型。在战后，除了英国本土移民以外，大量的希腊移民和意大利移民也开始定居在阿德莱德的郊外。随后，从 20 世纪 70 年代起，来自亚洲各国的移民移居到阿德莱德地区，近些年来人数越来越多，再就是那些来自非洲国家以及中东地区的移民。与此同时，阿德莱德的中央市场无可争议地成为饮食中心，正如字面意思所示，它（几乎）坐落于城市的中心位置，自 1869 年以来，一直持续营业（Murphy，2003：20-22）。中央市场在旅游文学、饮食节目、地方报刊，尤其是在集体记忆方面，备受赞誉（Murphy，2003：12），市场上不断呈现着丰饶的、感官愉悦的以及食材、人、文化的群集性与多样性图像。接下来的这一描述非常具有典型性：

> 中央市场是一个令人垂涎欲滴的兼具地方与民族特色的"大熔炉"。那些艳丽的色彩、馥郁的香气，还有摊贩和顾客之间那种活泼亲密的关系，都让这里成为人们会面、购物以及分享饮食的场所。在过道中来回漫步，可以很容易地被"传送"到东南亚地区、意大利、西班牙或者希腊——任何具有丰富饮

食和生活乐趣（*joie de vivre*）**的地方。**（Gerard，2004：51）

　　暂且撇开引发广泛争议的"大熔炉"（其含有民族同化的暗示性意义）（Giroux，1998：181）这一术语不论，中央市场还有这样一种景象——各种各样的味道、质地、视野、声音以及相遇。从纯粹的感官角度来讲，不论是当地人还是游客，都会在指南中发现，这里所描述的与鼓励饮食旅游（gastrotourism）的纽约民族地区饮食形成竞争关系。（"色、香、味将会告诉你许多……你是冒险家。"他们常常这样说。）（Chantiles，1984：xxx；也参见 Berman，1999；Parker，2005）。

　　当然，廖耀祥将他定期走访中央市场，描述成像在特殊的民族社区中探索美食一样。然而，对他而言，这种冒险也受助于城市规划中偶然发生的巧合行为："在希尔顿酒店（Hilton Hotel）工作时，其中一个主要吸引人之处……就在于隔壁就是中央市场。……你已经在无形之中得到了整个世界——从东欧和德国到地中海，从越南到泰国，到马来西亚，到中国。"（廖耀祥，引自 Murphy，2003：121）在这里，中央市场中令人着迷的环球旅行可能性，加之它强烈的差异化——体现在族群和文化上，季节变化和地理分布上，食品和它们的准备方式上，都呼应了庭院想象中的"梦幻之地"。然而，通过廖耀祥的评论和上文对中央市场的典型性描述，"盘子里的世界（world-on-a-plate）"这一过誉的比喻，已经有了令人不堪其扰的内涵（Cook and Crang，1996：136-137）。这是一个特殊食物占据中心舞台，并表现过度的案例吗？这些食品是被盲目崇拜——作为味觉"体验"，以致于传统意义上一直在生产和消费这些食物的人们，反而成了背景上的影子？用哈格（Hage）的话来说，这是一个有关"没有移民的多元文化主义"的例子吗（1997：118）？

我想反对这种观点，并认为廖耀祥与中央市场之间的联系，是以非常有意义的方式作为"依据"。他走访市场的描述中，并没有一种专门针对明星食品或者名厨的聚焦。相反地，其中充斥着平常的人物、令人满足的饮食礼仪以及跨文化交流的典例。关键在于，这些故事首先通过辛酸的回忆，其次通过累积的日常互动，方能得以具体成形。

　　廖耀祥有着一段长长的逛市场的历史。在吉隆坡，当他还是一个十一二岁的孩子时，几乎每天都要陪伴祖母一起前往当地的一个市场。他们天还不亮就离开家，步行数公里才能抵达目的地；在返回的途中，廖耀祥会提着他们所采购的食材。如果食材掉落在了途中，廖耀祥就要承受来自祖母的责骂，尽管如此，孩提时代的这个市场还是一个不断满足感官需求的地方：

> 　　我喜欢去市场是因为它总是热闹非凡，还有就是当（市场外）依然漆黑一片的时候，（市场内）已经灯火通明。即使我还小，我也喜欢观察所有的蔬菜和鸡，而且……奖赏就是我能喝到一碗早粥。……这就是稀饭……但很多人不喜欢这个，这是一种混杂着猪肉丁的粥。（廖耀祥：采访记录整理）

　　另一方面，廖耀祥的母亲在家中所做的早餐可能是"面包、果酱以及一杯茶"，这能帮助他撑到 11 点，"接着，你就会看到你正等待的卖叻沙的人来了"。另外，当地的咖啡店（kopi tiam）、小吃摊以及街边小贩，也确保了享用早餐的快乐，如椰浆饭（nasi lemak），一种加过调味品的传统娘惹米饭；又如印度煎饼（massala dosai，一种用米粉与加了咖喱的蔬菜做成的薄饼）；还有中国（潮州或福建）萝卜糕（radish cake）以及（客家）酿豆腐（廖耀祥，2007b：24）。

与哈格所描述的黎巴嫩移民一样，那些具有家乡心理暗示的店铺，帮助他们自己在悉尼的郊区营造起一道道异域景观，廖耀祥则使用自己的市场记忆（关于兴奋与探险的所有熟悉的冲动记忆）与其他地方的市场联系起来。因此，不仅仅是孩提时代的那个市场以及临近希尔顿酒店的中央市场，还包括所有的市场在内，它们都转变成为家庭式场所。["我喜欢（中央）市场，我与任何市场都会产生一些联系。"廖耀祥说道。]（采访记录整理）更准确地说，所有市场都带有异国家乡式（homely-exotic）的细微差异。但自相矛盾的是，这就使得"陌生"的东西融入了日常生活的舒适之中（Highmore，2002：16）。（"我走进中央市场去获得灵感。……你在无形之中获得了整个世界。……"）（廖耀祥，引自 Murphy，2003：121）在这里，这一根植于日常记忆与实践的强烈关联感，在面对不太熟悉的冒险时已经足以成为"固有的文化包袱"，并且可以从中获得愉悦感。

此外，跨时空的关联同样能够确保一种回归式循环："在早晨的采购之旅中，我习惯去中央市场的'亚洲美食（Asian Gourmet）'餐馆吃一碗传统叻沙。我想是对马来西亚的怀念，将我重新带回了早餐具有多种选择的孩提时代。"（廖耀祥，2007b：21）人们虽然接受了逐渐变得熟悉的新地方，但是依然不会忘记那些老地方，这些（回归式）循环得以继续创造出复杂的归属空间，进而使人们勇敢地通往未知领域。最后，"亚洲美食"餐馆中一碗具有仪式性的叻沙，就有了"嵌入"混合身份的固有怀旧意味。有趣的是，这种乡愁不但对廖耀祥而言如此，而且对澳洲的英国人（Anglo-Australian）而言亦是如此，尽管他们在饮食和记忆方面有着迥然不同的历史["在周五晚上，顾客们仍然为餐位排着长队……（在

'亚洲美食'餐馆），他们在那里第一次品尝到了正宗的亚洲饮食"］
（Murphy，2003：130）。

廖耀祥眼中的中央市场，不仅供应有"世界"的味道和"过去"的味道，还充斥着各类形形色色的人群——摊贩、顾客、供应商，以及彼此间密集的日常互动。作为一名年轻厨师，他（廖耀祥）是这个专业网络的组成部分，与摊贩进行各种形式的洽谈，这当然要以为了中央市场盛行的世界主义而彼此相互尊重作为标志：

> 当所有厨师都奔波于中央市场的那些日子里，我们就处在一种学习的过程之中。若要寻找洋蓟（artichokes）或是阅读一本提及"婆罗门参（salsifier）"的烹饪书籍，如果你不知道它是什么，那么你就要去中央市场，咨询几位欧洲女士，她们会说："是的，我们知道它，但是它很难在澳大利亚生长。我们偶尔也会得到它。"这里存在着一种相互的学习过程，它会发生在一些有着丰富食物见识的摊贩，以及需要各种各样的香草、蔬菜和水果的厨师之间。（廖耀祥，引自 Murphy，2003：122）

新发现的兴奋之情与合作努力的满足感，都成为此类交流的最好回应。毫无疑问，其中也会有令人异常激动的时刻，职业截然不同的群体（厨师、供货商、摊贩）正在共同参与到食物冒险的过程之中。这种协作精神能够为那些结伴逛市场的消费者以及潜在顾客提供帮助。["我认为（去中央市场这件事仿佛就是）……我只是作为一个正常人在购物，"廖耀祥说道，"并且……如果（人们）走近我（并进行咨询）……我会非常高兴地给出建议。"]（采访记录整理）如果不考虑身边有一个名厨来回答烹饪问题的"正常"与否，那么，恰恰就是这种交流所带来的令人欣喜的意外新发现，成为当代市场具有思乡吸引力的一部分：

　　现代公众都喜欢当地生活中这种有感染力的时刻，因为它们会带给公众各种型态的社会互动性、交际性体验，而这些已经或多或少地消失不见了。在市场理性的冰冷世界中，市场还提供了一点额外的灵魂。（de la Pradelle，1996：2）

　　然而，假设"本地生活"中这些关系总是和谐的、毫无问题的，也是不明智的。这类假设违反了在竞争环境下的摊贩的迫切需求——希望在市场上出售他们的货物，而且，还越来越希望出售市场的象征意义，即它的"灵魂"。

　　很明显，出售不可售卖的"灵魂"，是一件自相矛盾的事。杰拉德（Gerard）在这部分一开始对中央市场进行的感情横溢的描述，需要不断依靠一些微妙的平衡来维持这些社会关系——以控制好共享该空间的不同群体之间的紧张情绪和矛盾心理。"在这里（中央市场）的大多数人，关系都非常友好。这里还存在着一些良性竞争，但是在你没有了库存的情况下，大多数人都还是愿意帮助你的。"Say Cheese 店的经理兼 Dough Bakery 店的共有人戴维·曼斯菲尔德（David Mansfield）如是说（2004：51）。相应地，"大多数人愿意"意味着，还有一些人是不愿意的，尽管这种竞争或许是"良性的"（至少不是破坏性的），但是毋庸置疑的是，商人会为了生意展开竞争。

　　某种程度上，廖耀祥拐弯抹角地提及了这种矛盾。起初，他列举了中央市场里面及其周边一些"有名字"的供货商（特别是像 Michael Angelakis，Cappo Brothers，Samtass Seafoods 这样的鱼商，还有 Merlin's 一类的家禽供应商），其中一些是在工作中认识的，"到现在差不多已经有二三十年的时间了"。同时，对于建立与许多市场商人及其员工之间的亲密关系，廖耀祥还是表达出了一些犹豫：

> 我看到过他们中的一些人，为这个货摊或者那个货摊而工作。……我和他们没有亲密到那种程度……因为我在中央市场里要做大量的采购工作，所以我不得不跟他们保持着一点距离，我不想（他们）说"你必须从我这里买这个"或者"你必须从我这里买那个"。我保持着一定的距离，因此，我仅仅是挑选我喜欢的东西。我不愿被束缚起来，只从一家商店中买东西……尤其是（当）他们知道我在希尔顿酒店工作的时候。（采访记录整理）

而抵消关于"距离"的评论，以及与市场商人关系没有"亲密到那种程度"言论的有趣图像的，是在中央市场里作为普通人的那个廖耀祥。作为一个"普通人"的我，曾无数次在周六这天看见廖耀祥在货摊之间来回闲逛，仔细察看着食材；或者坐在外面一家靠近美食街（Gouger Street）的咖啡馆里。事实上，中央市场所有的"普通人"或许都能认出他，但是却不能洒脱地承认这一点。甚至连《纽约时报》（*The New York Times*）也注意到了他的存在。《纽约时报》上一篇文章曾对其进行介绍，部分内容还转载到阿德莱德的当地报纸上，摘录如下：

> 每个人，从那个在保罗咖啡馆（Paul's Café）中用本地乔治王鳕鱼（King George whiting）制作炸鱼薯条的家伙……到葛兰许餐厅的名厨廖耀祥（我曾在阿德莱德中央市场认出他，他当时正在仔细察看一种袋鼠香肠，仿佛正在排除一枚炸弹一般），似乎对用这些丰饶的新鲜食品进行制作充满着显著的热情，这些食品都来自……（南澳大利亚）。（引自 Jory，2008：18）

在我们采访期间，当我对贴上"名厨"标签必然导致的个人隐私的缺乏，以及对廖耀祥回答购物者的问题所表现出的慷慨大度进行评论时，他这样回答："是的……你知道的，这就是生活。实际上，我确实不是一个非常需要私人空间的人。我就是一个'市场人（a market person）'，这就是我本来的样子！"（采访记录整理）

对于廖耀祥而言，"市场人"是一种极富吸引力的身份认同，他仔细搜罗着货摊，寻找着他的"发现"，同时还与供货商和充满好奇的厨师们进行交谈。与高街上的店屋、马来村落、内迪餐厅的庭院以及澳大利亚后花园一样，市场为廖耀祥提供了一个额外场所，使他能够与人进行日常的互动交流。然而，这些互动也受到其他身份认同轨迹的影响。因此，厨师的形象不断地体现在他作为厨师而给出的建议，或者保持的"距离"上。毕竟，廖耀祥并不是一个"普通的"顾客。然而，他也不是一个"普通的""名人"。市场精神需要知识共享的意识，归属于一个"嵌入"共同体的意识，以及通过仪式获得乐趣的意识，尽管市场精神的浪漫化，以及名人的特权与责任，都必须在这些关系之间得到妥协。毕竟，我预料到商人之间的这种"热情（warm fuzzies）"之网，都夹杂着"愿意帮助"和保持"距离"的复杂混合物。

当我与廖耀祥沿着中央市场的主厅向着它南边的美食街，边走边聊天时，在对未来的期望中发现了一个类似的令人不安之处。与中央市场一样，美食街已经受到了流行报纸类似于大肆宣传的影响：

（美食街是）一个有着各种各样菜肴的美食大杂烩……它是一个足以与百慕大三角洲（Bermuda Triangle）的烹饪相媲美的地方，像一股强有力的旋风夹在了阿德莱德中央市场、唐人街以及沿着一条500米商业街分布的40家正规经营的餐厅之间。……随着一些良性的亚洲影响进一步扩展了此类融合趋势，这种美味的演进（始自 20 世纪 50 年代的移民）得以持续至今。（Andrews，2007：42）

这种扩展让廖耀祥感到非常高兴，尤其是那些数量众多的东南亚餐厅以及中国南北方餐厅，密集分布在唐人街两侧以及边道上。对于他而言，美食街变成阿德莱德的亚洲美食街的积极结果之一，即形成了一个强大的华人厨师关系网络，他们可以定期见面来交流观念。（"是的，我不是那里的餐厅老板，但实际上，我确实认识那里所有的厨师……偶尔，每个人也会带来一瓶红酒，同时还会带来某家餐厅里的菜肴，他们聚在一起，开始畅聊。"）（廖耀祥：采访记录整理）

这些事都不奇怪。正如我之前所指出的那样，廖耀祥在美食街的很多餐厅里就是一个普通顾客。同样，我也注意到他在《阿德莱德评论》的专栏里，是多么频繁地提及当地厨师们的。[例如，他的一篇文章《鸭子漫步》（"Duck Walk"），实际上讲的就是发生在美食街上的一种步行旅游项目（2007c：24）；另外一篇文章《山羊赞歌》（"In Praise of Goat"），提供了在他"最喜欢的美食街餐厅"中关注冬季菜肴的机会（2008b：35）；而文章《周超的盛宴之旅》（"Chiew Chao Feast Tour"），则引领廖耀祥的读者们踏上前往"T-Chow 餐厅——我在阿德莱德最喜欢的餐厅之一"的旅途，而且在文章结尾处，他还特别感谢了一位姓苏（So）的厨师为阿德莱德食物景象所做出的地区性"风格"贡献。]（2008a：27）然而，当我谈及这种专业知识上的慷慨以及美食街上厨师们之间显而易见的友情时，廖耀祥反驳道：

这里的厨师们，彼此间都存在着一种竞争意识……处于潜在状态下。他们不得不这么做！你知道的，这里总是会有一种竞争感。从表面上看，他们彼此友爱，亲如兄弟……（笑声），（但是）我认为自己处在一个非常幸运的位置上……他们都视我为外人，因为我一直在酒店里工作，就像你看到的……我不是这条商业街上的一部分。（采访记录整理）

相较于那些大概拥有自己本地生意的厨师而言，廖耀祥在这里所说的"外人"身份，是建立在成为一家国际连锁酒店拿工资的劳动者基础之上的。这将他置于一种"彼此友爱，亲如兄弟"的童话般的处境之中，尽管存在着"处于潜在状态下"的竞争。正如中央市场上彼此间会进行"良性竞争"的摊贩一样，美食街上的华人厨师也会面临着解决利益共享与竞争之间张力关系的问题。当然，廖耀祥将自我想象为中央市场的一个"普通"购物者，那么类似地，他关于"外人"的自我认定中就包含着一些讽刺性暗示。这些身份并不仅仅是在企业主／雇佣劳动者，或者小餐馆／酒店餐厅二元结构之中，更恰当地说，是在国际名人／当地业主的二元结构中。我只能猜测，当名人效应介入这种混合状态时，竞争就很有可能达到新的高度。

为了具体阐明这些记忆和日常实践，针对烹饪、饮食、购物以及关于城市中广受欢迎的饮食空间的谈话描述，变成了一个挑战简单二元结构的混合物。虽然某些人物形象在叙事层面的关键点上占优势地位（或者至少能引起共鸣）——例如名厨和其他专业人员的抗衡，或是那些将市场意义视作个人固有传统的移民和一群在发现"新"产品方面富有激情的专业厨师的抗衡，但从其他身份认同意义来看，这些人物形象没有一个不复杂的。例如，移民形象渗透到了名厨形象之中，反之亦然。因此，唐斯（Downes）关于廖耀祥对于澳大利亚烹饪的贡献一章所拟的标题（"从难民到饮食教父"）

（2002：71），可能需要重新审视了。中国文化传统，在马来西亚的孩提时代和家族生活，移民到澳大利亚以及重新定居，这些记忆痕迹都将始终存在于廖耀祥的饮食烹饪中，同时作为名人的经历以及深刻的空间感，塑造了他的过去、现在以及外来的想象图景。难民经历不会在他的烹饪传记中，被当作一个明确的阶段被弃之不顾，他也不会将饮食教父的地位置于所取得成就的顶点。换言之，廖耀祥的"海洋四重舞"并不是一种从家庭农场或马来村落，到希尔顿酒店或其他地方的灶台边线性发展的精心编排设计，而是将其组合在一起，描绘出一幅回归与再嵌入（re-embedding）的不断循环的图景。

归属缘由：扎根于世界主义和杂糅身份

许多争论都集中于"新世界主义"的必要性上，它强调在一个日益全球化的世界中，人们生活在一起的职责在于使人、商品、文化呈现出不断移动的状态（Werbner，2008）。这些争论的中心问题，都受到了对自由人文主义（liberal humanism）的西方中心形态的批判的影响，例如玛莎·纳斯鲍姆（Martha Naussbaum）在其作品中，就批判性地声称，"具有普世性意义的自由价值，在家庭、族群或者国家层面上都享有特权"（Werbner，2006：497，引自 Naussbaum，1994；亦参见 Bhabha，1996：193-194）。在着手处理国家、马来身份认同以及来自世界主义这些问题上，乔尔·卡恩（Joel Kahn，2006）也表现出对这种身份认同特权的类似抱怨，尽管这一次特权与世界主义形象并无关联。相反，卡恩认为，当地的身份认同"改变"了诸如马来村落的居民，使其"正常化"，忽视了人们身份认同定位和现代马来国家人员（在文字与象征层面上）流动的复杂性。

我们关于对廖耀祥的这些叙述，已经留意到了这些争论。这个分析并非为了寻求全球或专业的、专业厨师或普通厨子的、移民或名人的、村落居民或世界主义者的特权，而是"扎根于"日常空间之中。与此同时，与卡恩以及纳斯鲍姆的批判一样，我想塑造出更多关于世界主义情感和滋养这些情感的各种菜肴的复杂形象。因此，在阿德莱德这座城市中的"亚洲烹饪（cooking Asian）"和"亚洲饮食（eating Asian）"（这里的"亚洲"包含中国菜和其他"口味"的创造性融合菜），使得澳大利亚（一个继续按照殖民定居者社会的方式运转的国家，同时又是一个位于亚太地区自身充满矛盾的国家）（Moreton-Robinson，2003：37-38；Liddle，2003：23）成为一种混合性实践。换言之，这种烹饪与饮食，代表着一系列跨越边界而非使边界消失的策略举措。当然，这些跨越边界的举措并不总会取得成功或没有任何损失（在廖耀祥的访谈叙事中，他讲述了从逃离族群冲突的黑暗日子以及在海外的艰难生活，到努力在一个充满竞争的工业社会及其所带来的不可避免的失望中生存的经历，例如，他所提议的邻里商业化厨房的风险投资计划，最终还是被当地委员会拒绝了）（廖耀祥：采访记录整理）。即便如此，他所说的"我就是一个市场人"，不但充当了一个回到过去的怀旧旅行和面向未来的备忘录（aide memoire），而且强调了空间本身——空间性（spatiality）的重要性，以及协商解决差异和归属的"真实"空间所在的重要性。

在书写后殖民时代的城市时，简·M.雅各布（Jane M. Jacobs）呼吁对空间动态概念内部的"真实空间"进行再聚焦，在那里"物质和想象的地理分布……（并不是）简单分开的……（而是）也包含他者"（1996：5）。空间，以这种方式被概念化——正如扎根于行为、生活、互动、饮食、感受之间的社会关系，并不只是活动的背景，也是其动力的一部分。在雅各布看来，这种关于空间的动态观点可能与萨义德（Said）的"地理斗争观"（Said，引自Jacobs，1996：5）有关。雅各布继续写道：

> 这些空间的斗争……是由形形色色被授权的人们之间的共存，以及他们归因于所在地和地点的意义所组成。……此类斗争导致了居住地理的混杂，而这些居所中的自我与他者、此处与彼处、过去与现在之分，相互之间又不断发生碰撞。（1996：5）

透过这些观点可以发现，"亚洲烹饪"的实践从来都没有完全并最终融入世界主义公民身份的概念之中——例如，关于"十字路口"乌托邦式的心理暗示，集体的共享，对"自然"的敬畏，多元文化的意识以及通过感官具体化带来的愉悦。相反地，在"真实空间"关系之中，这些实践与它们的生产潜力一起，都需要获得持续不断的追求与再嵌入。

对廖耀祥这些规模宏大的"真实空间"故事（尽管他的叙述具有特殊性，有时甚或非同寻常）的书写，或许说明了澳大利亚的中国饮食在不断变化。在这一进程中，它经历了转换——一种由具有不同文化意义与实践归属的大量交流造成的转换。然而，与此同时，通过辛酸的回忆以及与他人、处所和食材创造性的相遇，这种饮食会持久又怀旧地让人回想起，被故乡炒锅里飘出的味道所环绕的那些萦绕心头的难忘记忆。这种移动、再生与再发明的复杂循环（"你把家乡的味道带在身边"，同时对它进行重新再造），使得"亚洲烹饪"在澳大利亚被想象为一种嵌入式的杂糅公民身份的标志。另一方面，回头看葛兰许餐厅，那些源自中国的味道与其他味道巧妙地

"混合"起来，制造出引起共鸣的"家庭式—都市化"融合菜，还将继续把"海洋四重舞"定义为"或许是……澳大利亚菜肴中最了不起的一道菜"，同时也是"新"澳式世界主义中一个引起共鸣的典例。

后　记

为了本章的写作，我曾于 2008 年 12 月对廖耀祥进行过专访。到了 2009 年年底，葛兰许餐厅停业，廖耀祥过了几个月旅游和主办美食活动的"退休生活"后，又担任起"植物餐厅（Botanical Dining Room）"的厨师长，这是一家标志性的墨尔本酒店餐厅。在那里，虽然身处一种更加随意的环境之中，但是他却能够延续自己创新烹饪的传统。

参考文献 ☐

Allon, Fiona. 2008. *Renovation Nation: Our Obsession with Home*. Sydney: University of New South Wales Press.

Andaya, Barbara and Leonard Andaya. 2001. *A History of Malaysia*. Basingstoke, Hants: Palgrave.

Andrews, Graeme. 2007. "Grazing on Gouger." *Scoop Traveller South Australia* (May–Dec.) : 42–46.

Bhabha, Homi. 1996. "Unsatisfied: Notes on Vernacular Cosmopolitanism." In *Text and Nation*, ed. Laura Garcia-Morena and Peter C. Pfeifer. London: Camden House, pp. 191–207.

Berman, Eleanor. 1999. *New York Neighborhoods: A Food Lover's Walking, Eating, and Shopping Guide to Ethnic Enclaves throughout*

New York City. Guildford, C. T.: Globe Pequot Press.

Brissenden, Rosemary. 1996. *South East Asian Food*. Ringwood, Vic.: Penguin Books.

Chantiles, Vilma Liacouras. 1984. *The New York Ethnic Food Market Guide and Cookbook*. New York: Dodd, Mead & Co.

Chua Beng Huat（蔡明发）. 1995. "That Imagined Space: Nostalgia for Kampungs." In *Portraits of Places: History, Community and Identity in Singapore*, ed. Brenda Yeoh and Lily Kong. Singapore: Times Editions, pp. 222–241.

Cook, Ian and Phil Crang. 1996. "The World on a Plate: Culinary Culture, Displacement and Geographical Knowledges." *Journal of Material Culture*, 1（2）: 131–153.

Cook, Ian, Phil Crang, and Mark Thorpe. 1999. "Eating into Britishness: Multicultural Imaginaries and the Identity Politics of Food." In *Practising Identities: Power and Resistance*, ed. Sasha Roseneil and Julie Seymour. Basingstoke, Hants: Macmillan, pp. 223–245.

de Certeau, Michel. 1984. *The Practice of Everyday Life*. Berkeley: University of California Press.

De la Pradelle, Michèle. 1996. *Market Day in Provence*. Chicago: University of Chicago Press.

Downes, Stephen. 2002a. *Advanced Australian Fare: How Australian Cooking Became the World's Best*. Crows Nest, NSW: Allen & Unwin.

Downes, Stephen. 2002b. "Samos in the Antipodes." *The Weekend Australian*（23–24 Mar.）: R29.

Dunstan, Don. 1976. *Don Dunstan's Cookbook*. Adelaide: Rigby.

Duruz, Jean. 1994. "Suburban Gardens: Cultural Notes." In *Beasts of*

Suburbia: Reinterpreting Cultures in Australian Suburbs, ed. Sarah Ferber, Chris Healy and Chris McAuliffe. Carlton, Vic.: Melbourne University Press, pp. 198–213.

Duruz, Jean. 2004. "Adventuring and Belonging: An Appetite for Markets." *Space and Culture*, 7(4): 427–445.

Duruz, Jean. 2007. "From Malacca to Adelaide ⋯: Fragments Towards a Biography of Cooking, Yearning and Laksa." In *Food and Foodways in Asia: Resource, Tradition and Cooking*, ed. Sidney Cheung and Tan Chee-Beng. London: Routledge, pp. 183–200.

Fleming, Kylie. 2008. "Family Ties." *Adelaide Matters*, 95: 14–15.

Gabaccia, Donna. 1998. *We Are What We Eat: Ethnic Food and the Making of Americans*. Cambridge, Mass.: Harvard University Press.

Gerard, Pia. 2004. "To the Markets We Go." *SA Life*, 1(2): 48–54.

Giroux, Henry. 1998. "The Politics of National Identity and the Pedagogy of Multiculturalism in the USA." In *Multicultural States: Rethinking Difference and Identity*, ed. David Bennett. London: Routledge, pp. 178–194.

Goldstein, Darra. 2005. "Fusing Culture, Fusing Cuisine." *Gastronomica*, 5(4): iii–iv.

Good Living. 2007. "Bye Big Smoke, Hello Bowlo." *Good Living* (16 Jan.): 3.

Gunders, John. 2009. "Pressionlism, Place, and Authenticity in the Cook and the Chef." *Emotion, Space and Society*, 1(2): 119–126.

Hage, Ghassan. 1997. "At Home in the Entrails of the West: Multiculturalism, 'Ethnic Food' and Migrant Home-building." In *Home/World: Space, Community and Marginality in Sydney's West*, ed. Helen Grace, Ghassan Hage, Lesley Johnson, Julie Langsworth, and Michael Symonds. Annandale, NSW: Pluto Press, pp. 99–153.

Heldke, Lisa. 2003. *Exotic Appetites: Ruminations of a Food Adventure*. New York: Routledge.

Highmore, Ben. 2002. *Everyday Life and Cultural Theory: An Introduction*. London: Routledge.

Holuigue, Diane. 1999. *Postcards from Kitchens Abroad*. Sydney: New Holland.

Jacobs, Jane M. 1996. *Edge of Empire: Postcolonialism and the City*. London: Routledge.

Jory, Rex. 2008. "Talk: Falling in Love with Our Piece of Paradise." *The Advertiser* (22 Jan.): 18.

Kahn, Joel. 2006. *Other Malays: Nationalism and Cosmopolitanism in the Modern Malay World*. Copenhagen: Nordic Institute of Asian Studies Press.

Liddle, Rod. 2003. "Roasting Matilda over Taste of Asia." *The Advertiser* (2 Dec.): 23.

Liew, Cheong (廖耀祥) and Elizabeth Ho (何翊萍). *My Food*. St. Leonards, NSW: Allen & Unwin.

Liew, Cheong (廖耀祥). 2001. "Cheong Liew." In *Nexus Multicultural Arts Centre Cardinal Points: Mapping Adelaide's Diversity — People, Places, Points of View*, ed. Malcolm Walker. Adelaide: Wakefield Press, pp. 5–7.

Liew, Cheong (廖耀祥). 2006a. "New Fusion from Warm Salad Days." *The Adelaide Review* (2–15 June): 19.

Liew, Cheong (廖耀祥). 2006b. "Talking Turkey." *The Adelaide Review* (1–14 Dec.): 22.

Liew, Cheong（廖耀祥）. 2007a. "My Barbie Fetish." *The Adelaide Review* （16–29 Mar.）: 25.

Liew, Cheong（廖耀祥）. 2007b. "The Spoilt for Choice Breakfast." *The Adelaide Review*（25 May–7 June）: 24.

Liew, Cheong（廖耀祥）. 2007c. "Duck Walk." *The Adelaide Review*（8–21 June）: 24.

Liew, Cheong（廖耀祥）. 2008a. "Chiew Chao Feast Tour." *The Adelaide Review*（April）: 27.

Liew, Cheong（廖耀祥）. 2008b. "In Praise of Goat." *The Adelaide Review*（July）: 35.

McCabe, Christine. 2004. "Fearless Finesse." *The Weekend Australian* （4–5 Dec.）: 8.

Moreton-Robinson, Aileen. 2003. "I Still Call Australia Home: Indigenous Belonging and Place in a White Colonizing Society." In *Uprootings/Regroundings: Questions of Home and Migration*, ed. Sara Ahmed, Claudia Castañeda, AnneMarie Fortier, and Mimi Sheller. Oxford: Berg, pp. 23–40.

Murphy, Catherine. 2003. *The Market: Stories, History and Recipes from the Adelaide Central Market*. Adelaide: Wakefield Press.

Parham, Susan. 1990. "The Table in Space: A Planning Perspective." *Meanjin*, 49（2）: 213–219.

Parker, Suzanne. 2005. *Eating Like Queens: A Guide to Ethnic Dining in America's Melting Pot, Queens, New York*. Madison, Wisconsin: Jones Books.

Probyn, Elspeth. 2000. *Carnal Appetites: Food Sex Identities*. London: Routledge.

Ripe, Cherry. 1993. *Goodbye Culinary Cringe*. St. Leonards, NSW: Allen & Unwin.

Santich, Barbara. 1995. "Foreword." In *My Food*, by Cheong Liew with Elizabeth Ho. St. Leonards, NSW: Allen & Unwin, pp. x–xii.

Santich, Barbara. 1996. *Looking for Flavour*. Adelaide: Wakefield Press.

Scarpato, Rosario. 2000. "Cheong Liew." *Divine*, 21: 46–48.

Shun Wah, Annette and Greg Aitkin. 1999. *Banquet: Ten Courses to Harmony*. Sydney: Doubleday.

Symons, Michael. 2003. *The Shared Table: Ideas for Australian Cuisine*. Canberra: Australian Government Publishing Service.

Symons, Michael. 2007. *One Continuous Picnic: A Gastronomic History of Australia*. Carlton, Vic.: Melbourne University Press.

Tan Chee-Beng（陈志明）. 2001. "Food and Ethnicity with Reference to the Chinese in Malaysia." In *Changing Chinese Foodways in Asia*, ed. David Wu and Tan Chee-Beng. Hong Kong: The Chinese University Press, pp. 125–160.

Werbner, Pnina. 2006. "Vernacular Cosmopolitanism." *Theory, Culture and Society*, 23（2–3）: 496–498.

Werbner, Pnina, ed. 2008. *Anthropology and the New Cosmopolitanism: Rooted, Feminist and Vernacular Perspectives*. Oxford: Berg.

Whitelock, Derek. 1985. *Adelaide: From Colony to Jubilee — A Sense of Difference*. Adelaide: Savvas Publishing.

未印刷资料／手稿资料：

Two Fat Ladies: A Gastronomical Adventure. 1997. "Episode 2: Meat." British Broadcasting Corporation.

Liew, Cheong（廖耀祥）. 2008. Interview Transcript, 8 Dec. Copies in Chef Liew's and in author's possession.

第十章

香港茶餐厅和面馆里的东南亚华人饮食

☐ 麦秀华

（Veronica Mak Sau Wa）

在香港，像《食尽东西》①、《电视明星吃喝去哪儿》、《星级厨房》② 以及《蔡澜逛菜栏》③ 之类的电视节目深受人们的欢迎，吸引了来自各行各业的众多观众。无论男女老幼，成千上万的人都被这些节目所讲述的美食与旅行故事深深吸引，它们通过"业内人"的视角，让观众进入后台或者与主人一起走进私人厨房，与厨师一起逛逛传统菜市场（湿货市场），带领观众去探索"正宗的"烹饪技巧与饮食之道。

在这些电视节目所介绍的各式菜肴之中，属东南亚中国菜最受观众青睐。④ 东南亚华人饮食变得越来越受欢迎，这不仅反映在当地的媒体上，还体现在香港的饮食场景中。在香港，虽然有很多外出就餐的选择，这里拥有来自世界各地种类不一的菜肴和口味，但是近些年来，东南亚华人饮食的受欢迎程度得到了迅速提高。诸如炒粿条、沙嗲牛肉面、海南鸡饭这些东南亚中国美味，都早已在

---

① 香港无线电视台（TVB）的一档饮食节目，播出时间：2006年10月15日至11月24日。

② 香港无线电视台（TVB）的一档饮食节目，2008年。

③ 香港无线电视台（TVB）的一档饮食节目，2007年。

④ 在《蔡澜逛菜栏》节目中，有一半以上的内容都与东南亚食物有关。

所谓"茶餐厅"① 这种港式咖啡厅的顾客中流行开来。近来的一个例子就是，叻沙（laksa）在当地饮食中变得越来越流行。在 20 世纪 70 年代以前，这种东南亚面食也只能在一些东南亚餐馆或者五星级酒店中才能见到。但是，自从进入 21 世纪起，已经迅速涌现出大量叻沙面馆，其中都供应着马来西亚叻沙和新加坡叻沙。更加值得注意的是，一家获得特许经营资格的泰式连锁餐馆，专门供应"泰国人海南鸡"，售价 38 港币（4.5 美元）。从 2007 年到 2008 年，短短一年时间内，这家连锁餐馆就在香港开设了 19 家分店，实现了从中心到外围的区域全覆盖。时至今日，东南亚华人饮食已经变得如此受欢迎，以至于在各种比较随意以及非常正式的餐馆里都有供应。一个人可以在君悦酒店（Grand Hyatt Hotel）的咖啡馆里消费 198 港币（25 美元）享用一顿海南鸡饭，或者在大快活（Fairwood）快餐连锁店里以低至 24 港币（3 美元）的价格点一份套餐。对于精打细算的就餐者来说，如果这个价钱仍然有点高的话，还有一个更便宜的选择，那就是到当地的茶餐厅或者大排档②，花费 16 港币（2 美元）来一份新鲜出炉的炒粿条。

在香港，东南亚华人饮食的日渐流行不仅体现在当地的饮食场景中，而且还体现在零售店中。从 20 世纪 90 年代开始，一些小型杂货店陆续开设营业，它们通常位于传统菜市场附近。这些杂货店为印尼籍和菲律宾籍家佣，提供了非常重要的东南亚日用杂货以

---

① 香港茶餐厅是一种 20 世纪五六十年代风格的咖啡店，供应着低成本的本地化"西餐"。基于 1996 年进行的调查报告，吴燕和（David Y.H. Wu, 2001：72）指出："对于研究者而言，根据诸如外部装修或者内部装潢，抑或食物的风格以及供应方式等这样一些客观标准，来确认一家典型的茶餐厅几乎是不可能的，因为这些标准都在不断发生着变化。"如今，像"何为茶餐厅"这样的问题也变得越发复杂，因为新的风格在不断涌现，比如一些现代风格的香港本地连锁店［如"翠华（Tsui Wah）茶餐厅"］、时尚与复古风格兼备的国际化餐厅（如星巴克）、奶油甜点店［如"澳洲奶制品公司（Australia Dairy Company"）］以及澳门风格的茶餐厅。

② 大排档是一种露天的小吃摊。

及食物。此外，许多在海外旅行或者经商的香港人，都曾在东南亚国家体验过独特的当地风味，所以当他们回到香港以后，为了继续寻找这些异域菜肴的味道，也往往会被吸引到这些杂货店里来。除去这些小型杂货店，2008 年伊始，来自新加坡的一种新型"即烹即食套餐（ready-to-cook meal kit）"系列，被引入香港的各大高端超市，其中还有超过五种"正宗"且"经典"的食谱可供顾客选择。[1] 这种新型系列的东南亚华人饮食，将目标瞄准了中产阶级顾客，他们在结束一整天的工作之后，或许就想着去准备一份具有马来西亚风味或新加坡风味的快餐，比如一碗让人垂涎欲滴的叻沙。

在本章中，我将针对东南亚华人饮食的全球化进程给出一个历史概述，并解释在全球化力量与本土化力量交相辉映的情形之下，香港是如何接受这些饮食并使之地方化的。我要特别指出的是，大众传媒和食物"正宗性"的创造对于理解这种社会变迁与文化变迁，显得尤其重要。而且，我也将关注代理人和市场经济问题。[2]

---

① 2008 年，来自新加坡品牌"百胜厨（Prima Taste）"的一种新型"即烹即食套餐"系列，开始在香港的百佳超市（Parknshop）中正式推出。这些产品包括了最"正宗"、最知名的新加坡饮食，它们在香港市民中非常受欢迎。主要分为以下几种：（1）叻沙套餐，包括叻沙酱、椰子粉、参巴辣椒酱、干叻沙叶；（2）海南鸡饭套餐，包括海南鸡饭中调制鸡肉的混合调料，调制米饭的香油，以及分别由姜汁、辣椒酱、老抽制成的三种蘸料；（3）肉骨茶（Bak Kut Teh）套餐，包括混合汤料和酱油；（4）巴东牛肉（Rendang）套餐，由巴东酱和混合椰料，以及干辣椒粉组成；（5）新加坡香辣蟹套餐，包含香辣蟹酱、混合调料以及额外的辣椒粉。它们的价格要高于快餐店中的套餐价格（每一份在25~35 港币之间），因为这些套餐系列不是供给劳苦大众的，而是要供给那些忙碌的中产阶级女性，所以她们乐于备制这些来自异域的健康饮食。这些饮食既不会添加防腐剂，又不会添加人工色素，还可以在几分钟之内变成一道美味佳肴，无须掌握任何的烹饪技巧。

② 从某种意义上讲，本章的完成是集体努力的结果。我尤其要深深地感谢陈志明教授那启发灵感的演讲和论文，它们是对我最好的鼓励和启迪。没有陈先生大量卓有成效的指导付出，这篇文稿是不可能付诸笔端的，这其中就包括他将我引荐到一些东南亚华人饮食零售店中。在学术之外，陈先生热情与慷慨的个人品质，更帮助了我的研究项目朝着另外一个特殊高度转变，所有这些都让我倍感欣慰。

东南亚中国菜在香港的全球化进程寻踪

东南亚华人饮食的全球化并非近些年来才发生的事情。大米、面条、茶叶、黄豆、豆腐、酱油等食材，从中国运往东南亚地区，再由东南亚地区传播到世界各地，已经有很长一段时间（Mintz，2007）。以面条为例，闽南话称之为"mi"，最早就是由华人引入东南亚地区的；而像叻沙这类马来西亚美食，则是在20世纪60年代通过福建餐馆输入香港和中国大陆的（Anderson，2007：210）。在接下来的部分，我将首次探讨东南亚华人饮食在香港的传播问题，接着具体描述这些食物流行发展的过程。

东南亚华人饮食在香港的传播

上溯到20世纪初，香港作为贯通南北贸易航线上的战略重镇，早已经蜚声中外。当时有两条主要的贸易航线连接着广东汕头和亚洲其他地区，其中一条通往厦门、福州、上海、青岛、天津、大连、台湾以及日本；另外一条则直达南方地区，经由香港、广州和海南，然后通往东南亚地区（Sparks，1978）。

作为通往东南亚地区的重要通道，香港自然是人们成立贸易公司的理想之地，同时这也为"南北行（Nam Pak Hong）"的建立奠定了基础，它为许多来自中国内地的移民提供了工作和栖息之所。早期的"南北行"是由很多中国进出口贸易公司共同组成的，占据着数个街区，形成一个三角区，而该区域就位于今天的香港岛西区，它于1842年香港沦为英国殖民地后划分出来（Sparks，1978）。这里的大多数贸易公司都由潮州人开办并经营，他们与东南亚各国保持着密切的家族联系，尤其是泰国。同时，他们在"南北行"中生活和工作。在贸易公司成立之初的那段时间里，到了每年的三四月份，潮州商人们就开始借助南风，从东南亚国家运来以红糖为主的大量商品，然后运往中国北方的天津等地。等到红糖售罄，他们会购买大豆、棉花、服装等商品，待入秋时节运往南方地区，如此往返不息（冯邦彦，1997）。

二战期间，"南北行"成为重要的商业中心，不仅从事进出口贸易，还从事大规模的商品批发。这里输入和销往东南亚地区的产品，包括大米、橡胶、海鲜、食用油、椰子油、糖、皮革、中草药等。其中，来自中国的产品有食用油、大豆、糖、海鲜、干果以及其他食物（Sparks，1978：29）。

综上所述，我们了解到东南亚的食材经由香港传播的历史，可以追溯到战前时期。在接下来的部分，我们将探讨战后涌入的移民是如何有助于有异国情调的东南亚菜引入香港的，这些东南亚食物又是怎样在实现自身转型后，成为一个国际化都市的象征符号的。

1950—1969 年：东南亚菜的新口味

20 世纪 50 年代，可以说这一时期见证了来自中国内地以及东南亚地区的移民涌入香港的盛况。他们不仅带来了雄厚的资本，也带来了各式各样的烹饪知识、技能与风格，为东南亚菜在香港的茁壮成长播下了种子。20 世纪 40—50 年代的十年时间里，香港开设的非常著名的东南亚餐厅就包括：马来亚咖啡馆（位于德辅道中 41 号）、华仁餐厅（Wah Yan Restaurant，位于干诺道中 153 号）以及新加坡餐厅（位于九龙弥敦路）。这些餐厅专门供应东南亚菜，其中尤以海南鸡饭、星洲炒米粉以及麻辣米线而出名（郑宝鸿，2003）。香港的这些东南亚咖啡馆和餐厅，在众多白领阶层中非常受欢迎。种类繁多的东南亚食物不仅丰富了人们的饮食选择，而且它们还有效地融合了香港本地的粤菜（郑诗灵，2002）。在东南亚餐厅里，诸如炒粿条、咖喱面以及海南炒饭都是非常受顾客青睐的。在《星岛日报》第一期的美食家栏目中，会出现"西式菜肴"的醒目字样，这与 1950 年牧场连锁餐厅（Dairy Farm）在食物指南上的广告一起说明，香港渐渐出现一个新的休闲阶层。在将香港建设成为一座国际化都市，以及推动一种被动忍让的、去政治化的、以经济为导向的公民观念方面，殖民政府同样扮演了非常积极的角色。正如郑诗灵所指出的那样，这种情况正好发生在香港看起来突然取代了上海作为"西方企业在远东地区的神经中枢"角色的那段时期，一座国际化都市正在形成之中。

1970—1997 年：东南亚华人饮食的地方化

20 世纪 70—80 年代，出生于香港本地的第一代人开始参与到经济大繁荣的行列之中，他们通过与中国大陆同胞与台湾同胞划定界限的方式，来寻求一种现代性、世界性兼具的香港人身份认同，而在香港市民与日俱增的多样化外出就餐文化中，这种情况更加得到了印证。这段时期也是香港社会正在经历的瑞泽尔（Ritzer，1993：1）所称的"麦当劳化（McDonaldization）"时期，它具有五个明显的主题：高效性、可计算性、可预见性、强化控制性以及非人工技术对人工的取代性。1969 年，被视为现代化标志的快餐店——"大家乐（Café de Coral）"在香港正式开张营业，这意味着香港作为一个现代化大都市，既供应着中餐（如豉油鸡翅、豉油鸡腿等），又供应着西式快餐（如三明治等）（郑诗灵，2002）。

当遭到由快餐连锁店带来的竞争新浪潮时，香港茶餐厅只能通过接受"麦当劳化"的原则来努力谋求生存。另外，它们还通过强调诸如东南亚食物这类非西式食物的新类型，而这些东南亚食物是快餐连锁店中无法供应的，由此建立起一种独一无二的身份认同。

为了提高生产效率，满足顾客们对于异域风味的需求，当地的茶餐厅使自己的烹饪方式逐渐开始走向现代化，某种程度上通过食材的同质化和菜肴表现手法的异质化，带给顾客更多元化的选择。这些东南亚华人饮食，曾一度作为华人移民思乡之时聊以慰藉的食物，它们对于那些原来在马来西亚、新加坡和印尼工作生活的移民而言发挥着重要作用，然而到了后来，这些食物却渐渐变得地方化，同时被（重新）发明再造，满足了现代社会对于一种更加具有多样化选择的国际性菜肴的需求。

在茶餐厅里，那些经当地创新过的西式快餐可以在几分钟内烹制完成，而与之不同的是，制作东南亚食物时则往往需要加入多种不同的食材，而且要花费数个小时的劳动时间，就像制作马来西亚美食中的辣味虾酱（*belachan*）、泰国美食中的调味料，皆是如此。通常情况下，茶餐厅中供应的大多数食物都会被归到一个标准化的菜单之中，这就包含着那些能够在几分钟之内即可准备好的食物，诸如港式法国吐司、火腿通心粉、奶油玉米罐头饭、炸石斑鱼条以及当地风味奶茶等。东南亚食物倾向于改变，以便它们也可以在短时间内准备好，从而很快地供给顾客。我将通过三种东南亚风格的面条——炒粿条、咖喱面以及沙嗲牛肉面，来具体阐述这种变化。正如陈志明（Tan Chee-Beng，2001）所指出的那样，面条尤其能够很快适应并实现本地化，从而形成一种新的烹饪风格，因此，面条就成为阐述这些异域食物是如何全球化的，又是如何适应当地需求的最佳范例。由于这些东南亚华人饮食的食谱在不同区域都不尽相同，因此，对这些差异进行一一解释的工作，并不在本章的研究范围之内。相反，我将具体阐述这些食物在马来西亚通常都是怎样被准备的。原因就在于马来炒贵刁和咖喱面在当地的茶餐厅中尤其受欢迎。[①] 接着，我将探讨它们是如何地方化，以适应香港的当代环境的。

1. 炒粿条：马来炒贵刁

东南亚食物地方化创新的一个典型例子即是马来炒贵刁。它是一种被中国移民介绍到东南亚地区的中式炒米线，他们靠叫卖街边小吃维持生计。这些华人小贩采用当地的食材来翻炒中式米线，通常会加入一些手撕鸡、虾仁、血蛤（seehum）或贻贝、豆芽以及蛋液，再放一点蒜末和混合过的干辣酱。最后，用食盐与褐色生抽对面条进行调味（Hutton，1999）。一些厨师可能会坚持使用猪油增加香味。在一些传统的餐馆里，炒粿条是被盛在香蕉叶上端上来的，这样既有一种独特的香气，又能增加食物的味道（苏庆华，2007）。

香港的炒粿条是一种本地化的食物。因为辣椒酱的制作需要首先浸泡干辣椒，然后将之搅拌成糊的一个漫长过程，所以为了减少食材的准备时间，降低雇用那些掌握辣椒酱制作技术的厨师的成本，制作炒粿条的厨师就会选择现成的咖喱粉来代替辣椒酱。而像鸟蛤、蚌这些价格昂贵的海鲜，则会用那些在香港很受欢迎但成本低廉的叉烧进行替代。此外，炒粿条还要加入小虾仁以及洋葱、红椒、青椒等本地蔬菜。炒粿条也要用到豆芽和鸡蛋，与来自马来西亚的相同食物比较会发现，这似乎是仅有的保留下来的两种食材。

2. 咖喱面

在香港的茶餐厅里，除了炒粿条以外，咖喱面是经本地创新的东南亚饮食中另外一种"必需品"。无论是在菜单上还是广告宣传

---

① 这一观点将在下面介绍咖喱面部分时做进一步的阐释。

材料中，马来西亚咖喱粉都显得尤为突出。准备制作咖喱面的食材
要花费大量时间。首先要准备好各种香料，将它们很好地捣碎并搅
拌均匀，然后慢慢翻炒辣椒酱，加入水煮至沸腾，再依次放入椰奶、
糖与食盐。

　　与炒粿条一样，茶餐厅中的香港咖喱面也经过了再创新，这样
才能一方面满足了顾客对于快捷服务的现代需求，另一方面迎合了
人们对于异域风味的市场需求。通过使用现成的咖喱粉制成咖喱汁，
再随意搭配上一些鸡肉或牛肉，一份咖喱面很快就准备好了，既简
易又快捷。只不过，与印度咖喱和泰国咖喱相比较而言，还是马来
西亚咖喱更受香港市民的欢迎。当地的许多茶餐厅都推出了 6~8 种
马来西亚咖喱美食，以飨顾客。[①] 我的田野调查对象包括一些厨师
和消费者，他们从自己的经验角度说到，马来西亚咖喱"辣味没有
那么冲，反而还有一股很浓的香味。原因就在于马来西亚咖喱中加
入了更多的椰奶，所以制作出来的咖喱味道就没有那么辛辣，而是
更加刺鼻，也更加符合香港市民的饮食口味"。对于香港人而言，
咖喱为东南亚饮食提供了一种地缘类型学上的划分。他们将种类繁
多的咖喱分成两大类：一类是辣味更冲的印度咖喱和泰国咖喱，另
外一类则是辣味没那么冲的马来西亚咖喱。此外，食用红辣椒也能
够将东南亚华人与香港本地人区分开来。于是香港人就划出了这样
一条线，即将辣食爱好者（例如，来自中国大陆的四川人、湖南人
以及东南亚各国的人们，都喜欢吃辣食）与那些非辣食爱好者区分
开来，而大部分香港人都是非辣食爱好者。

---

　　① 可参见成立于 20 世纪 60 年代的"祥荣茶餐厅（Cheung Wing Café）"以及"林
国印（Yan Lam Kwok）茶餐厅"连锁店的菜单。

3. 沙嗲牛肉公仔面

沙嗲牛肉公仔面是另外一种经香港本地创新的食物，而且很有可能是香港茶餐厅中最受顾客欢迎的美食之一。它通常会以日式方便面或者意大利细面的形式供应上来，如若配上诱人的甜味奶酥，也可当作绝佳的早点食用。沙嗲牛肉公仔面在任何一家茶餐厅中都是最为突出的早点，还没有哪一家茶餐厅的早餐食谱中看不到这道美食的影子。沙嗲牛肉公仔面与黄金小餐包，甚至被视为判断厨师烹饪技术水平的基准。[1]

然而，人们在看过这种与印尼或马来西亚相同的食物的制作过程后将会感到大失所望：在印尼或马来西亚，牛肉会被撒上姜黄和辣椒粉调味，然后直接放在炭火上烧烤，还要用一把香柠檬草"刷子"时不时地给牛肉涂油。而在香港的茶餐厅里，牛肉会被切成薄片而非大块，然后用生抽和老抽浸泡，再放入食盐、糖、胡椒粉、香油，这样牛肉的颜色就会呈现出褐色，而不是直接使用姜黄后那种特有的黄色。香港的厨师们会直接使用现成的沙嗲酱就水和面，以代替马来西亚或印尼厨师用烘干的花生米所制成的酱。在香港，牛肉片会被放在锅中翻炒，炒熟之后将其放在即食面之上，而不会像印尼和马来西亚那样，把牛肉穿在竹签或者针状椰子叶上，再在木火或者炭火上面进行烧烤。像辣味花生蘸或者花生汁、洋葱条、黄瓜以及马来粽（*ketupat*，用椰子叶包起来的粽子）等食材，茶餐厅里通常是没有的。

那么，是什么力量促成了这些东南亚食物的地方化呢？这还要从食物生产和市场需求两个方面谈起。一位厨师曾告诉我一些有关这些地方化模式的形成原因。首先，菜单设计成为迎合现代市场多

---

[1] 该资料通过"开饭喇"网（openrice.com）收集而来。

样化需求的一种策略。在香港茶餐厅里，每一道东南亚华人美食都是菜单体系中不可或缺的组成部分。它们和其他美食组成一个有机整体，彼此协调地结合起来，就像由不同类型的乐器一起创作出的交响乐。香港当地的马来炒贵刁中，会加入海鲜、洋葱、青椒等食材，相较于那些无肉不欢的食物，这的确是一种既健康又"更为清淡的"选择。其次，同样经本地创新的另外两种食物——星洲炒米粉和厦门炒米粉，在食材搭配上几乎相同。这两种在当地创新后的美食有着相同的食材，唯一的例外在于，厦门炒米粉以番茄酱作为基础。这是一种增强烹饪所需食材量可预见性的方法。再次，鉴于咖喱粉有强烈的气味，所以就需要用红辣椒和沙嗲酱来掩盖食材的原初味道，如果还有剩余的肉或蔬菜，同样也可以添加进来。最后，这些地方化的食物，烹饪时间显然被大大缩短，因而它们马上就能被准备好供应上来。这么短的准备时间，还有如此宽泛的选择余地，使得这类食物深受工薪阶层的欢迎和肯定，因为他们只有很短的午餐时间，但他们也会到处寻找东南亚"异域"饮食来提高自己的食欲，在炎炎夏日尤其如此。因此，对于现在茶餐厅食谱上包括东南亚华人饮食在内的美食而言，上述原因与食物准备方面的规模效益以及食物多样化的市场需求密切相关，毕竟，这些食物会在短时间内即可准备好并被消费掉。

1998 年及以后：后殖民社会的叻沙

全球化现象引起并进一步强化了叻沙在香港的日渐流行，尤其是空运成本的降低更是推动了东南亚国家的旅游业，游客在一些国际频道和地方台的电视节目、杂志、报纸、互联网以及餐馆菜单上，都能看到关于叻沙的图像以及文字的快速传播。确切地讲，什么是叻沙？为什么它在实现全球化后，能够迅速渗透到后殖民时代的香港？杜鲁兹（Duruz）这样描述道，叻沙是由马来西亚华人和新加坡华人制作的一种很受欢迎的汤米线。陈志明（2001：133）的解释则更加详细，他将叻沙分为三大类：第一类是"泰国（暹罗）叻沙"，第二类是"马六甲和柔佛的咖喱叻沙"，这两类叻沙中都加入了椰奶；第三类是"槟城叻沙"，其中不放椰奶。叻沙的全球化很大程度上是由于自身的灵活性和适应性，使它能够为不同社会背景下的不同人群所消费。其实，这种灵活性能够通过它那具有隐喻性意义的称呼"*laksa*"表现出来。这个单词来源于梵文术语"*lakh*"（"一万"之意）；① 它表示为了制作一道菜肴，需要使用数量巨大的各种食材。从食材和意义角度来讲，它这种可塑性极强的特征，在诸如伦敦、香港这样的国际化都市中都显得尤为重要，因为这些城市都拥有着规模庞大的流动人口，他们在时间和空间方面需要更大的灵活性。"*laksa*"这个极具隐喻性意义的名字——"用数千种食材制成的面"，被不同的饮食作家虚构成了意义五花八门的食物，从倡导环境友好的素食"甜番茄叻沙"，到马来西亚小摊上和澳大利亚别致小店中的"传统"叻沙，无不如此。②

　　叻沙在香港的成功故事，挑战了人们一贯喜欢吃常见食物的观念（Fischler，1988：275）。20 世纪 60 年代，当叻沙第一次被介绍到香港时，并没有被人们广泛接受；但是，到了 21 世纪初，作为一种来自异域的与众不同的东南亚食物，它突然间声名大噪。20 世纪 70—90 年代，那些喜欢叻沙异域口味的顾客，不得不前往五星级酒店去享用，叻沙在那里被视为一种专供的东南亚佳肴，或

① 2008 年"韦氏词典（Merriam-Webster）"中的"*lakh*"词条，http://search.eb.com. easyaccess1.lib.cuhk.edu.hk/dictionary?va=lakh&query=lakh［2008 年 6 月 10 日访问］。

② 可参见《泰晤士报》网站（Times Outline）"饮食（Food and Drink）"栏目的调查，http://www.timesonline.co.uk/tol/life_and_style/food_and_drink/.

者是酒店自助餐桌上的"国际化"美食。在 2000 年,"槟城虾面店"在香港岛著名的娱乐商贸区——湾仔正式开张营业,这是香港第一家专卖槟城面和叻沙的餐馆。正如店名所显示的,这家餐馆能够立足的独特之处恰恰在于它的原创性——来自槟城的"正宗"虾面,其所赋予的马来西亚式光环也得以被其他食物所利用,而叻沙尤其如此。陈志明(2001)告诉我们,槟城是马来西亚一个以讲闽南话为主的城市,所以槟城虾面也被叫作"闽南面"。这是一种汤面,通常在面中加入一种在马来语中名为 "kangkong" 或者汉语中称为"蕹菜(空心菜)"的蔬菜,然后在面上放几片煮熟后变白的瘦猪肉或者几只熟虾。在一次采访中,"槟城虾面店"的老板娘岑太太自豪地告诉我:"在香港,许多人第一次品尝叻沙和虾面都是在我的店里。"

"槟城虾面店"取得的卓越成就,为许多渴望追求一种高利润经营模式的餐饮业企业家,提供了一种现实可能性。不仅在食材、店面装修租赁费等方面的投资少,运营成本低,而且售价是普通广式面条的两倍之高,这些叻沙精品餐馆营造了一个有利可图的市场,吸引着越来越多的人加入其中。2005 年,有两家叻沙面馆在香港同一条街——上环孖沙街开张营业,它们分别是"马拉妈妈(Malaymama)"和"加东叻沙(Katong Laksa)"。①2006 年,"槟城虾面店"在香港中环开设了第二家分店。叻沙面馆在商业区的突然集聚,结果一度提高了这里的租金(《香港经济日报》,2005 年 11 月 21 日第 17 版)。最近几年,从五星级酒店到叻沙面馆专卖店,从美食广场到茶餐厅,甚至从快餐店甚至到食堂,可以说叻沙几乎已经渗透到了香港的每一个角落。

---

① 上环也是香港的一个商业区,距离湾仔大约 5 分钟的车程,而到中环则需步行 10 分钟左右。

香港一家马来西亚中餐馆（陈志明摄于 2011 年 1 月）

媒体与"正宗性"的标识

五位年轻的女士，身着优雅得体的黑西装和白衬衣，脚蹬高跟鞋，正站在"槟城虾面店"的门口等候就餐，她们身后还排着长长的队伍，因为此刻正值湾仔区最繁忙的午餐时间。店门张贴出十几张剪报，刊登着有关"槟城虾面店"的采访。[1] 自 20 世纪 90 年代开始，餐馆与餐馆之间达成了一个不成文的惯例，即在店面最显眼的位置，张贴出一些流行饮食杂志和报纸饮食专家对该店的评价。当我采访这些顾客，询问他们为什么会来这家面积很小的虾面店用餐时，一位涂着亮蓝色眼影的年轻女士这样回答说：

> 我们喜欢每天品尝不一样的午餐。一个小时以前，我们就开始用电子邮件进行交流，决定今天去哪儿吃。在一整天辛苦忙碌的工作期间，午餐时间是我们最享受的时刻。今天艾米

---

[1] 自 20 世纪 60 年代以来，有关包含与旅行的包含栏目和和专题节目就已经在香港出现了。到 2008 年，最畅销的杂志和报纸包括《包含男女》《东方日报》和《苹果日报》。

（Amy）① 突然很想来一碗"正宗的"叻沙，于是，我们就来到了这里。

另一位挎着普拉达（Prada）手提包的女士告诉我："我们决定来这里吃'虾汤面'和'咖喱叻沙面'，这两种最'正宗的'美食都是蔡澜② 推荐过的。"而一位身着长裙的女士说："我也在'开饭喇'③ 上查过了，'槟城虾面店'在香港岛上的所有叻沙面馆当中，知名度是最高的，而且这两种美食也是这家店的招牌。"

"正宗""怀旧"和"传统"是三个很有魔力的词汇，几乎在每一篇介绍美食的文章、每一档饮食类电视节目中都会出现，自从1997年香港回归以后，这些电视节目中经常会报道一些美食家的饮食选择，还有关于饮食礼仪方面的系列讲座。莫尔茨（Molz，2004：56）有关泰式餐馆的研究提醒我们，餐馆经营者和设计者通常都会努力地迎合自己的顾客对于一种正宗体验的渴望。这些文化标记就包括菜单（能够展示出烹饪风格的创意）和食材，还有能够"营造产生一种'正宗感'"的装潢。有趣的是，单单基于莫尔茨提出的这一系列文化标记，那么"槟城虾面店"所表现出来的几乎没有"正宗"可言。首先，店名并没有告诉我们在槟城这种面食的真实名字。因为在槟城，虾面都被称为"闽南面"。只有除槟城之外

---

① 化名。

② 正如最受欢迎的生活类杂志《饮食男女》所总结的那样，2000年，蔡澜被票选为香港饮食文化领域最具影响力的人。特别是，蔡澜潇洒乐观的个性令他人气大增。作为东南亚美食专家，他的名声仰赖于自己的文化根基。作为一名出生于新加坡的潮州籍华人，蔡澜在很多畅销杂志社担任美食评论家，诸如《东方日报》《苹果日报》《饮食男女》。自20世纪80年代起，他同样为香港以及东南亚国家的美食和旅行出版过许多专著，其中就包括《城市膳食指南》。除此之外，在香港和日本，他还是非常受欢迎的饮食节目主持人，而且蔡澜还被誉为香港"四大才子（其他三位分别是金庸、黄沾、倪匡——译者注）"之一。

③ "开饭喇"是香港最受欢迎的饮食在线搜索引擎，其中既有丰富的美食和餐馆图片，又有排名与美食评论。

的地方才将"*prawn noodle*"称作"虾面",比如在吉隆坡(Kuala Lumpur)(苏庆华,2007)。其次,凡是来自槟城的这种独特叻沙都被称作"槟城亚参叻沙(Penang Asam Laksa)",但这个名称在湾仔区的叻沙店中是找不到的。[①]再次,虾面的呈现方式深深地借鉴了香港本地的饮食文化。岑太太所开"槟城虾面店"中所提供的关于浇头(toppings)[②]、汤和面条的混搭选择,其实都借鉴了一种港式"车仔面(cart noodle)"的制作原理。最后,正如菜单中所显示的那样,叻沙和槟城虾面所使用的食材都已经高度地方化。当然,"槟城虾面店"的虾面汤汁配方与马来西亚烹饪书所记载的"闽南面"配方非常相似:都是用猪骨搭配大量的虾头,精心熬制数小时之久。但是,为了强化"槟城虾面店"作为一处优质面条供应点的良好印象,岑太太又添加了一种额外的食材——"老鸡",它被人们普遍认为是昂贵、营养价值极高的食材,尤为有益于女性。这里有各种各样的浇头可供顾客选择,包括在马来西亚非常普遍的浇头在内,比如虾、鱿鱼、蚌、鸡蛋、豆芽以及豆腐等。然而,在"槟城虾面店"里,这些虾和肉都被切成了薄片状;而在马来西亚的槟城,我们所看到更多的是整只虾和被切碎的肉末。顾客还可以在"槟城虾面店"中自由搭配本地食材制作的浇头,比如日式鱼饼和"假蟹肉"[③],香港本地的鱼丸、肉丸、花枝丸[④]以及本地蔬菜、蘑菇等。在马来西亚和新加坡,鸟蛤也是制作叻沙的常用食材;而在香港,由于货源不稳定,加之成本过高,它就逐渐被弃之不用了。另外,

① 2006年,"槟城亚参叻沙"开始在香港中环有所供应。

② 浇头,指浇在菜肴上用来调味或点缀的汁儿,也指加在盛好的主食上的菜肴。本章中指后者。——译者注

③ 此处或指"赛螃蟹",是一道以黄花鱼为主料,配以鸡蛋,再加入各种调料炒制而成的美味菜肴,鱼肉如蟹肉,鸡蛋似蟹黄,软嫩滑爽,又称"假蟹肉"。——译者注

④ 即墨鱼丸的别称。——译者注

"槟城虾面店"中可供选择的三种汤都属于本地发明，分别是"香辣虾汤底（用虾壳、虾头、猪骨、老鸡等食材熬制而成）"、"咖喱叻沙汤底"以及"猪肉与鸡肉汤底"[①]。最后，店里还有三种不同的香港本地干面条可供选择，它们分别是河粉、米粉和鸡蛋面。

人们很难将混搭风格的菜单、食材与"正宗性"联系在一起，而且店面的装潢也完全表达不出"马来西亚式"的感觉。现代化的不锈钢框架的门，封闭式的厨房，整洁有序的店面布局，黑色金属框架搭配白色灯罩的现代简约风格的灯具，缓缓转动的黑色复古吊扇，所有这些都与浅色的木质长桌、长凳，梯式靠背椅，装有黑色筷子与勺子的黑色筷子筒相得益彰，这一切都使得这家"槟城虾面店"看起来更像是一家时髦的广式面馆。将店面位置选在繁华商业区的策略选择以及高定价出售战略，[②] 都反映出"槟城虾面店"将就餐的目标人群清楚地定位在了中产阶级身上。相比较而言，马来西亚和新加坡最好的虾面和叻沙，其实都在街边的小吃摊上。

"槟城虾面店"在香港的成功案例，向莫尔茨提出的一系列"刻意呈现的正宗性（staged authenticity）"文化标记或者象征符号提出了挑战，这个案例足以表明，大众媒体因素是如此重要，以至于我们完全不能忽视它的存在。相反，通过对"槟城虾面店"的观察，我认为这家店所"刻意呈现的正宗性"文化标记包含了以下三个方面：首先，店里摆放着来自香港本地和国外的一些报纸、杂志，上面刊登着 6 篇分别用不同的语言（汉语、日语和韩语）写成的饮食类文章。在消费面食之前，顾客们可以通过阅读这些饮食类文章，

---

① 这种"猪肉与鸡肉汤底"很可能是从日本九州岛的猪骨汤（Tonkotsu）借鉴而来。由于马来西亚是一个多元族群国家，对穆斯林而言，猪肉是禁忌，所以猪肉和猪骨通常不会被用来做汤。然而，在香港和日本，就不存在这种食物禁忌。

② 一碗广式云吞面的市场价格一般在 20 港币左右，而叻沙面馆中的一份叻沙往往售价 40 港币或者更高，视具体食材而异。

想象一下这家店的历史，构思出自己对于正宗性标记的大致轮廓，从而形成他们在消费期间的独特体验。其次，店里张贴有一份宣传海报，海报内容显示该店得到了蔡澜的认可，使其成为蔡澜在他的饮食指南中所选择的 150 家店之一，而且值得注意的是，海报上还有蔡澜留下的一个大大的签名，意义非同小可。最后一个正宗性文化标记是店中代表吉祥如意的中国书法，蔡澜曾在此挥毫留下"客似云来"四个大字，寓意"顾客会像云朵一样涌来"。换言之，我们在"槟城虾面店"里所目睹的是一种不同的以大众媒体为中介的"刻意呈现的正宗性"，这也造就了一批饮食节目主持人和烹饪技术出众的厨师，而正是他们建构了当下流行的集体表征。

然而，正如赫兹菲尔德（Herzfeld，2001：301）所指出的那样，大众媒体并没有抹杀个人能动作用的重要性，实际上"这正是我们了解社会文化变迁的核心所在"。饮食节目中明星公众形象的塑造，其实只是大众文化知识的一部分。霍尔和米切尔（Hall and Mitchell，2002）注意到，在英国，一些深受人们欢迎的食物和烹饪风格，往往会受到少数几个关键性饮食作家和电视节目厨师的很大影响。但是在香港，与英国的不同之处在于，我们没有饮食作家，但是会有饮食节目主持人，他们偶尔也会写一些东西，结果表明所写的这些文字就变成了饮食文化中的"专门性知识"。吉登斯（Giddens，1991）适时提醒我们，这种专门性知识（作为一种饮食知识）系统，既是一种发展动力，又是全球化范围内现代性建构的一种动力。越来越多的人开始依赖于让专家告诉自己，到底需要什么，又该如何选择。香港是世界上消费者严重仰赖名人效应的众多城市之一，就像在一些广告上做代言的电视明星，会告诉消费者应该买些什么（Nielsen，2006）。我将这种"情境化

（contextualization）"（Herzfeld，2001：303）——错综复杂的表现形式（饮食节目明星的公众形象、电视节目、饮食类文章、海报、节目主持人所创作的寓意吉祥的书法等），首先视为资本主义的一个功能；其次，它又是在深受欢迎的集体表征（collective representation）范围内，为了追求特定利益而展开的一种社交策略。毫无疑问，正是这种集体表征养活了一个贪婪的、高利润产业的全球化网络，包括食品、旅游、娱乐、电影、电视、互联网、新闻等。

结　语

华人的饮食传统不仅反映出了华人的创造力，还反映出华人对于中国生态和全球化影响的适应能力（陈志明，2001）。在香港的华人社会中，人们通过增加新的食材和借鉴其他非华人饮食文化，结果创造出了多种多样的本地饮食。在此，我将采用陈志明所提出的关于文化变迁的三种类型模式（2001）——持续变化模式、直接借鉴模式以及创造发明模式，来对自己有关香港地区东南亚华人饮食的研究进行一个总结。

首先，东南亚华人饮食存在着一种潜在的中式烹饪与消费食物原则的文化持续性。饭与菜搭配的基本原则（张光直，1977）形成了茶餐厅中食物组合形式，以及"槟城虾面店"里面条（饭）与浇头（菜）自由搭配的潜在结构。其次，因为直接借鉴了其他食物制作的"配方"，所以东南亚华人饮食还是发生了一些变化，这可以从香港花样繁多的东南亚华人饮食那里得到印证，范围从炒粿条，到各种各样的叻沙、沙嗲酱以及包括咖喱面在内的各式面条。再次，东南亚华人饮食也在经历着创新所带来的变化，比如东南亚华人饮食的麦当劳化和地方化，这其中有彻底性的创新，比如炒粿条、咖喱面和沙嗲牛肉；当然，在一些叻沙面馆中，也会有更加"传统"的叻沙存在。

最后，东南亚华人饮食的适应与创新，还意味着其自身的"正宗性"问题。所谓"正宗的"东南亚华人饮食是什么呢？通过大众媒体所塑造出的电视节目美食评论家的传播扩散，那些自称曾经消费过"建构性正宗（constructed authentic）"叻沙的中产阶级，才得以体现出他们的世界性想象和文化身份认同。[①] 此外，在茶餐厅的早餐中，将日式汤面中的沙嗲牛肉与烤面包一起供应，这或许可被视作一种东西文化交汇的融合菜（fusion cuisine）。然而，在老一辈人的眼中，所有这些食品并不奇怪，因为从更深层次的结构上讲，这些食物从根本上仍然是立足于中国传统的，始终遵循着常见的中国饭菜搭配原则（面包也是"饭"的一部分）。东南亚华人饮食以一种新奇的口味进入香港，经过地方化以后，成为特征显著的中国饮食和中华烹饪文化的组成部分。

参考文献 □

Anderson, E. N. 2007. "Malaysian Foodways: Confluence and Separation." *Ecology of Food and Nutrition*, 46 (3): 205–219.

Chang K. C（张光直）. 1977. "Introduction." In *Food in Chinese Culture: Anthropological and Historical Perspectives*, ed. K. C. Chang. New Haven: Yale University Press, pp. 3–21.

Cheng P. H（郑宝鸿）. 2003. *Early Hong Kong Eateries*. Hong Kong: University Museum and Art Gallery, The University of Hong Kong.

---

① "建构性正宗"这一术语，是从许灏文（Hsu Ching-Wen, 2009）的文章中借用而来。

Cheng Sea-Ling (郑诗灵). 2002. "Eating Hong Kong's Way out." In *Asian Food: The Global and the Local*, ed. Katarzyna Cwiertka and Boudewijn Walraven. Richmond, Surrey: Curzon Press, pp. 16–33.

Duruz, Jean. 2007. "From Malacca to Adelaide...: Fragments towards a Biography of Cooking, Yearning and Laksa." In *Food and Foodways in Asia: Resource, Tradition and Cooking*, ed. Sidney C. H. Cheung and Tan Chee-Beng. London and N. Y.: Routledge, pp. 183–197.

Feng Bangyan (冯邦彦). 1997. *Xianggang huazi caituan*:1841—1997 香港华资财团 (*Hong Kong Chinese Financial Institutions: 1841-1997*). Hong Kong: Sanlian Shudian.

Fischler, C. 1988. "Food, Self, and Identity." *Social Science Information*, 27: 275–292.

Giddens, Anthony. 1991. *Modernity and Self-identity: Self and Society in the Late Modern Age*. Cambridge: Polity Press.

Hall, Michael and Mitchell, Richard. 2002. "Tourism as a Force for Gastronomic Globalization and Localization." In *Tourism and Gastronomy*, ed. Anne-Mette Hjalager and Greg Richards. London and N. Y.: Routledge, pp. 71–87.

Herzfeld, Michael. 2001. *Anthropology: Theoretical Practice in Culture and Society*. Malden, Mass.: Blackwell Publishers.

Hsu Ching-Wen (许瀞文). 2009. "Authentic Tofu, Cosmopolitan Taiwan." *Taiwan Journal of Anthropology*, 7 (1): 3–34.

Hutton, Wendy, ed. 1999. *The Food of Malaysia: Authentic Recipes from the Crossroads of Asia*. Recipes by the cooks of Bon Ton Restaurant, Kuala Lumpur and Jonkers Restaurant, Malacca. Hong Kong: Periplus Edition (HK) Ltd.

Mintz, Sidney W. 2007. "Asian's Contribution to World Cuisine." In

Food and Foodways in Asia: Resource, Tradition and Cooking, ed. Sidney C. H. Cheung and Tan Chee-Beng. London and N.Y.: Routledge, pp. 201–210.

Molz, Jennie Germann. 2004. "Tasting an Imagined Thailand: Authenticity and Culinary Tourism in Thai Restaurants." In *Culinary Tourism*, ed. Lucy M. Long Lexington: University Press of Kentucky, pp. 54–75.

Nielsen, A. C. 2006. "Designer Brands: A Global A.C. Nielsen Report": http://pl.nielsen.com/trends/documents/GlobalDesignerBrands Report.pdf [accessed 5 Jan. 2010].

Ritzer, G. 1993. *The McDonaldization of Society*. Newbury Park: Pine Forge Press.

Soo Khin Wah (苏庆华). 2007. "Chinese Street Food: A Legacy of Unique Food Culture in Penang." Paper presented at The 10th Symposium on Chinese Dietary Culture, Penang, Malaysia.

Sparks, Douglas Wesley. 1978. "Unity Is Power: The Teochiu of Hong Kong." Ph.D. thesis, University of Texas at Austin.

Tan Chee-Beng (陈志明). 2001. "Food and Ethnicity with Reference to the Chinese in Malaysia." In *Changing Chinese Foodways in Asia*, ed. David Y. H. Wu and Tan Chee-Beng. Hong Kong: The Chinese University Press, pp. 125–160.

Wu, David Y. H (吴燕和). 2001. "Chinese Cafe in Hong Kong." In *Changing Chinese Foodways in Asia*, ed. David Y. H. Wu and Tan Chee-Beng. Hong Kong: The Chinese University Press, pp. 71–80.

各章作者简介

陈志明（Tan Chee-Beng）：美国康奈尔大学博士，香港中文大学人类学系教授。其主要著作包括《马六甲的峇峇》（*The Baba of Melaka*，1988）、《文化比较视野下的海外华人研究》（*Chinese Overseas: Comparative Cultural Issues*，2004），合编有《马来西亚华人》（*The Chinese in Malaysia*，2000）、《亚洲华人饮食文化的变迁》（*Changing Chinese Foodways in Asia*，2001）、《亚洲饮食与饮食文化》（*Food and Foodways in Asia*，2007）、《大豆的世界》（*The World of Soy*，2008）等著作；主编有《闽南：后毛泽东时代的传统再造》（*Southern Fujian: Reproduction of Traditions in Post-Mao China*，2006）、《华人的跨国网络》（*Chinese Transnational Networks*，2007）等著作。

南希·波洛克（Nancy J. Pollock）：夏威夷大学博士，新西兰维多利亚大学人类学与发展研究院退休教授。她的多部著作都涉及太平洋及周边地区的食品安全与健康问题，主要包括《这些根犹存》（*These Roots Remain*，1995）、《肥胖的社会面貌》（*Social Aspects of Obesity*，合编，1995）以及《卡瓦的力量》（*The Power of Kava*，主编，1995）。近些年来的文章主要有《食物与跨国主义——太平洋身份认同的重申》（Food and Transnationalism — Reassertions of Pacific Identity），载海伦·李（Helen Lee）与史蒂夫·弗朗西斯（Steve Francis）主编的《移民与跨国主义》（*Migration and Transnationalism*，澳大利亚国立大学出版社，2009）一书；《卡瓦贸易的可持续性》（Sustainability of the Kava Trade），载《当代太平洋》（*The Cotemporary Pacific*）第21卷第2期，2009年，第263~297页；《营养学与人类学：合作与交汇》（Nutrition and Anthropology: Cooperation and Convergences），载《食物生态学与营养》（*Ecology of Food and Nutrition*）第46卷第3期，2007年，第

245~262 页。

吴燕和（David Y. H. Wu）：澳大利亚国立大学博士，夏威夷大学客座教授，火奴鲁鲁东西方中心兼职研究员，台北"中央研究院"兼职研究员。其主要著作包括：《巴布亚新几内亚的华人》（*The Chinese in Papua New Guinea*，1982）、《种族与人迹互动》（*Ethnicity and Interpersonal Interaction*，主编，1985）、《三种文化中的学前教育》（*Preschool in Three Cultures*，合著，1989，用中文、韩语、英语、意大利语、葡萄牙语著述）等书籍，此外，他还与人合编有《中国文化与精神健康》（*Chinese Culture and Mental Health*，1985）、《从北京到莫尔兹比港》（*From Beijing to Port Moresby*，1998）、《亚洲华人饮食文化的变迁》（*Changing Chinese Foodways in Asia*，2001）以及《中国食物的全球化》（*The Globalization of Chinese Food*，2002）等。

欧杨春梅（Myra Sidharta）：荷兰莱顿大学心理学硕士，雅加达印度尼西亚大学文学部退休专家。她一直致力于印尼华人的文化研究，主要涉及女性、饮食文化、文学与宗教等问题。其论文主要发表于《聚焦印尼女性》（*Indonesian Women in Focus*，由埃尔斯佩斯·洛克－斯科尔顿 [Elspeth Locher-Scholten] 主编）、《大豆的世界》（*The World of Soy*，由克里斯汀·M. 杜·波依斯 [Christine M. du Bois]、陈志明以及西敏司 [Sydney Mintz] 主编）、《东南亚华人：基于社会文化维度》（*Southeast Asian Chinese: The Socio-Cultural Dimension*，由廖建裕 [Leo Suryadinata] 主编）之中。

施吟青（Carmelea Ang See）：美国莱斯利大学教育学硕士。她是菲华历史博物馆（Bahay Tsinoy）的馆长，这是一座展示菲律宾华人生活状况的博物馆；也是菲律宾进步团体华裔青年联合会（Kaisa Para Sa Kaunlaran Inc）的一位志愿者，这是一个提倡菲华团体积极主动而且持续地参与地方和国家发展的领导性资源组织。与此同时，她也从事给幼儿园和小学教师进行素质培训的相关工作。

段颖（Duan Ying）：香港中文大学博士，中山大学人类学系助理教授。他主要从事种族、跨国网络、全球化、缅甸与泰国的华人社区、海外华人与中国等方面的学术研究。

陈玉华（Chan Yuk Wah）：香港城市大学亚洲及国际学系助理教授，在香港中文大学获得人类学博士学位。她的出版著作涵盖中越关系、海外越南人以及中国出境游等方面。目前，她的研究项目主要包括香港的越南少数民族、越南的华裔，还有澳门与香港的内地游客等问题。

包洁敏（Jiemin Bao）：美国内华达大学拉斯维加斯分校人类学教授，在加利福尼亚大学伯克利分校获得博士学位。2005 年，她的著作《婚姻行为：海外泰国华人的性别、性和身份认同》（*Marital Acts: Gender, Sexuality, and Identity among the Chinese Thai Diaspora*）由夏威夷大学出版社正式出版发行。自那时起，她开始从事有关在美国的泰国移民与佛教的研究，并发表了相关论文，而且还与他人为《民族学》（*Ethnology*）杂志合编了关于一夫多妻制的特刊。

珍·杜鲁兹（Jean Duruz）：澳大利亚弗林德斯大学博士，南澳大学霍克研究所兼职高级研究员。目前，她的研究主要集中于诸如新加坡、墨西哥城以及纽约一类国际化都市中的街边小吃、市场、小型企业与少数民族社区问题。已出版的作品包括在《空间与文化》（*Space and Culture*）、《社会与空间》（*Society and Space*）、《文化地理学》（*Cultural Geographies*）、《情感、空间与社会》（*Emotion, Space and Society*）以及《饮食学》（*Gastronomica*）上发表的论文，还包括在一些编选论文集中的章节，像张展鸿、陈志明主编的《亚洲饮食与饮食文化》（*Food and Foodways in Asia*，2007），安德森（Anderson）、施伦克（Schlunke）主编的《日常实践中的文化理论》（*Cultural Theory in Everyday Practice*，2008），以及怀斯（Wise）、韦拉尤坦（Velayutham）主编的《日常生活中的多元文化》（*Everyday Multiculturalism*，2009）等。

麦秀华（Mak Sau Wa, Veronica）：香港中文大学人类学系博士研究生。她在国际会议上提交的论文主要有《国家牛奶、外国牛奶还是地方牛奶？——一项针对香港牛奶供应与消费的研究》（National Milk, Foreign Milk, or Local Milk? A Study of Milk Supply and Consumption in Hong Kong）、《食物、空间与权力：关于香港大排档的研究》（Food, Space and Power: A Study of Dai Pai Dongs in Hong Kong）与《关于香港本地茶餐厅中的马铃薯的研究》（A Study of Potato in Local Tea Café in Hong Kong）。